알기쉬운

토목수학

Engineering Mathematics

최 홍 식
유 승 경
윤 영 철
공 저

도서출판
구미서관

Introduction

머리말

수학이 토목의 각 분야를 배움에 있어 중요한 기초를 이루는 것은 새삼 강조하지 않더라도 누구나 알 수 있을 것입니다.

전공분야와 공업수학의 강의를 통하여 느낀 것은, 수학은 복잡한 자연현상을 단순화시켜, 생각을 정리해 주며, 그 물리적인 의미를 쉽게 알 수 있도록 도와주는 재미있는 도구라는 생각이었습니다. 부담없이 배울 수 있는 과목이 바로 수학이라고 느낄 수 있으려면, 전공의 각 분야별 예제를 통하여 현실감이 있게 수학에 접근하는 것이 중요하다고 생각하며, 이 책을 시작하였습니다. 그러나 편집을 마치고 보니 시작할 때 마음먹은 것에 비하여 미진한 부분이 많음을 뼈저리게 느끼지 않을 수 없었습니다.

이 책은 한 학기 정도의 강의 분량을 생각하며 구성하였습니다. 가급적 학생들이 전공시간에 수학적으로 또는 물리적으로 이해가 꼭 필요하다고 생각되는 점을 예제로 택하도록 하였습니다. 따라서 제 전공과 거리가 있는 분야에서는 혹 기호나 접근방법이 다른 점도 있을 수 있겠습니다. 그러나 이점은 다만 수학적인 이해를 돕는 관점에서 시도된 것임을 이해를 구합니다.

책의 출판에 도움을 주셨던 많은 분들의 수고에 다시 한번 감사드리며, 부분적인 수정을 통하여 교정판을 다시 출판할 기회를 주신 구미서관의 임해진 사장님의 열정에 감사드립니다.

2009년 2월

저자 일동

Contents

제 1 장 수식의 유형

1.1 단항식과 다항식의 계산 …… 3
1.2 유리식의 계산 …… 5
1.3 무리식의 계산법 …… 9

제 2 장 함수와 도형의 성질

2.1 좌표 …… 17
2.2 직선의 방정식 …… 20
2.3 2차방정식 …… 21
2.4 포물선(Parabola) …… 21
2.5 삼각형 …… 26
2.6 원 …… 29
2.7 각의 성질 …… 31

제 3 장 지수 및 대수

3.1 지수 …… 57
3.2 오일러(Euler) 수, e …… 59
3.3 지수함수와 그래프 …… 60
3.4 로그(log) …… 62
3.5 로그의 중요한 성질 …… 63
3.6 로그함수와 그래프 …… 64
3.7 상용로그 …… 64

제 4 장 삼각함수

4.1 삼각함수의 정의 …… 75
4.2 삼각 함수의 부호 …… 77

4.3 특별한 각의 삼각함수 값 ········· 78
4.4 역삼각함수에 대하여 ········· 80
4.5 각을 구하는 법 ········· 81
4.6 사인법칙과 코사인법칙의 응용 ········· 82

제 5 장 힘과 벡터

5.1 벡터와 스칼라 ········· 103
5.2 벡터(Vector)의 연산 ········· 104
5.3 공간에서의 벡터표현 ········· 107
5.4 벡터의 내적 ········· 111
5.5 벡터의 외적 ········· 114
5.6 평면의 방정식 ········· 118

제 6 장 행 렬

6.1 행렬 ········· 133
6.2 기본적인 행렬 ········· 134
6.3 행렬의 계산 ········· 136
6.4 전치행렬 ········· 139
6.5 행렬식 ········· 141
6.6 역행렬 ········· 145
6.7 행렬에 의한 구조해석 예 ········· 149

제 7 장 미 분

7.1 미분의 여러 가지 의미들 ········· 158
7.2 기본적인 미분 ········· 160
7.3 여러 가지 함수의 미분 ········· 164

제 8 장 도함수의 응용

8.1 도함수의 극대, 극소 및 임계점 ······ 175
8.2 편미분 ······ 183
8.3 편미분의 응용 ······ 185
8.4 미분방정식 ······ 193

제 9 장 부정적분

9.1 부정적분 ······ 199
9.2 치환적분법 ······ 202
9.3 부분적분법 ······ 204

제 10 장 정적분

10.1 정적분 ······ 209
10.2 정적분의 응용 ······ 210
10.3 정적분의 근사계산 ······ 222

제 11 장 측정치의 정리

11.1 측정치의 오차 ······ 231
11.2 계통오차의 처리 ······ 234
11.3 측정치의 처리 ······ 236
11.4 분산과 표준편차 ······ 241
11.5 정규분포 ······ 243
11.6 자료의 관리 ······ 245

제 12 장 유효숫자와 차원

12.1 유효숫자와 오차 ······ 259

12.2 유효숫자의 계산법 ··· 261
12.3 물리량의 특성 ··· 264
12.4 차원 ··· 264
12.5 단위 ··· 265
12.6 차원의 변환 ··· 268

부 록

A.1 단위를 나타내는 접미사 ··· 273
A.2 그리스 문자 ··· 273
A.3 도형의 성질(면적과 도심) ··· 274

■ 찾아보기 ··· 275

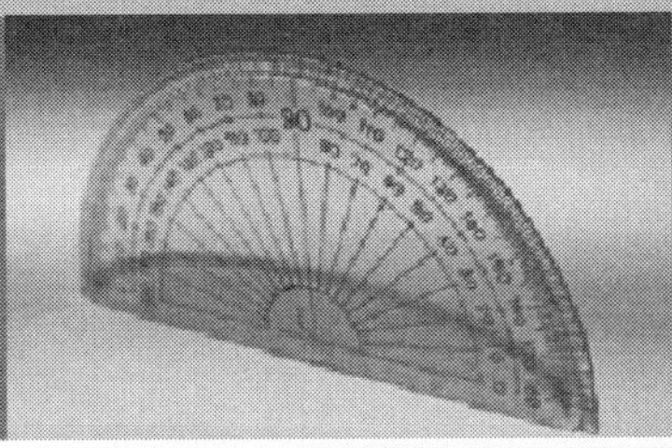

CHAPTER 1

수식의 유형

1.1 단항식과 다항식의 계산
1.2 유리식의 계산
1.3 무리식의 계산법

CHAPTER 1

수식의 유형

토목의 계획, 설계, 시공 등에서 여러 가지 수량을 수식으로 처리할 필요가 있다.

본 장에서는 이의 기초가 되는 정식, 부정식, 무리식의 계산법과 여러 가지 유용한 수식 계산법을 알아보고자 한다.

1.1 단항식과 다항식의 계산

(1) 단항식과 다항식

단항식이란 아래의 예와 같이 몇 개의 수나 문자들의 곱으로 나타내어진 식을 의미한다.

$$3, 7x, \ -2x^3y$$

단항식의 차수와 계수란 단항식을 특정한 문자에 관하여 생각을 할 때, 곱하여진 그 문자의 개수가 그 단항식의 차수이고, 그 문자를 제외한 나머지 부분이 계수이다.

예제 1.1

단항식인 $-2x^3y$의 경우 차수와 계수를 정의하시오.

▮풀이

① x에 대해서 3차식이고 계수는 $-2y$이다.
② y에 대해서 1차식이고 계수는 $-2x^3$이다.
③ x, y 에 관한 4차식이고 계수는 -2이다.

다항식이란 단항식 또는 단항식의 합으로 나타내어진 식을 의미한다.

다항식의 차수는 각 항의 차수 가운데 가장 큰 것으로 정하며, 눈에 쉽게 들어오도록 차수가 낮은 순으로 정리하는 것을 내림차순정리, 높은 순으로 정리하는 것을 높은차순 정리라고 한다. 내림차순의 예는 아래와 같다.

$$5x^3 + 2x^2 - x + 3$$

(2) 다항식의 덧셈, 뺄셈

① $a+b=b+a$ (교환법칙)
② $(a+b)+c=a+(b+c)$ (결합법칙)

(3) 다항식의 곱셈

① $ab=ba$ (교환법칙)
② $(ab)c=a(bc)$ (결합법칙)
③ $a(b+c)=ab+ac$ (분배법칙)

(4) 유용한 식

① $m(a+b)=ma+mb$
② $(a+b)^2=a^2+2ab+b^2$
$(a-b)^2=a^2-2ab+b^2$
③ $(a+b)(a-b)=a^2-b^2$

④ $(x+a)(x+b)=x^2+(a+b)x+ab$

⑤ $(a+b)^3=a^3+3a^2b+3ab^2+b^3$

⑥ $(a+b+c)^2=a^2+b^2+c^2+2(ab+bc+ca)$

⑦ $(a\pm b)\cdot(a^2\mp ab+b^2)=a^3\pm b^3$

(5) 파스칼의 삼각형을 이용한 식의 전개

$(a+b)^n$인 식은 파스칼의 삼각형(계수)을 이용하여 다음과 같이 전개될 수 있다.

n	계수	수식	전개된 수식
1	1 1	$(a+b)^1$	$=a+b$
2	1 2 1	$(a+b)^2$	$=a^2+2ab+b^2$
3	1 3 3 1	$(a+b)^3$	$=a^3+3a^2b+3ab^2+b^3$
4	1 4 6 4 1	$(a+b)^4$	$=a^4+4a^3b+6a^2b^2+4ab^3+b^4$
5	1 5 10 10 5 1	$(a+b)^5$	$=a^5+5a^4b+10a^3b^2+10a^2b^3+5ab^4+b^5$

1.2 유리식의 계산

(1) 유리수와 유리식

아래의 예와 같이 정수 또는 두 정수 a, $b(\neq 0)$에 대하여 $\frac{a}{b}$의 꼴로 나타내어지는 수를 유리수라 한다.

$$-3,\ -2,\ -\frac{1}{3},\ 0,\ \frac{2}{3},\ 2^3,\ -2.5 \text{ 등}$$

한편 a, $b(\neq 0)$가 다항식일 때 $\frac{a}{b}$꼴로 나타내어지는 식을 유리식이라 한다. 이 때 다항식 a는 $\frac{a}{1}$로 나타낼 수 있으므로, 다항식은 유리식의 특별한 경우이다.

(2) 분수식

다음의 예와 같이 분모에 상수가 아닌 문자를 포함한 유리식을 분수식이라 한다.

$$\frac{3}{x+1},\quad \frac{2y}{y-1} \text{ 등}$$

따라서 유리식은 다항식과 분수식으로 분류할 수 있다.

(3) 분수식의 약수와 배수

분수식 A/B에 있어서, A/B가 나눠지는 경우, B를 A의 약수, A를 B의 배수라 한다. 약수 중에서 가장 차수가 높은 것을 최대공약수, 배수 중에서 가장 차수가 낮은 것을 최소공배수라 한다.

예제 1.2

x^2-x-2와 x^2-2x-3의 최대공약수와 최소공배수를 구하시오.

풀이

$x^2-x-2=(x-2)\cdot(x+1)$

$x^2-2x-3=(x-3)\cdot(x+1)$

이므로 최대공약수 $=(x+1)$, 최소공배수 $=(x+1)\cdot(x-2)\cdot(x-3)$ 가 된다.

---

(4) 분수식의 덧셈 · 뺄셈

분수식의 덧셈 · 뺄셈은 다음과 같이 구할 수 있다.

① $\frac{a}{c}+\frac{b}{c}=\frac{a+b}{c}$

② $\frac{a}{c}-\frac{b}{c}=\frac{a-b}{c}\,(c\neq 0)$

예제 1.3

$$\frac{x-8}{x^2-x-2}-\frac{x-11}{x^2-2x-3}$$ 를 계산하시오.

▌풀이

앞의 예제에서 분모의 최소공배수가 $(x+1)\cdot(x-2)\cdot(x-3)$인 것을 알므로 다음과 같이 구할 수 있다.

$$\frac{x-8}{x^2-x-2}-\frac{x-11}{x^2-2x-3}=\frac{x-8}{(x-2)(x+1)}-\frac{x-11}{(x-3)(x+1)}$$

$$=\frac{(x-8)(x-3)}{(x+1)(x-2)(x-3)}-\frac{(x-11)(x-2)}{(x+1)(x-3)(x-2)}$$

$$=\frac{(x^2-11x+24)-(x^2-13x+22)}{(x+1)(x-2)(x-3)}$$

$$=\frac{2x+2}{(x+1)(x-2)(x-3)}$$

$$=\frac{2(x+1)}{(x+1)(x-2)(x-3)}$$

$$=\frac{2}{(x-2)(x-3)}$$

---

(5) 분수식의 곱셈

분수식의 곱셈은 다음의 식을 이용하여 구한다.

① $\frac{a}{b}\times\frac{c}{d}=\frac{ac}{bd}$

필요에 따라 다음과 같이 식을 변형시킬 수 있다.

② $\frac{a}{b}=\frac{a\times c}{b\times c}$

③ $\frac{a}{b}=\frac{a\div c}{b\div c}$

예제 1.4

$\frac{3x}{x^2-x-2}\times\frac{4}{x^2-x}$ 을 계산하시오.

▌풀이

$$\frac{3x}{x^2-x-2}\times\frac{4}{x^2-x}=\frac{3x}{(x+1)(x-2)}\times\frac{4}{x(x-1)}$$
$$=\frac{(3x)(4)}{(x+1)(x-2)x(x-1)}$$
$$=\frac{12}{(x+1)(x-2)(x-1)}$$

(6) 분수식의 나눗셈

나눗셈은 다음의 식을 이용하여 구한다.

$$\frac{a}{b}\div\frac{c}{d}=\frac{a}{b}\times\frac{d}{c}=\frac{ad}{bc}$$

예제 1.5

$\frac{x+1}{x^2-4}\div\frac{x^2+3x+2}{x-2}$ 을 계산하라.

▌풀이

$$\frac{x+1}{x^2-4}\div\frac{x^2+3x+2}{x-2}=\frac{(x+1)}{(x-2)(x+2)}\div\frac{(x+1)(x+2)}{(x-2)}$$
$$=\frac{(x+1)}{(x-2)(x+2)}\times\frac{(x-2)}{(x+1)(x+2)}$$
$$=\frac{(x+1)(x-2)}{(x+2)(x-2)(x+1)(x+2)}$$
$$=\frac{1}{(x+2)^2}$$

(7) 번분수식의 계산

번분수식은 $\dfrac{(\text{분수식})}{(\text{분수식})}$의 형태이다. 이러한 계산은 다음 예제의 순서처럼 순차적으로 행한다.

예제 1.6

$\dfrac{x-1}{1-\dfrac{1}{1-\dfrac{1}{x}}}$의 계산을 하라.

풀이

순서 ① $1-\dfrac{1}{x}=\dfrac{x-1}{x}$

순서 ② $\dfrac{1}{1-\dfrac{1}{x}}=\dfrac{1}{\dfrac{x-1}{x}}=\dfrac{x}{x-1}$

순서 ③ $1-\dfrac{1}{1-\dfrac{1}{x}}=1-\dfrac{x}{x-1}=\dfrac{x-1-x}{x-1}=\dfrac{-1}{x-1}$

순서 ④ $\dfrac{x-1}{1-\dfrac{1}{1-\dfrac{1}{x}}}=\dfrac{x-1}{\dfrac{-1}{x-1}}=(x-1)\cdot\dfrac{(x-1)}{-1}=\dfrac{(x-1)^2}{-1}$

$$=-(x-1)^2$$

1.3 무리식의 계산법

(1) 제곱근의 성질

$x^2=a\ (a\geq 0)$를 만족시키는 x를 a의 제곱근이라 한다.
이러한 제곱근의 성질은 다음과 같다.

① $a \geq 0$, $b \geq 0$일 때 $\sqrt{a}\sqrt{b} = \sqrt{ab}$

② $a \geq 0$, $b > 0$일 때 $\dfrac{\sqrt{a}}{\sqrt{b}} = \sqrt{\dfrac{a}{b}}$

③ $a \geq 0, k \geq 0$일 때 $\sqrt{k^2 a} = k\sqrt{a}$

④ $\sqrt{a^2} = |a| = \begin{cases} a \ (a \geq 0\text{일 때}) \\ -a \ (a < 0\text{일 때}) \end{cases}$

예제 1.7

$$\sqrt{4} = \sqrt{2^2} = |2| = 2$$

▮풀이

(이 때 $\sqrt{4} = \pm 2$가 아님에 주의할 필요가 있다.)

---

(2) 무리수와 무리식

근호 안에 문자를 포함하는 식 중에서 $\sqrt{2x+1}$, $\sqrt{2x^2+5x+5}$ 등과 같이 유리식으로 나타낼 수 없는 식을 무리식이라 한다.

따라서, 무리식을 계산 할 때는

$$(\text{근호안의 식의 값}) \geq 0,\ \text{분모} \neq 0$$

이 되도록 문자의 값을 제한할 필요가 있다.

(3) 무리식의 계산

무리식의 계산은 분수식의 계산과 같은 방법으로 구한다.

예제 1.8

무리식 $\dfrac{3}{\sqrt{2x-1}+\sqrt{x}}$ 의 분모를 유리화 하시오.

▌풀이

분모의 유리화는, 분모와 분자에 각각 ($\sqrt{2x-1}-\sqrt{x}$)을 곱하여, 분모를 근호가 포함되지 않는 형태로 표현하는 것이다.

즉,

$$\frac{3}{\sqrt{2x-1}+\sqrt{x}} = \frac{3(\sqrt{2x-1}-\sqrt{x})}{(\sqrt{2x-1}+\sqrt{x})(\sqrt{2x-1}-\sqrt{x})}$$

$$= \frac{3(\sqrt{2x-1}-\sqrt{x})}{(2x-1)-(x)}$$

$$= \frac{3(\sqrt{2x-1}-\sqrt{x})}{x-1}$$

예제 1.9

$\dfrac{3\sqrt{x}}{x-1}+\dfrac{3}{\sqrt{2x-1}+\sqrt{x}}$ 를 계산하시오.

▌풀이

$$\frac{3\sqrt{x}}{x-1}+\frac{3}{\sqrt{2x-1}+\sqrt{x}}$$

$$= \frac{3\sqrt{x}}{x-1}+\frac{3(\sqrt{2x-1}-\sqrt{x})}{(\sqrt{2x-1}+\sqrt{x})(\sqrt{2x-1}-\sqrt{x})}$$

$$= \frac{3\sqrt{x}}{x-1}+\frac{3(\sqrt{2x-1}-\sqrt{x})}{x-1}$$

$$= \frac{3\sqrt{x}+3\sqrt{2x-1}-3\sqrt{x}}{x-1}$$

$$= \frac{3\sqrt{2x-1}}{x-1}$$

연습문제

1 공학용 계산기 연습을 위하여 본인이 가지고 있는 계산기로 다음의 수식을 계산하시오.(계산기의 종류에 따라 연산의 순서가 다르거나 수식을 나타내는 기호가 다를 수 있습니다. 따라서 아래의 식을 계산하면서 본인이 가지고 있는 계산기에 익숙해질 필요가 있습니다.)

▮풀이

(1) $x=3$, $y=2$일때 $-2x^3y=?$	답 : −108
(2) 15−(7−3)=?	답 : 11
(3) a=3, b=6, c=2 이다. $\frac{a+b}{c}=?$	답 : 4.5
(4) $2^{\frac{2}{3}}=?$	답 : 1.59
(5) (degree 사용하는 경우) $\sin(45^{\circ})=?$	답 : 0.71
(6) (radian을 사용하는 경우) $\sin(\frac{\pi}{2})=?$	답 : 0.03
(7) $\frac{1}{\sqrt[3]{5}}=?$	답 : 0.58
(8) $\log 100=?$	답 : 2
(9) $\log_5 100=?$	답 : 2.862
(10) $\ln 100=?$	답 : 4.61
(11) $e^3=?$	답 : 20.08
(12) $\tan^{-1}(0.25)=?$	답 : 14.04
(13) 25:17 = 33 : x $x=?$	답 : $x=22.44$
(14) 43.54° = (도, 분, 초 로 나타내기)	답 : 43° 32′ 24″

2 $a=8$일때 다음의 값을 구하시오.

① $a^3=$ ② $a^{\frac{1}{3}}=$ ③ $a^{-3}=$

▮풀이

① $a^3 = a \cdot a \cdot a = 512$

② $a = a^{\frac{1}{3}} \cdot a^{\frac{1}{3}} \cdot a^{\frac{1}{3}}$ 즉 $(a^{\frac{1}{3}})^3 = a$이므로

$a^{\frac{1}{3}} = \sqrt[3]{a} = \sqrt[3]{8} = \sqrt[3]{2^3} = 2$

③ $a^{-3} = \dfrac{1}{a^3}$이 된다.

즉 $a^{-3} = 8^{-3} = \dfrac{1}{8^3} = \dfrac{1}{512}$

3 다음의 값을 구하시오.

① $\sqrt{9}$ ② $\sqrt[3]{27}$

▮풀이

① $\sqrt{9} = \sqrt[2]{3^2} = (3^2)^{\frac{1}{2}} = 3^{2\times\frac{1}{2}} = \dfrac{1}{3} = 3$

② $\sqrt[3]{27} = \sqrt[3]{3^3} = (3^3)^{\frac{1}{3}} = 3^{3\times\frac{1}{3}} = 3^1 = 3$

비와 비율

1 PS강재의 탄성계수 $E_p = 2.1\times10^5\,\mathrm{MPa}$이고, 콘크리트의 건조수축 변형률 $\epsilon_{st} = 30\times10^{-5}$ 일 때 PS강재의 인장응력은 $\Delta f_p = E_p \cdot \epsilon_{st}$ 만큼 감소한다. 이때 감소율(%)은 얼마인가?(단, 초기의 유효 프리스트레스는 1050MPa이다)

▮풀이

감소량을 먼저 계산하면

$\Delta f_p = E_p \cdot \epsilon_{st} = 2.1\times10^5\times30\times10^{-5} = 63\mathrm{MPa}$

따라서 감소율 $= \dfrac{63}{1050}(100) = 0.06(100) = 6\%$

2 비중이 G_s =2.64이고 단위중량이 $\overline{W}$=1,450kg/m^{3}인 골재의 공극률은 얼마인가?

▌풀이

공극률은 골재 전체 부피에서 차지하는 공극의 부피 비를 백분율(%)로 나타낸 것을 의미한다.

즉 공극률$=\dfrac{\text{공극의 부피}}{\text{전체 부피}}\times 100(\%)$가 든다.

따라서, $V=\left(1-\dfrac{W}{Gs}\right)100(\%)=\ 100-d(\%)=45.08(\%)$

이때 골재가 차지하는 부피의 비를 백분율로 나타낸 실적률은 다음과 같다.

실적률 $d=\ \dfrac{W}{Gs}\times 100(\%)=\dfrac{1.45}{2.64}(100)=54.92(\%)$

비중이 같은 부피의 물을 기준으로 비교한 값이므로 단위중량

$\overline{W}=1{,}450\text{kgf/m}^3$

$=1.4\text{tonf/m}^3$으로 자릿수를 맞추어 계산한다.

3 콘크리트에 초기 프리스트레스 힘 $P_i=650\text{kN}$을 도입한 후, 시간이 지나면서 프리스트레스가 손실되어 유효 프리스트레스힘 P_e가 560kN로 감소하였다. 유효율은 얼마인가?

p_i : 즉시 손실후의 힘 = 초기 긴장력(initial power)

p_e : 시간적 손실후의 힘 = 유효 긴장력(dffective power)

▌풀이

유효율은 초기 긴장력 중에서 얼마가 남아 있는 가를 나타내는 백분율이므로 다음과 같이 구해진다.

$$\text{유효율}(R)\ =\ \frac{p_e}{p_i}\times 100\%\ =\ \frac{560}{650}\times 100\%\ =\ 86\%$$

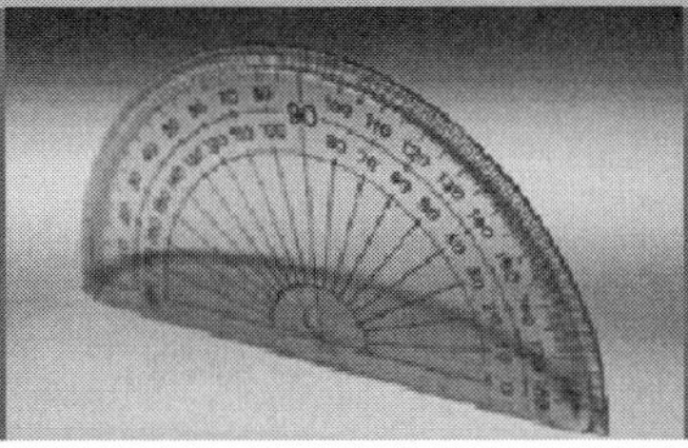

CHAPTER

2

함수와 도형의 성질

2.1 좌표

2.2 직선의 방정식

2.3 2차방정식

2.4 포물선(Parabola)

2.5 삼각형

2.6 원

2.7 각의 성질

CHAPTER 2

함수와 도형의 성질

공간상의 여러 현상은 있는 그대로 표현한다는 것이 때로는 매우 힘든 일이다. 자연의 현상이나 구조형상 등은 간단하게 이상화하여 표현할 때, 오히려 전체를 이해하고, 그 관계를 공학적으로 접근하기 유리한 경우가 많다. 이를 위하여 본 장에서는 먼저 공간 및 평면에서 한 점의 위치 즉 좌표 및 이들의 관계 즉, 함수를 표현하는 방법과, 기본적인 도형의 성질에 대하여 알아보고자 한다.

2.1 좌표

(1) 직교좌표

평면 위에 원점 O를 지나는 가로의 직선을 X축, 세로의 축을 Y축이라고 하며, 이들이 직교하는 두 축을 좌표축이라 한다. 평면 위의 한 점 P에서 X축과 Y축에 내린 수선이 축과 만나는 점을 각각 x, y라 할 때 순서쌍 $(x,\ y)$를 점 P의 좌표라고 한다.

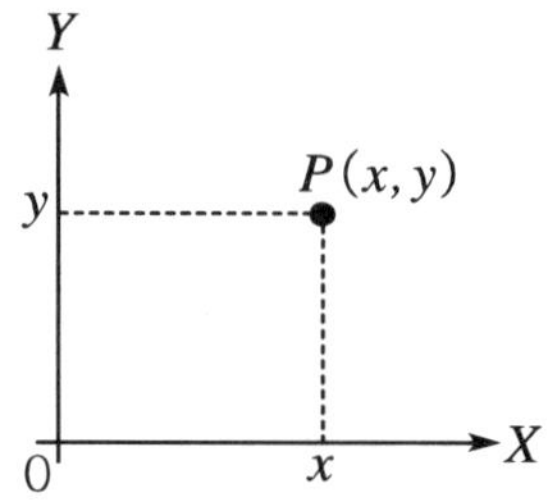

그림 2-1 직교좌표

(2) 극좌표

평면 위의 한 점 P를 원점에서 떨어진 거리 r과 x축과 이루는 각 θ로, 즉 $(r,\ \theta)$로 표시하는 방법을 극좌표계라고 한다(흔히 각 θ가 시계방향일 때 −로, 반 시계방향일 때 +로 표기한다).

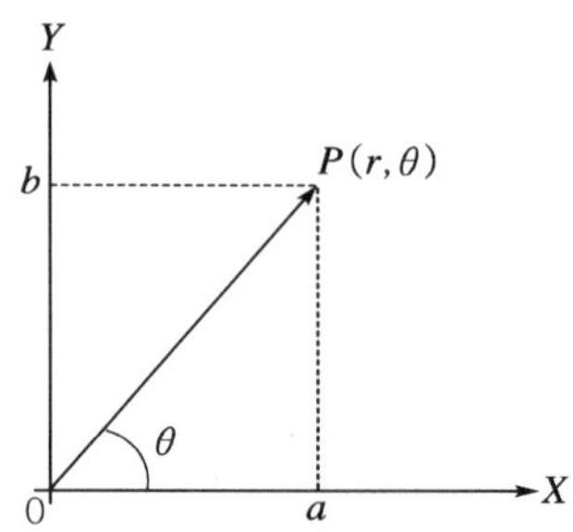

그림 2-2 극좌표

예제 2.1

평면상의 동일한 점을 직교좌표$(x,\ y)$와 극좌표$(r,\ \theta)$로 나타낼 때, 이들 사이의 관계를 구하시오.

▮풀이

① 극좌표상의 점을 직교좌표로 바꾸는 경우

$x = r\cos\theta \qquad y = r\sin\theta$

② 직교좌표상의 점을 극좌표로 바꾸는 경우

$r = \sqrt{x^2 + y^2}$

$\theta = \tan^{-1}(\dfrac{y}{x})$

(3) 두 점 사이의 거리

예제 2.2

평면상의 두점 P_1 및 P_2의 좌표가 $x_1 = 125\text{m}$, $y_1 = -120\text{m}$, $x_2 = -125\text{m}$, $y_2 = 115\text{m}$이면 P_1, P_2사이의 평면거리 S를 구하시오.

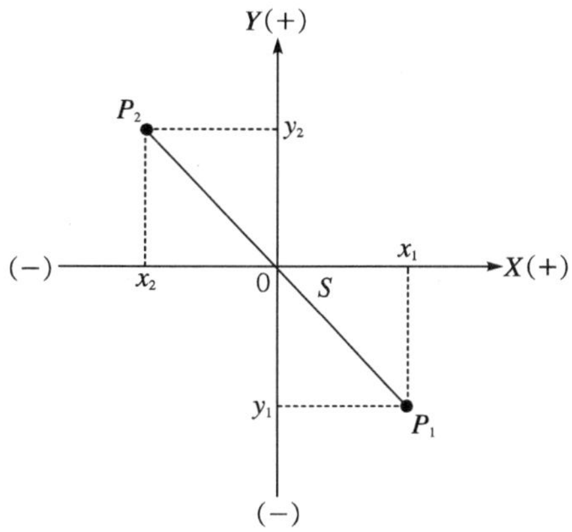

▌풀이

좌표로 표기하면

$$P_1 = (125, -120),\ P_1 = (-125, 115)$$

가 된다. 두 점 사이의 거리는 그 차이므로 다음과 같다.

$$\Delta x = x_2 - x_1 = -125 - 125 = -250(\text{m})$$

$$\Delta y = y_2 - y_1 = 115 - (-120) = 235(\text{m})$$

피타고라스의 정리에 의하여

$$\begin{aligned} S &= \sqrt{\Delta x^2 + \Delta y^2} \\ &= \sqrt{(-250)^2 + (235)^2} \\ &= 343.11\text{m} \end{aligned}$$

2.2 직선의 방정식

(1) 상수식

상수식은 $y=c$의 형태로 표시되는 식으로 c는 일정한 상수이다.

(2) 1차식

1차식은 $y=ax+c$의 형태로 표시되는 식으로 여기서 a는 계수 즉, 기울기이며, c는 절편(y축과 만나는 점)이다.

예제 2.3

철근의 인장시험 결과, 응력-변형률도와 같은 결과를 얻었다. 이 곡선을 수식으로 표현하시오.

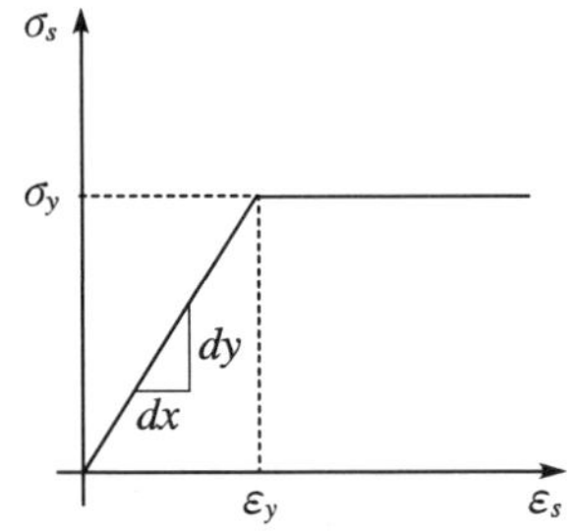

▌풀이

X축 즉 ε_s축에 대하여, ε_y를 경계로 2개의 구간으로 나누어 생각한다.

① 변형률이 $\varepsilon_s < \varepsilon_y$인 경우, 1차식으로 표현되므로, 기울기 a를 E_s (탄성계수)라 하면 $a=E_s=\dfrac{dy}{dx}=\dfrac{\sigma_y}{\varepsilon_y}$가 되며, 절편 $c=0$이다.

즉 $\sigma_s = E_s\,\varepsilon_s$ 또는 $\dfrac{\sigma_y}{\varepsilon_y}\varepsilon_s$

② 변형률이 $\varepsilon_s \geq \varepsilon_y$인 경우

항상 y값이 일정하므로 상수식으로서 $y=c$의 형태를 갖는다.

즉 $\sigma_s=\sigma_y$가 된다.

③ 즉, 이를 요약하면

$$\varepsilon_s < \varepsilon_y \quad \cdots \quad \sigma_s = E_s \varepsilon_s$$

$$\varepsilon_s \geq \varepsilon_y \quad \cdots \quad \sigma_s = \sigma_y$$

2.3 2차방정식

$ax^2 + bx + c = 0$ 단, $(a \neq 0)$의 꼴로 나타낼 수 있는 것을 x에 관한 2차방정식이라고 한다.

이 때 2차방정식을 만족시키는 x의 값을 구하는 것을 근을 구한다고 하며, 2차방정식의 근의 공식은 다음과 같다.

$$x = \frac{-b \pm \sqrt{b^2 - 4ac}}{2a}$$

이 때 $b^2 - 4ac < 0$가 0보다 작으면 근이 존재하지 않으며,

$b^2 - 4ac = 0$이면 근이 1개이고

$b^2 - 4ac > 0$이면 2개의 근이 구해진다.

2.4 포물선(Parabola)

(1) 포물선의 정의

포물선이란 그림 2-3처럼 초점 $f(0, p)$와 기준선 $y = -p$에 대하여 떨어진 거리가 같은 점들의 집합을 의미한다.

우리는 부재력의 크기, 구조물의 형상, 흐름의 유속분포 등 다양한 형태의 포물선을 만날 수 있다.

이들 포물선의 식은 $\overline{ph} = \overline{pf}$ 이므로

$$\sqrt{(y-p)^2+x^2}=|y+p|$$

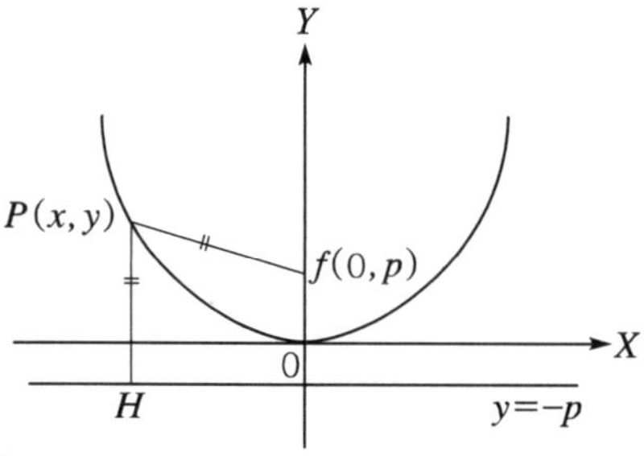

그림 2-3 포물선의 그래프

가 된다. 이 때 양변을 제곱하여 정리하면

$$(y-p)^2+x^2=(y+p)^2$$

$$\therefore x^2=4py\,(p\neq 0)$$

또는

$$y=\frac{x^2}{4p}$$

으로 나타낼 수 있다.

즉 포물선의 식은 $y=ax^2$의 형태를 갖으며 a의 값은 그림 2-4와 같이 그 밑변과 높이가 각각 b와 h일 때 $a=\dfrac{h}{b^2}$가 되어

$$y=\frac{h}{b^2}x^2 \tag{1}$$

이 된다.

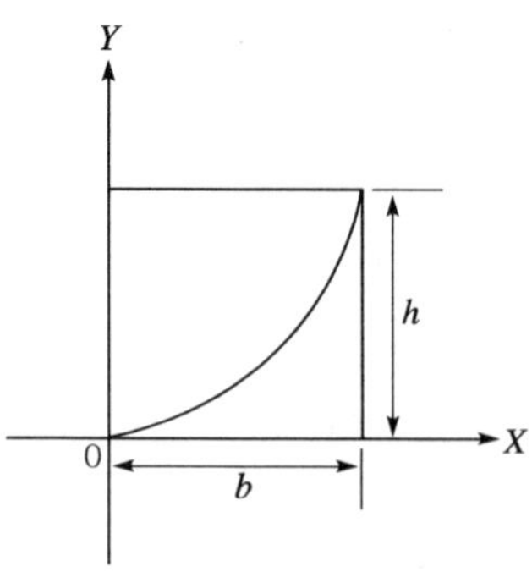

그림 2-4 포물선 방정식의 계수의 의미

예를 들어 $b=2$, $h=3$인 포물선의 그래프는 그림 2-5와 같다.

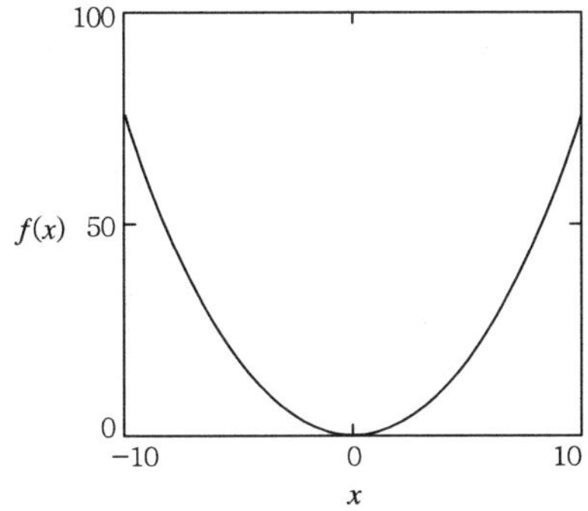

그림 2-5 포물선의 그래프($b=2$, $h=3$인 경우)

(2) 케이블의 처짐

케이블이 자중에 의해 밑으로 처진 형상은 그림 2-6과 같이 자연스런 포물선을 이룬다.

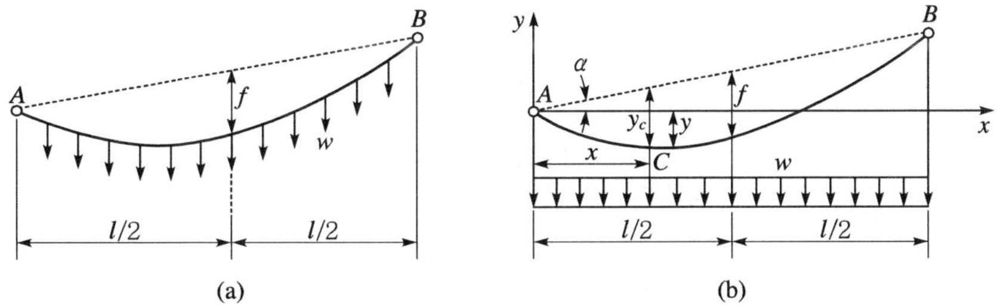

그림 2-6 케이블의 자중에 의한 처짐곡선

이는 2.4 (1)절에서 구한 (1)식을 x방향으로 b만큼, y방향으로 $-h$만큼 평행 이동한 것이다. 따라서 평행 이동된 이 포물선의 식은

$$y+h=\frac{h}{b^2}(x-b)^2$$

$$y=\frac{h}{b^2}(x^2-2bx+b^2)-h = \frac{h}{b^2}(x^2-2bx) = \frac{h}{b^2}x\ (x-2b)$$

가 된다.

이때 $b=\frac{l}{2}$ 이므로

$$y=\frac{h}{(\frac{l}{2})^2}x(x-l)=\frac{4h}{l^2}x\ (x-l)$$

이 된다.

따라서, 지간이 l이고 중앙 처짐이 h인 케이블의 형상은 $y=\frac{4h}{l^2}x(x-l)$로 표현된다.

(3) 포물선아치의 형상

교량에 흔히 사용되는 아치의 형상은 매우 다양하며, 그 중에서 포물선이 널리 사용된다.

아치의 형상을 A, B점에서 y값이 0이며, 정점의 높이가 h가 되므로 케이블의 처짐형상과 동일하게

$$y=\frac{4h}{l^2}x\ (x-l)$$

인 형태로 된다.

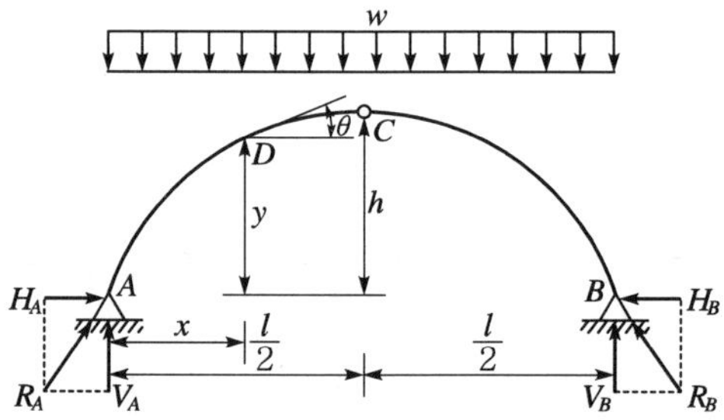

그림 2-7 포물선아치의 형상

(4) 관수로 흐름

또한 관수로 내의 흐름은 초기에는 평균유속과 유사한 형태를 갖다가, 차츰 마찰에 의하여 평형 상태의 층류가 될 때 완전한 포물선 형태로 가정된다.

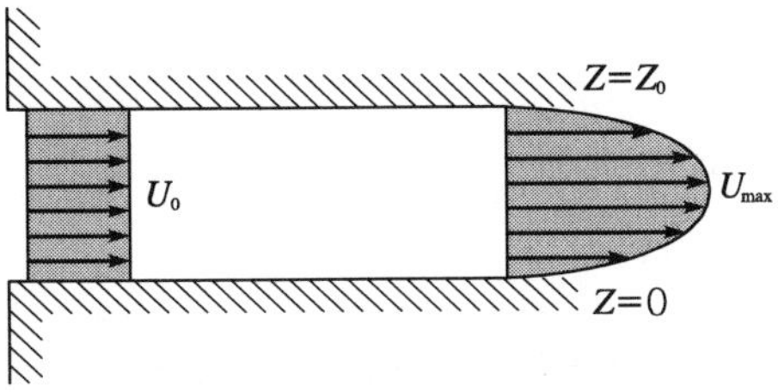

그림 2-8 관수로내의 흐름의 분포

예제 2.4

거리가 $2b$ 만큼 떨어진 두 개의 평판을 흐르는 2차원흐름의 유속 분포가 아래의 그림과 같을 때 그 분포곡선은 포물선을 이룬다. 최대 유속을 u_c 라 할 때 유속 u 를 나타내는 식을 구하시오.

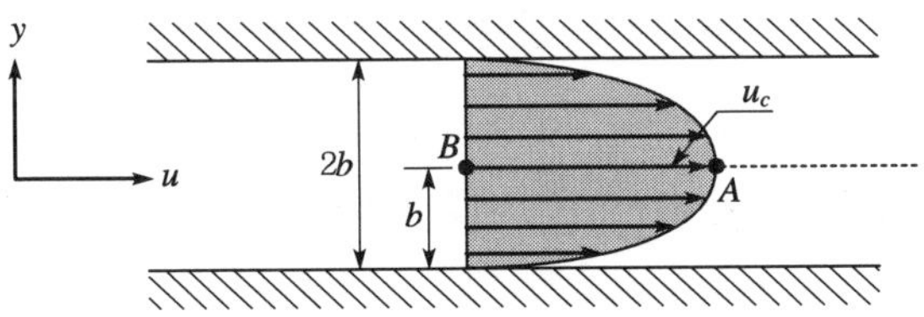

그림 2-9 유속분포

풀이

점 A 를 원점으로 하는 포물선의 식을 구하면 밑변이 b 높이가 u_c 이므로 포물선의 식 $u=-ay^2$ 에서 $a=\frac{u_c}{b^2}$ 가 된다.

즉 $u=-\frac{u_c}{b^2}y^2$ 인 포물선이 된다.

또한 실제 원점이 B에 있으므로 이 식을 u축에 대하여 u_c만큼 평행 이동한 것과 같으므로

$$u-u_c=-\frac{u_c}{b^2}y^2$$

$$\therefore\ u=u_c(1-\frac{y^2}{b^2})$$

가 된다.

(5) 단순보의 모멘트

단순보에 등분포 하중이 작용할 때 모멘트의 분포는 아래 그림 2-10과 같이 포물선의 형태를 갖는다.

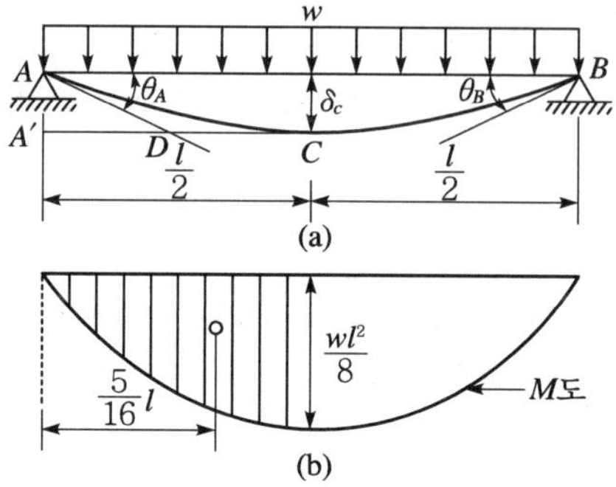

그림 2-10 단순보의 휨모멘트선도

지간이 l 이고 최대 모멘트가 $\frac{wl^2}{8}$ 이므로, 이를 포물선 식에 대입하면

$$y = \frac{4}{l^2} \cdot \frac{wl^2}{8} x(x-l) = \frac{w}{2} x(x-l)$$

이 된다.

2.5 삼각형

(1) 일반 삼각형에 관한 공식

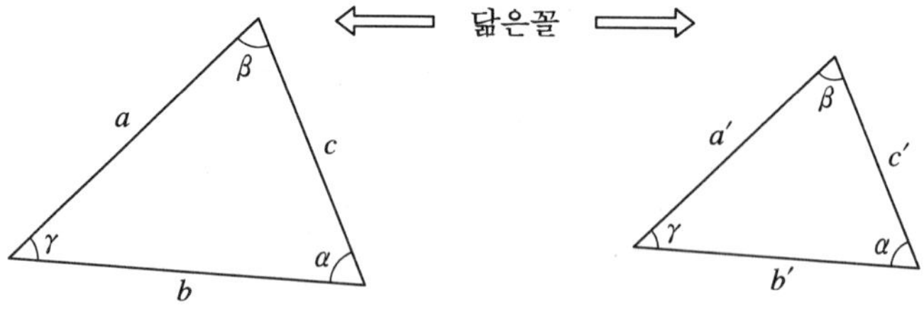

그림 2-11 닮은꼴 삼각형

① $\alpha+\beta+\gamma=180°$

② 만일 $a : b : c = a' : b' : c'$ 이면 닮은꼴 삼각형

③ 헤론의 공식 :

세 변의 길이를 알 때 면적을 구하는 방법이다.

$s=\dfrac{a+b+c}{2}$ 라 할 때, 삼각형의 면적은 다음과 같다.

$$A=\sqrt{s(s-a)(s-b)(s-c)}$$

예제 2.5

삼각형의 세 변의 길이가 $a=32\text{cm}$, $b=16\text{cm}$, $c=20\text{cm}$ 라면 이 삼각형의 면적은 얼마인가?

▌풀이

세 변의 길이가 주어진 경우이므로 헤론의 공식을 이용하자

$$s=\frac{a+b+c}{2}=\frac{32+16+20}{2}$$
$$=34$$
$$A=\sqrt{s(s-a)(s-b)(s-c)}$$
$$=\sqrt{34(34-32)(34-16)(34-20)}$$
$$=130.9(\text{cm}^2)$$

---

④ 삼사법(삼각형의 면적)

밑변과 높이를 알 때 면적을 구하는 방법이다.

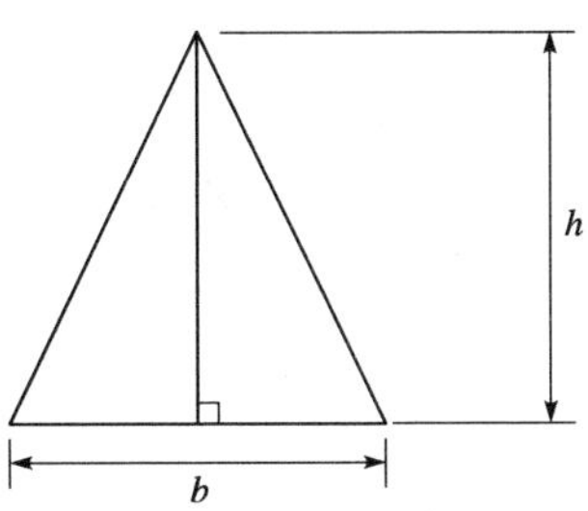

$$A=\frac{1}{2}bh$$

⑤ 이변법(삼각형의 면적)

두변의 길이와 그 사잇각을 측정하여, 면적을 구하는 방법이다.

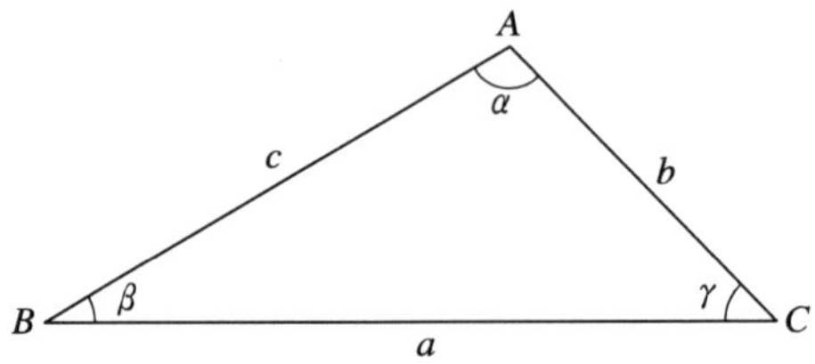

$$A = \frac{1}{2}ab\sin\gamma$$
$$= \frac{1}{2}ac\sin\beta$$
$$= \frac{1}{2}bc\sin\alpha$$

삼각형의 면적은 종종 다음과 같이 어떤 힘의 회전력을 설명할 때 사용된다. 아래 그림의 (a)와 같이 힘 p가 작용할 때 점 o에 대한 회전력은 그림 (b)에서 구한 면적의 2배와 같다.

즉, 점 O에 대한 힘 P의 모멘트 $M= 2\times\frac{1}{2}Ph= Ph$와 같다.

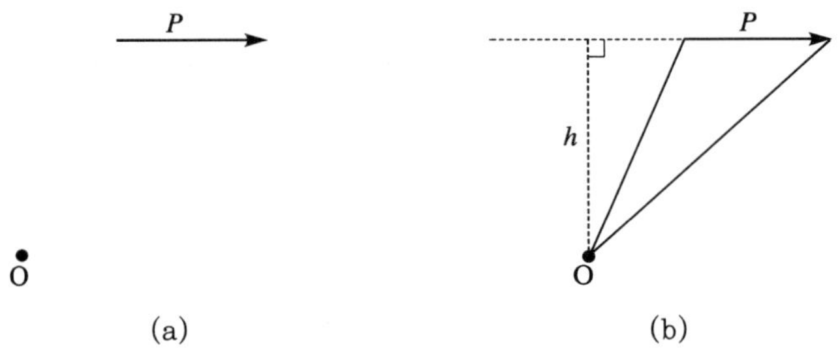

그림 2-12 힘 P의 점 O에 대한 회전력

(2) 직각 삼각형

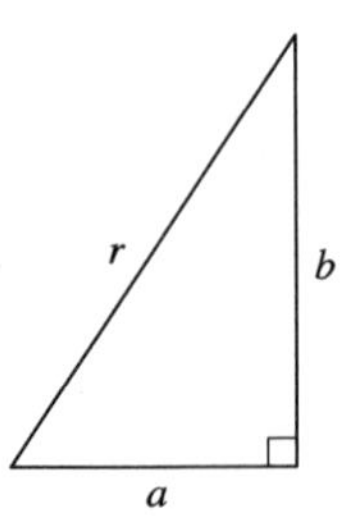

① $r^2 = a^2 + b^2$

② $A = \frac{1}{2}ab$

예제 2.6

엘리데이드를 이용하여 수평거리를 구하고자 경사지의 사거리 l과 엘리데이드의 분획수 n을 읽었다. 이 때, 수평거리 D를 구하는 식을 구하시오.

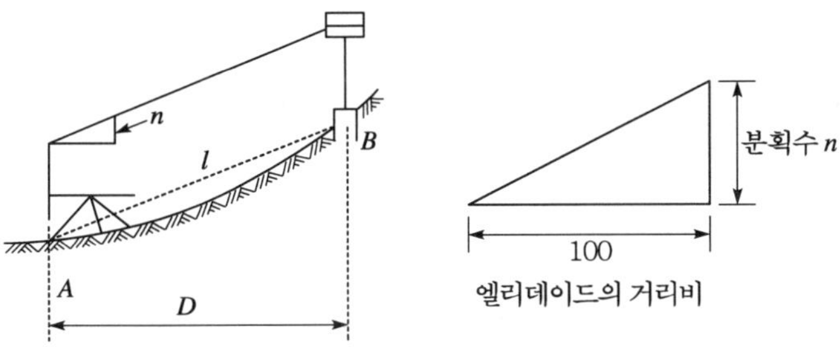

▮풀이

엘리데이드의 삼각형과 측정대상의 삼각형이 닮은꼴이므로 경사거리l을 재고 수평거리를 구하는 방법은 피타고라스의 정리에 의하여

$D : l = 100 : \sqrt{100^2 + n^2}$ 이 된다.

$$\therefore D = \frac{100l}{\sqrt{100^2 + n^2}} = \frac{1}{\sqrt{1 + (\frac{n}{100})^2}} \cdot l$$

2.6 원

(1) 원의 방정식

원점 $(0, 0)$를 중심으로 일정한 거리에 있는 점의 집합을 원이라 하며, 피타고라스의 원리에 의하여 중심 $(0, 0)$, 반경 r인 원의 방정식은 다음과 같다.

$$x^2 + y^2 = r^2$$

이제 점 (a, b)를 중심으로 반경 r인 방정식을 구해 보자. 이는 먼저 구한 원이 그림에서 좌표축이 x축으로 $(-a)$ 만큼, y축으로 $(-b)$ 만큼 이동한 것과 같다. 따라서 그 식은 평행이동이 되어

$$(x-a)^2 + (y-b)^2 = r^2$$

가 된다.

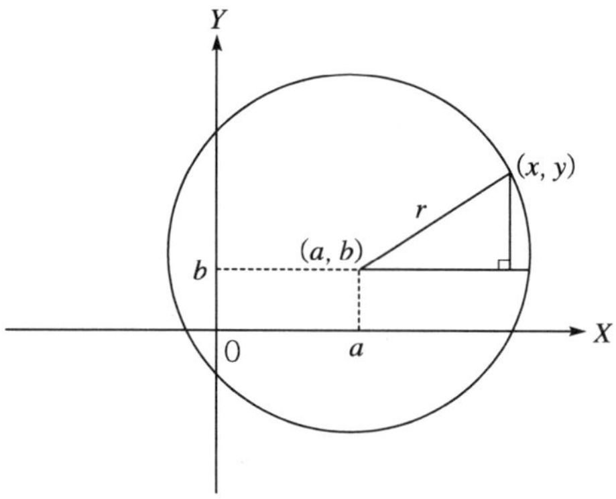

그림 2-13 원의 방정식

(2) 원의 성질

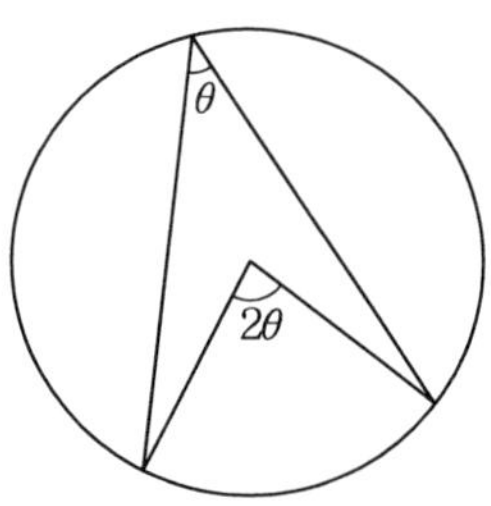

그림 2-14 반지름 r인 원의 원주각 θ와 중심각 2θ

반지름이 r인 원에 대하여 주요사항은 다음과 같다.

① 원주율 $\pi = 3.141592 \ldots$

② 원둘레의 길이 $l = 2\pi r$

③ 원의 면적 $A = \pi r^2$

④ 원주상의 1점의 접선은 그 점과 원의 중심을 지나는 선분과 직교한다.

⑤ 중심각은 원주각의 2배이다.

2.7 각의 성질

① 각의 정의

반경 r인 원에서, 원점을 중심으로 원주를 360 등분하여 그 하나의 크기를 1°라 한다.

② 라디안의 정의

반경 r인 원에서, 원주상에서의 거리가 r일 때의 그 중심각의 크기를 1 라디안(radian)이라 한다.

③ 라디안(호도)과 도의 관계

$2\pi\ rad = 360°$이므로 $1rad = \dfrac{180°}{\pi}$가 된다.

④ 원호의 길이

반경이 r, 중심각 θrad인 부채꼴에서의 원호의 길이 $2\pi r : l = 2\pi : \theta$ 이므로 $l = r\theta$이며,

⑤ 원호의 면적

반경이 r, 중심각 θrad인 부채꼴에서의 $\pi r^2 : A = 2\pi : \theta$이므로 $A = \dfrac{1}{2}r^2\theta$가 된다.

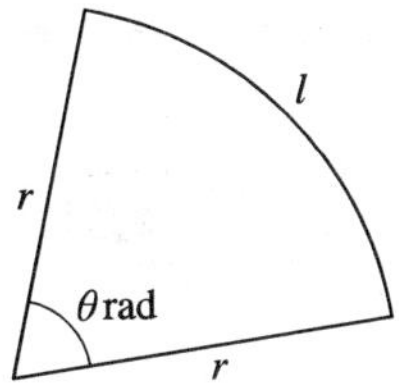

그림 2-15 라디안과 원호의 크기

예제 2.7

방위각 265°에 대한 측선의 방위는 ?
(방위각은 시계방향으로 제 1, 2, 3, 4 상한으로 정의한다.)

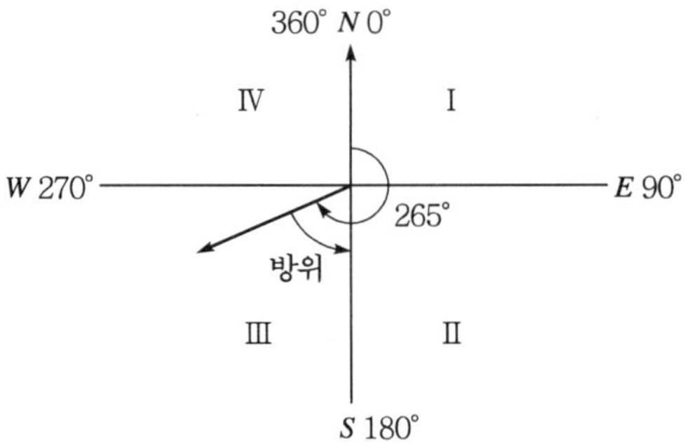

▮풀이

방위각 265°는 Ⅲ상한이므로
방위 = 265°−180°=85°
= $S\,85°\,W$

예제 2.8

다각측량을 하여 다음과 같은 성과표를 얻었을 때 다각형의 면적을 구하시오? 단, 좌표 원점은 (0, 0)이다.

측점	합위거	합경거
A	0	0
B	23.29	38.82
C	−31.05	15.53

▮풀이

ΔABC의 면적을 삼변법을 이용하여 구하고자 한다.
① 먼저, 두 점 사이의 거리 AB, BC, AC의 길이를 계산한다.

$$AB = \sqrt{23.29^2 + 38.82^2} = 45.27\text{m}$$

$$BC = \sqrt{(-31.05 - 23.29)^2 + (15.53 - 38.82)^2} = 59.12\text{m}$$

$$AC = \sqrt{(-31.05)^2 + 15.53^2} = 34.72\text{m}$$

② 삼변법에 의하여 면적 A를 구하면

$$s = \frac{1}{2}(a+b+c)$$

$$= \frac{1}{2}(45.27 + 59.12 + 34.72)$$

$$= 69.555\text{m}$$

$$\therefore A = \sqrt{s(s-a)(s-b)(s-c)}$$

$$= \sqrt{69.555(69.555-45.27)(69.555-59.12)(69.555-34.72)}$$

$$= 783.5\,\text{m}^2$$

연습문제

2-1 극좌표

1 다음의 그림에서 주어진 극좌표를 이용하여 거리 $\overline{OA}$를 구하시오.

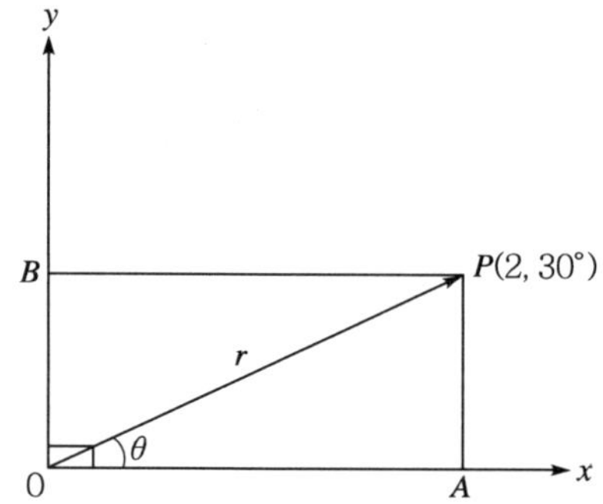

▌풀이

$P(r,\theta) = (2, 30^\circ)$ 이므로

$\overline{OA} = r\cos\theta = 2\cos 30^\circ = 1.71$

cf. 이때 $\cos\theta = \dfrac{OA}{r}$, $\sin\theta = \dfrac{OB}{r}$ 로, 또 기울기는 $\tan 30^\circ = \dfrac{\text{높이}}{\text{밑변}}$ 으로

나타낼 수 있으므로 $\tan 30^\circ = \dfrac{\text{높이}}{\text{밑변}} = \dfrac{1}{1.717}$ 이 된다.

이것은 직각삼각형으로 나타내면 다음과 같다.

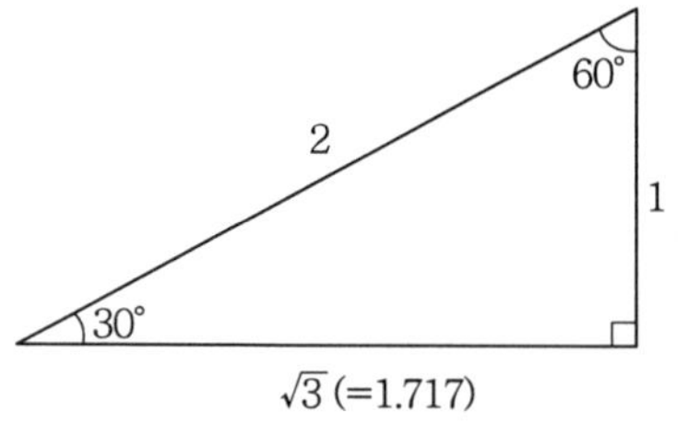

2 두점 사이의 거리 A, B, C 3점의 좌표성과가 A(0, 0), B(−65, +63), C(−40, +93)일 경우, α_{AB}와 α_{BC} , 그리고 $\overline{AB}$, $\overline{BC}$ 의 길이를 계산하라.(단, 단위는 m이다)

▮풀이

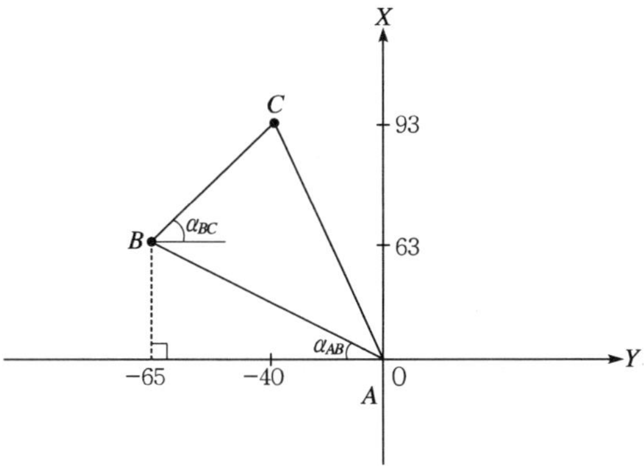

1) $\overline{AB}= \sqrt{65^2+63^2} =90.519\text{m}$

$\tan\alpha_{AB}= \dfrac{63}{-65}$ 이므로

$\alpha_{AB}= \tan^{-1}(\dfrac{63}{-65}) = 135°53'43''$

2) $\overline{BC}= \sqrt{-40-(-65)^2+(93-63)^2} =39.051\text{m}$

$\tan\alpha_{BC}= \dfrac{25}{30}$ 이므로

$\alpha_{BC}= \tan^{-1}(\dfrac{25}{30}) = 50°11'40''$

2-2 비와 비율

기준을 1로 할 때 어떤 값의 변화를 OOO비 라고 한다.

예를 들어 물시멘트비 W/C는 시멘트의 무게를 1이라고 했을 때 물의 무게가 얼마인가를 나타낸다. 이때 비에 100을 곱하면 %로 나타낼 수 있다.

1 다음과 같이 잔골재와 굵은골재를 배합하려고 한다. 두 재료가 투입된 후 전체 골재에서 잔골재가 차지하는 부피의 비, 즉 잔골재율(S/a)은 얼마나 되는가?

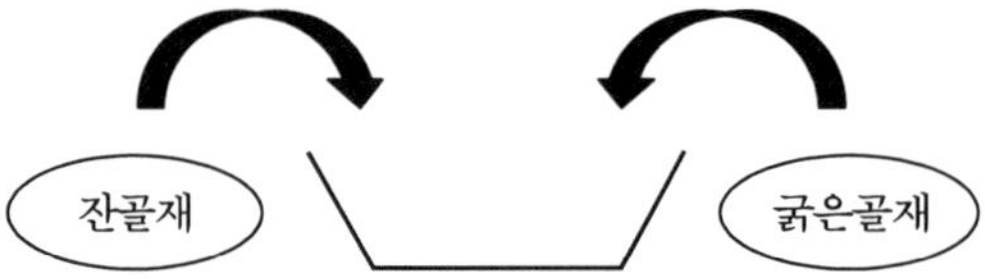

무게 $\overline{W_S} = 690\text{kgf}$ 무게 $\overline{W_a} = 1060\text{kgf}$

비중 $\rho_s = 2.60$ 비중 $\rho_G = 2.65$

▮풀이

잔골재율(S/a)은 배합된 콘크리트의 반죽질기(workabaility)와 성형성, 수축성 등에 영향을 주는 매우 중요한 인자이므로 배합시 그 값을 미리 파악할 필요가 있다.

$S/a = \dfrac{\text{잔골재의 용적}}{\text{골재 전체의 용적}} \times 100(\%)$ 가 된다.

즉 $S/a = \dfrac{\text{잔골재의 용적}}{\text{잔골재의 용적} + \text{굵은골재의 용적}}$

따라서 각각의 골재의 부피(용적)를 구하면

비중 $\rho = \dfrac{\text{무게}}{\text{같은 부피의 물의 무게}(=\text{부피})} = \dfrac{M(=\overline{w})}{V}$ 이므로

(그 옛날 $\rho = \dfrac{M}{V}$ 으로 기억하던 그것...)

$V = \dfrac{M}{\rho}$ 이 된다.

따라서, $V_s = \dfrac{690}{2.60} = 265.38$

$V_G = \dfrac{1060}{2.65} = 400$

즉 $S/a = \dfrac{265.38}{265.38 + 400} \times 100 = 40\%$가 된다.

2 물시멘트비 W/C가 0.5이다. 1m^3의 콘크리트에 들어간 시멘트의 양이 320kgf이라면 필요한 물의 양, 즉 단위 수량 $\overline{W}$이 얼마가 필요한가.

▮풀이

$W = C \cdot \dfrac{W}{C} = 320(0.5) = 160\,\text{kgf}$가 된다.

3 내동해성을 고려한 내구성 설계시 물시멘트비는 45% 이하로 한다. 1m^3에 들어가는 단위시멘트의 양 C가 320kgf일 때 단위수량 W는 얼마 이하여야 하는가?

▮풀이

$W/C = 45\% = \dfrac{45}{100} = 0.45$

$W = 320(0.45) = 144\,\text{kgf}$ 가 된다.

2-3 도형의 부피 구하기

1 다음 도형의 부피를 구하시오.

(1) 다음 직육면체의 부피를 구하시오

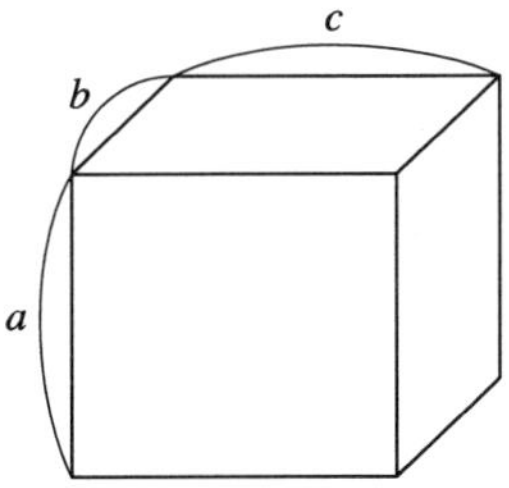

$a = 100\text{mm},\ b = 300\text{mm},\ c = 400\text{mm}$

▮풀이

부피 = 가로×세로×높이

$V = abc = (100)(300)(400) = 12{,}000{,}000\text{mm}^3$ 또는 12m^3가 된다.

(2) 다음 원통의 부피를 구하시오.

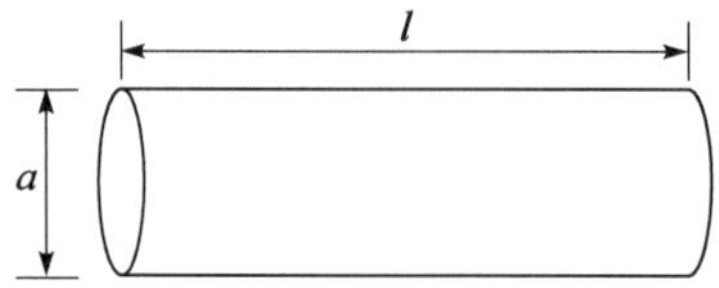

$a=150\text{mm}^2$, $l=400\text{mm}$

▌풀이

부피 = 면적×길이

$V=al=(150)(400)=60{,}000\text{mm}^3$가 된다.

(3) 원뿔의 부피를 구하시오

$a=500\text{mm}$, $b=300\text{mm}$, $h=1{,}000\text{mm}$

▌풀이

$$V=\frac{1}{2}abh \;=\; \frac{1}{2}(1000)(300)(500)$$

$=75{,}000{,}000\text{mm}^3$ 또는 75m^3가 된다.

(4) 다음은 원뿔의 부피를 구하시오.

도형공식, 의사공식, 양 단면 평균법, 중앙 단면적법 등이 있으나 주로 도형공식이나 의사공식이 쓰이고 있고 표준품셈에서는 의사공식을 원칙으로 하고 있다.

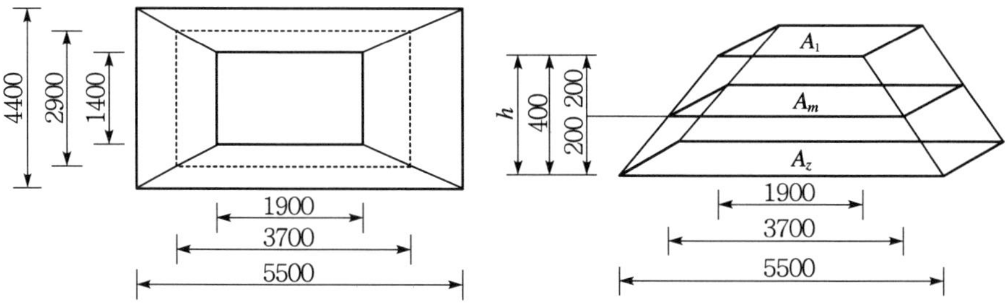

▌풀이

〈도형공식〉

$$V=\;\frac{h}{6}\{(2a+a')b+(2a'+a)b'\}$$

$$=\frac{0.4}{6}\{(2\times1.9+5.5)\times1.4+(2\times5.5+1.9)\times4.4\}$$

$V = 4.652\text{m}^3$

〈의사공식〉

① $V = \dfrac{h}{6}(A_1 + A_2 + 4A_m)$

$= \dfrac{0.4}{6}\{(1.9 \times 1.4) + (5.5 \times 4.4) + (4 \times 3.7 \times 2.9)\}$

$V = 4.652\text{m}^3$

② $V = \dfrac{h}{3}(A_1 + A_2 + \sqrt{A_1 A_2})$

$= \dfrac{0.4}{3}(2.66 + 24.2 + \sqrt{2.66 \times 24.2})$

$V = 4.651\text{m}^3$

2 $b = 30\text{cm}$, $a = 9\text{cm}$ 인 단철근 사각형보에서 $f_c{}' = 25\text{MPa}(= 250\text{kgf/cm}^2)$일 때 콘크리트의 전압축력을 강도설계법으로 구하면 얼마인가?

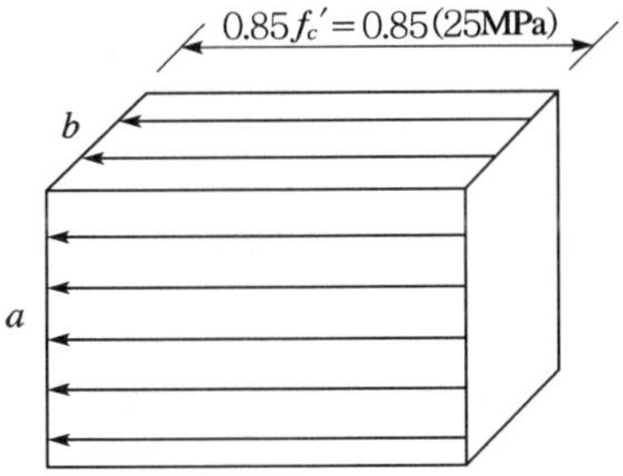

▌풀이

콘크리트의 압축력 C는 부피와 같다.

즉 $C = 0.85fc'\ ab$

$= 0.85fc'\ ab$

$C = 0.85f_{ck} \cdot a \cdot b$

$= 0.85(25)(90)(300) = 573{,}750\text{N}$

3 다음과 같은 구조물하부의 터파기시 토공량을 산출하시오.

즉, 터파기량(지반을 굴착하여 파낸 도량), 되메우기량(커 파기를 하고 구조물을 완료한 후에 다시 메우는 도량), 잔토량(터파기를 하여 되 메우고 남은 토량 또는 재료로 부적당하여 버릴 토량)등은 단면적 계산에서 요구 조건인 흙의 비탈구배와 터파기량 계산에서 주어진 여유 폭과 터 파기선 및 터파기 구간을 참조하여 물량을 산출한다.

① 터파기량 = 되메우기량 + 잔 토량
② 되메우기량 = 터파기량 − 잔 토량(터파기 구간에 묻힌 구조물의 체적)
③ 잔토량 = 터파기량 − 되메우기량
④ 터파기량은 옹벽 터파기 구간의 단면적을 구하여 옹벽의 길이(횡 방향)을 곱해주면 된다.

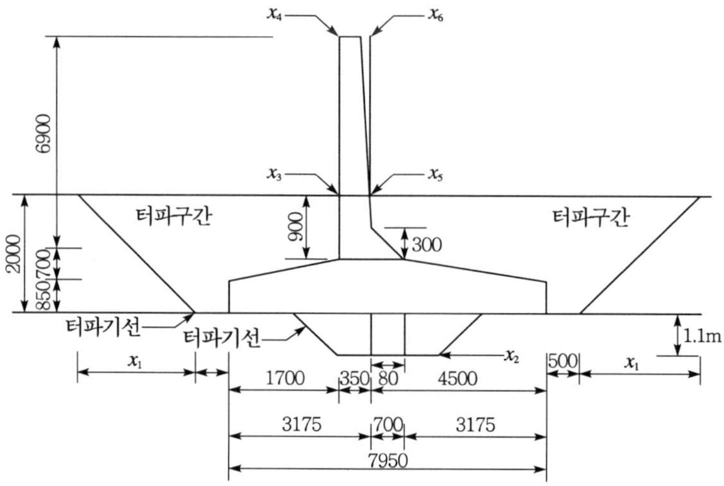

터파기 기울기 0.5 = 높이 : 넓이 = 1 : 0.5

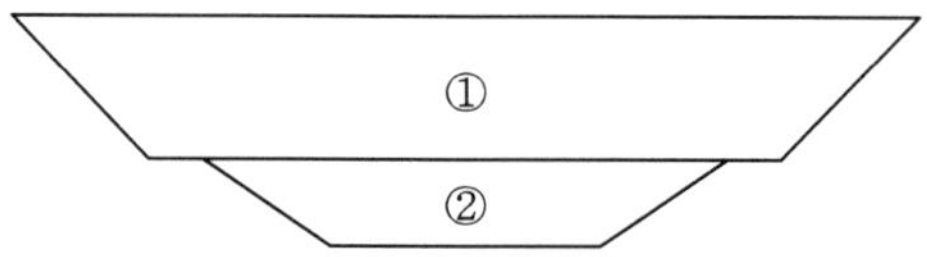

▌풀이

돌출부 역 T형 옹벽의 토공량을 산출하면 다음과 같다.

터파기량(m^3)= 터파기 구간의 단면적 × 옹벽길이(1m)

x값 $\Rightarrow 1:0.5 = 1.1 : x \qquad \therefore\ x = 0.55\text{m}$

x_1값 $\Rightarrow 1:0.5 = 2.0 : x_1 \qquad \therefore\ x_1 = 1.0\text{m}$

$$= \frac{1.3+(1.3+0.55\times 2)}{2}\times 1.1 + \frac{(7.05+0.5\times 2)+(8.05+1\times 2)}{2}\times 2\times 1\text{m}$$

$$= 20.135\text{m}^3$$

잔토량 (m^2) = 터파기 구간의 구조물 단면적×옹벽길이(1m)

=(①+②+③+④+⑤)×옹벽길이(1m)

① $0.7 \times 1.1 = 0.77\text{m}^2$

② $0.35 \times 7.05 = 2.4675\text{m}^2$

③ $\dfrac{0.85+0.8+7.05}{2} \times 0.75 = 4.35\text{m}^2$

④ x_2값 $\Rightarrow 1 : 0.02 = 0.8 : x_2 \quad \therefore\ x_2 = 0.016\text{m}$

$\dfrac{0.85+0.8+0.85-0.016}{2} \times 0.8 = 1.242\text{m}^2$

⑤ x_3값 $\Rightarrow 1 : 0.020.9 : x_3 \quad \therefore\ x_3 = 0.018\text{m}$

x_4값 $\Rightarrow 1 : 0.026.9 : x_4 \quad \therefore\ x_4 = 0.138\text{m}$

x_5값 $\Rightarrow 0.850.138 - 0.350.362 \quad \therefore\ x_5 = 0.362\text{m}$

x_3값 $\Rightarrow 6.1 : 0.362 = 0.1 : x_3 \therefore\ x_3 = 0.006\text{m}$

$\dfrac{0.85 - \chi_2 + 0.85 - \chi_3 - \chi_6}{2} \times 0.1 = 0.083\text{m}^2$

$\dfrac{0.85 - 0.016 + 0.85 - 0.018 - 0.006}{2} \times 0.1 = 0.083\text{m}^2$

잔토량 $= (0.77 + 2.4675 + 4.35 + 1.242 + 0.083)\text{m}^2 \times 1\text{m} = 8.9125\text{m}^2$

되메우기량=터파기량−잔토량

$20.135\text{m}^2 - 8.9125\text{m}^2 = 11.223\text{m}^3$

4 잔골재의 절대건조상태의 비중은 다음과 같이 계산한다. 그 과정을 설명하시오.

절대건조상태의 비중 $= \dfrac{A}{B + 500 - C}$

여기서, A : 대기 중 노건조 시료의 무게(g)

B : 물을 채운 플라스크의 무게(g)

C : 시료와 물을 검정점까지 채운 플라스크의 무게(g)

500 : 표면건조포화상태의 잔골재의 무게(g)

▌풀이

표면건조포화상태의 비중은 다음과 같이 계산한다.

① 모래의 부피

수많은 모래 알갱이의 부피를 일일이 더한다는 것은 불가능하므로 플라스크에 넣어 자기 부피만큼 넘처난 물의 양으로 부피를 측정하고자 한다.

즉, 모래의 부피는 넘처나온 물의 양과 같으므로 (모래무게+물만 채운 플라스크의 무게)에서 (모래와 물을 넣은 플라스크의 무게)를 빼면 흘러나온 물의 무게가 된다. 이 무게에서 물의 부피 즉 모래의 부피를 구한다.

즉 모래의 부피$=B+500-C$ 가 된다.

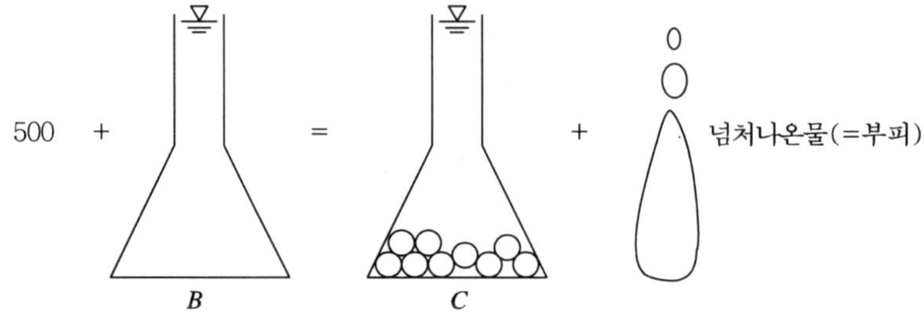

② 모래의 비중

모래의 비중은 모래의 무게를 모래의 부피로 나눈 값과 같다.

따라서, 다음의 식이 구해지게 된다.

표면건조포화상태의 비중 $=\dfrac{500}{B+500-C}$

③ 참고로 흡수율은 다음 식에 따라 계산한다.

흡수된 물의 양은 표면건조포화상태의 무게에서 건조된 시료의 무게를 빼면 구해진다.

즉 흡수된 물의 양 $=500-A$이다.

따라서 노건조무게(A)에 대하여 물의 양이 흡수될 수 있는 비율이 흡수율이 되므로 다음과 같이 구해진다.

흡수율(%) $=\dfrac{(500-A)}{A}\times 100$

5 비중이 0.92인 빙산이 비중 1.025의 해수면 위에 떠 있고 수면 위로 나온 빙산 용적이 180m^3이면 빙산의 전체 용적은?

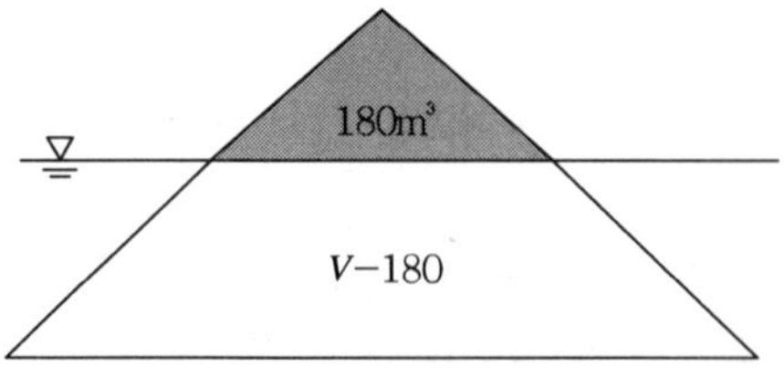

▮풀이

빙산이 해수면 위에 떠있을 조건은 $W= F_B$ 즉, 빙산의 무게와 부력이 같을 때이다.

즉, $W = F_B$

이때 $W= r_1 V$, $F_B= r_2(V-180)$이므로

$0.92V = 1.025(V-180)$

$(1.025-0.92)V = 1.025\times 180$

$V = 1757.143\text{m}^3$

2-4 비례식 만들기(비례와 반비례)

1차식은 비례관계를 나타내는데 주로 사용된다. 비례관계에는 정비례와 반비례의 두가지로 구별할 수 있으며, 많은 공학적인 표현들을 쉽게 이해하도록 도와준다. 예를 들어 함수율과 슬러지 부피의 관계는 아래의 식과 같이 표현되는데, 얼핏 보면 별다른 비례나 반비례 관계처럼 보이지 않는다. 그러나 그 내용을 보면 변형된 비례식임을 아래의 예제를 통하여 알 수 있다

$$\frac{V_1}{V_2} = \frac{100-W_2}{100-W_2} = \frac{1-P_2}{1-P_2}$$

여기서, V_1, V_2 : 슬러지의 부피

W_1, W_2 : 슬러지의 함수율(%)

P_1, P_2 : 슬러지의 함수비

1 다음은 정수나 하수처리과정에서 액체로부터 고형물이 분리되어 형성되는 슬러지의 부피와, 그 속에 포함된 수분의 양을 나타내는 함수율의 관계이다. 이를 비례식으로 나타내시오.

고형분과 물의 부피

구분	P	V	n
	함수비	전체부피	고형분의 비
①의 경우	0.99	100	0.01
②의 경우	0.98	50	0.02
③의 경우	0.96	25	0.04

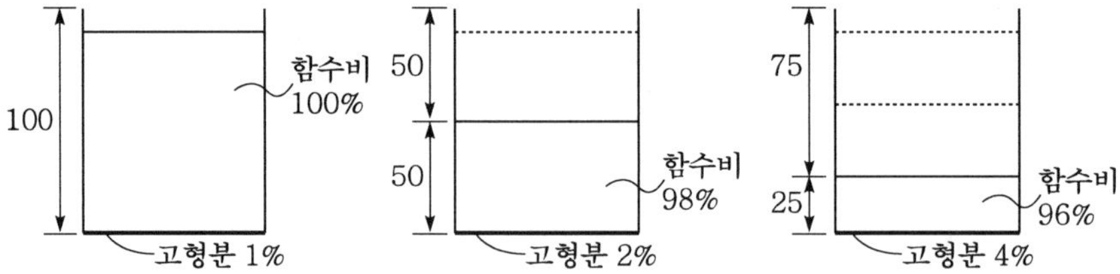

① 농축전　　② 1차농축폭　　③ 2차농축폭

(고형분의 양은 일정하다)

▮풀이

농축비와 무관하게 고형물은 그 무게와 양(부피)이 항상 일정하다. 따라서 고형분의 비를 이용하면 함수비와 농축된 부피의 비를 더 쉽게 표현할 수 있다.

이를 일반화하기 위해 두 개만의 식을 세우면

$V_1 : V_2 = 1-P_2 : 1-P_1$

$V_1(1-P_1) = V_2(1-P_2)$

또는 $\dfrac{V_1}{V_2} = \dfrac{1-P_2}{1-P_1}$ 가 된다.

이를 ①과 ②의 경우에 대해 알아보면

$V_1 : V_2 = 1-P_2 : 1-P_1$

$\rightarrow 100 : 50 = 1-0.98 : 1-0.98 = 1 : 0.5$가 된다.

2 수분 98%이고, 부피가 10m^3인 오니를 수분 96% 로 농축하면 부피는 얼마인가?

▮풀이

앞의 예제에서 $\dfrac{V_2}{V_1} = \dfrac{1-P_1}{1-P_2}$ 이므로,

$\dfrac{X}{10} = \dfrac{1-0.98}{1-0.96} = \dfrac{0.02}{0.04} = \dfrac{1}{2}$

즉 $x = \dfrac{10}{2} = 5\text{m}^3$ 가 된다.

3 하수종말처리장에서 발생한 슬러지는 그 처분을 간편하게 하기 위해서 농축처리한다. 수분 98%인 슬러지 $30\mathrm{m}^3$을 농축하여 수분 94%로 했을 때의 슬러지량은 얼마나 되겠는가?

▌풀이

체적과 함수비의 관계 $\dfrac{V_2}{V_1} = \dfrac{1-P_1}{1-P_2}$ 에서,

$\dfrac{V_2}{30} = \dfrac{1-0.98}{1-0.94}$ $\therefore V_2 = 10\mathrm{m}^3$

$\therefore\ V_2 = 10\mathrm{m}^3$

2-5 지수를 이용한 비례식의 경우

1 콘크리트속의 수산화칼슘이 대기 중의 이산화탄소와 반응하여 탄산칼슘과 물로 배출되는 현상을 탄산화(Carbonation)라고 한다. 표면에서부터 탄산화되는 깊이는 시간에 따라 다음 그림과 같은 경향이 있다.

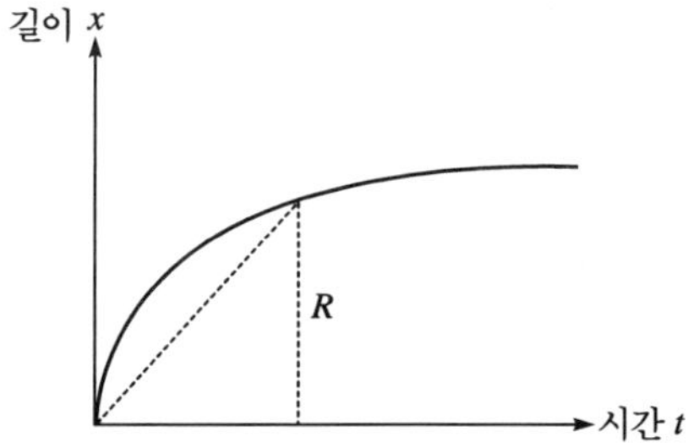

▌풀이

즉 탄산화 깊이 x(mm)는 초기에는 시간에 따라 진행 깊이가 깊어지지만, 시간이 지날수록 깊이는 더 깊어지지만 그 진행속도는 현저히 감소된다.
이러한 지수 형태의 그래프를 $\sqrt{t}$ 와의 관계로 바꾸면 다음 그림과 같이 나타낼 수 있다.

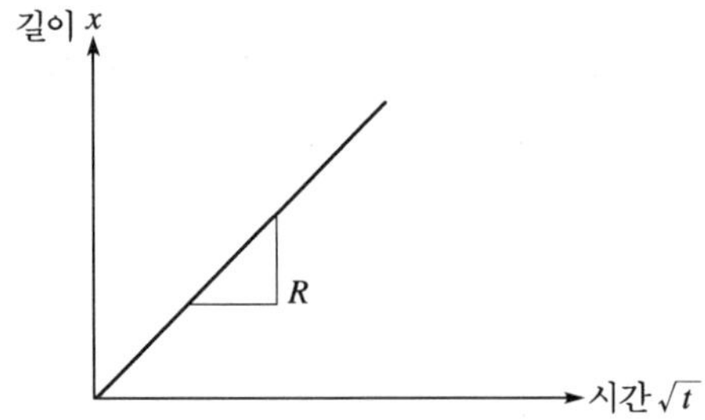

즉 아래와 같이 알기 쉬운 1차의 비례식으로 나타낼 수 있다.

$$x = R\sqrt{t}$$

여기서, R=탄산화 속도계수이며, 사용재료의 종류, 환경조건, 표면마감재 등 에 따라 변하는 계수로서 탄산화 속도 또는 중성화 속도라 부른다.

(시험에 의해 구하며 실외에서 3~8, 실내에서 3~10(단위 : mm/year0.5) 정도 임)

이러한 비례식은 시간 t에 대하여 초기에는 매우 급하게 비례의 기울기가 진행되다가 차츰 비례의 기울기가 감소하는 것을 의미한다.

2 같은 예로서 철근과 콘크리트의 부착력은 콘크리트의 설계기준강도의 제곱근에 비례한다. 즉,

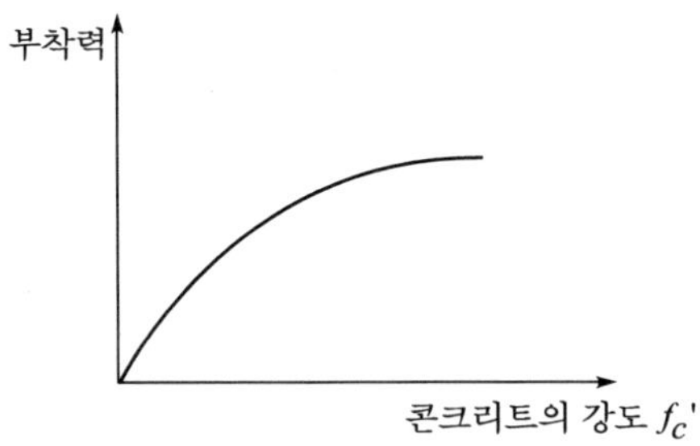

▮풀이

이를 비례식으로 바꾸면 다음과 같은 1차 비례선으로 나타낼 수 있다.

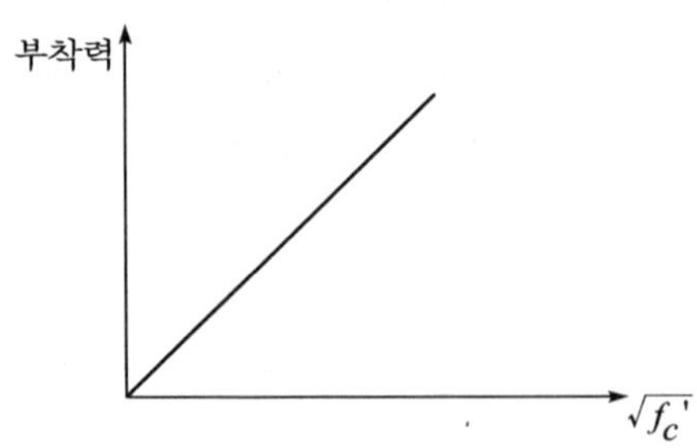

3 강도설계법에서 보에 대한 등가깊이 $\alpha = \beta_1 \cdot C$ 인데 f_{ck}가 45MPa일 경우 β_1의 값은?

▌풀이

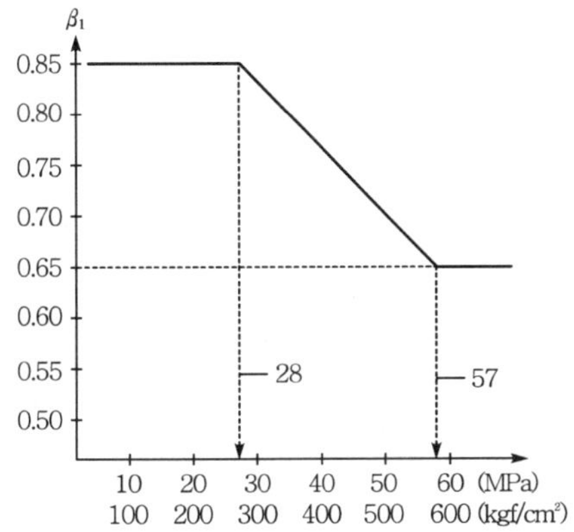

$f_{ck} \le 28\text{MPa}(280\text{kgf/cm}^2)$일 때→$\beta_1 = 0.85$

$f_{ck} > 28\text{MPa}(280\text{kgf/cm}^2)$일 때→$1\text{MPa}(10\text{kgf/cm}^2)$ 증가시마다 0.007씩감소

f_{ck}[MPa]	28이하	29	30	31	32	34	57이상
β_1	0.850	0.843	0.836	0.822	0.815	0.808	0.65

따라서,

$\beta_1 = 0.85 - (f_{ck} - 28) \times 0.007 = 0.85 - (45 - 28) \times 0.007 = 0.731$

2-6 닮은꼴 삼각형 이용하기

1 두 점 AB 사이의 거리를 측정하고자 한다. 이때 AB 사이에 장애물이 있어 직접 거리 측량이 어려운 경우이다. 부득이 실선으로 표시된 BE, CD, BC의 값을 관측하였다. 이 값을 이용하여 거리 AB를 계산하라. (단, 관측된 값은 $BE = 40\text{m}$, $CD = 60\text{m}$, $BC = 25\text{m}$ 이다.)

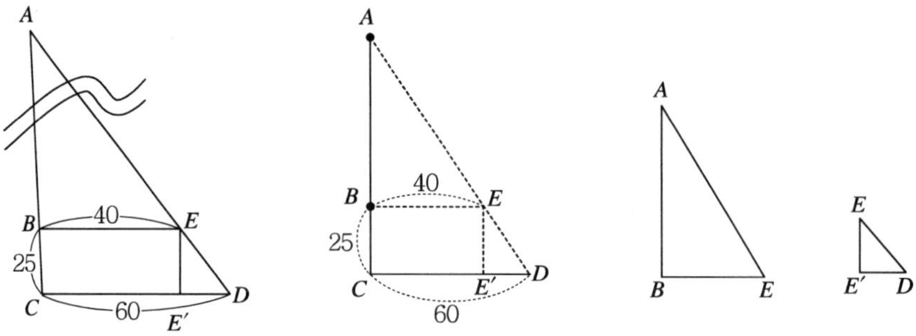

▌풀이

$\triangle ABE$와 $\triangle EE'D$는 닮은꼴 삼각형의 성질을 이용하면

$AB : BE = EE' : E'D$

따라서, $AB(E'D) = BE(EE')$

$E'D = 60 - CE' = 60\,BE = 20(\text{m})$

$\therefore\ AB = \dfrac{BE \times EE'}{E'D} = \dfrac{40 \times 25}{20} = 50(\text{m})$

2 축척 1/5000 지형도 작성을 위한 측량에서 일정한 경사에 있는 두 점 A, B의 수평거리는 270m, 점 A의 표고는 39m, 점 B의 표고는 27m였다. 35m 표고의 등고선은 도상에서 점 A에 대응하는 점으로부터 얼마나 떨어져 있는가? (단, 이 지형도의 등고선 간격은 5m이다.)

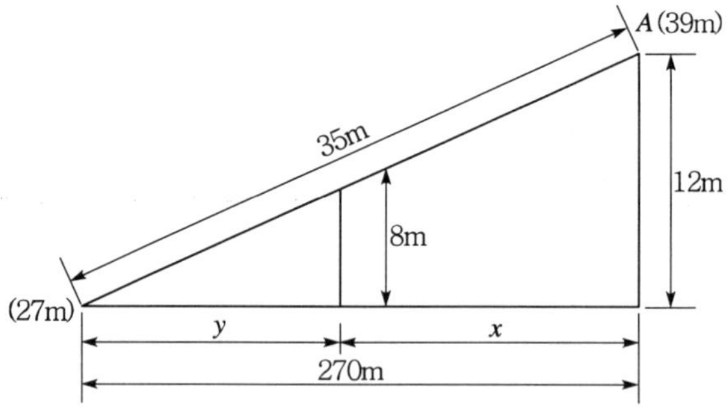

▌풀이

닮은 꼴 삼각형의 비례식에서

$270 : 12 = y : 8$

$12y = 270 \times 8$

$y = \dfrac{270\times 8}{12} = 180\,\mathrm{m}$

따라서, $x = 270 - 180 = 90\mathrm{m}$

또한, 도상거리는 축척$=\dfrac{\text{도상거리}}{\text{실제거리}}$에서,

$\dfrac{1}{5000} = \dfrac{\text{도상거리}}{90\times 10^3}$

∴ 도상거리=18mm

3 $f_y = 350\mathrm{MPa}$, $d = 500\mathrm{mm}$인 강도설계의 단철근 직사각형 균열보에서 압축연단에서 중립축까지의 거리는?

▌풀이

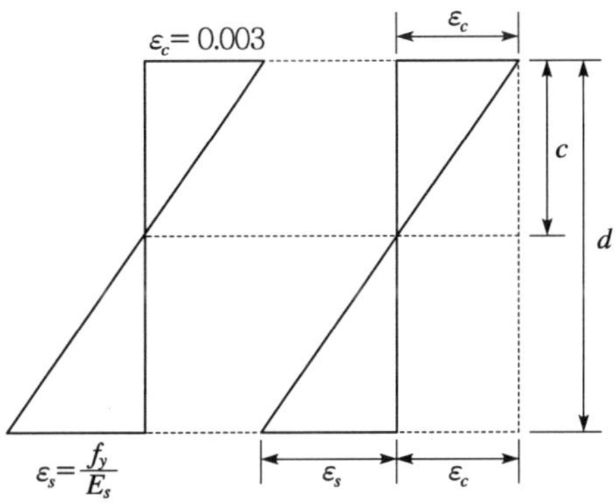

닮은꼴 삼각형의 성질을 이용하면

$c : \varepsilon_c = d : (\varepsilon_c + \varepsilon_s)$

$c \cdot (\varepsilon_c + \varepsilon_s) = \varepsilon_c \cdot d$

$c = \dfrac{\varepsilon_c}{(\varepsilon_c + \varepsilon_s)} \cdot d$

여기서, $\varepsilon_c = 0.003$, $\varepsilon_s = \dfrac{f_y}{E_s}$ $E_s = 200{,}000$

$$c = \frac{\varepsilon_c}{\varepsilon_c + \dfrac{f_y}{E_s}} \cdot d$$

$$= \frac{0.003}{0.003 + \dfrac{f_y}{200{,}000}} \cdot d$$

$$= \frac{600}{600+f_y} \cdot d \quad \text{가 된다}$$

따라서, $c = \dfrac{600}{600+350} \cdot 500 = 316$

∴ 중립축까지 거리 $c = 316\text{mm}$

4 그림의 구조물에서 A점에 모멘트가 가해지면 그 모멘트는 B, C, D 쪽으로 전해지게 된다. 이때 그 전달되는 모멘트의 크기는 유효강성계수에 따라 분배되는데 이때 부재 AC로 전달되는 모멘트 분배율 $D.F_{AC}$는 얼마인가?

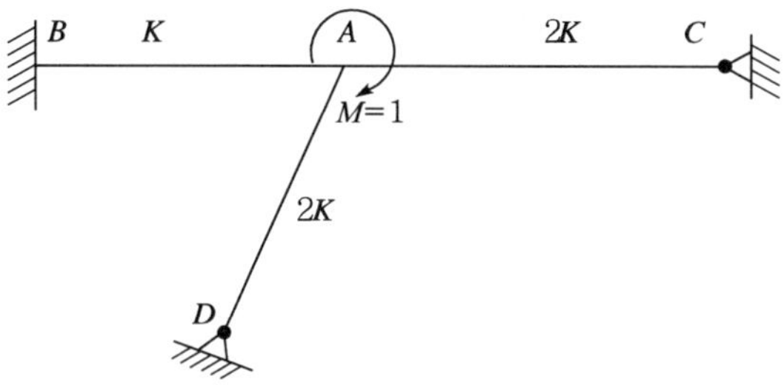

▌풀이

모멘트의 배분은 길이에 반비례하고 단면의 강성에 비례한다. 따라서, 강비 $= \dfrac{\text{강성}}{\text{길이}}$에 비례하여 전해진다. 이는 비례식을 이용하면 쉽게 이해되고 풀 수 있는 또 다른 형태의 문제라고 할 수 있다.

즉 전체 강성에서 AC 부재의 강성만큼이 AC 부재로 전달된다. 즉, 1이라는 모멘트가 점 A에 가해질 때 부재 AB, AC, AD 각각의 부재로 전해지는 모멘트의 크기는 다음과 같이 강비와 비례 관계에 있다.

$D.F_{AB} : D.F_{AC} : D.F_{AD} = k_{AB} : k_{AC} : k_{AC}$

따라서,

i 부재의 분배율 $f_i = \dfrac{k_i}{\sum k} = \dfrac{\text{구하고자 하는 부재의 강비}}{\text{총 강비}}$

(한편 점 C와 D는 힌지이므로 고정단인 AB 부재 보다 AC와 AD부재의 상대강성은 $\dfrac{3}{4}$만큼 감소한다는 것을 고려하여 총 강비를 구하면 된다).

따라서, 주어진 k를 강비로 보며 환산된 유효강비를 다시 계산한다.

$$\therefore D.F_{AC} = \frac{\frac{3}{4}\times 2k}{k+\frac{3}{4}\times 2k+\frac{3}{4}\times 2k} = \frac{\frac{3}{2}k}{4k} = \frac{3}{8} = 0.375$$

즉 1이라는 휨모멘트가 가해질 때 AC 부재로는 그중에서 0.375만큼이 전해진다는 것을 의미한다.

5 그림과 같은 라멘의 점 B에 36t · m의 모멘트가 작용할 때 점 A의 휨모멘트를 구하시오?

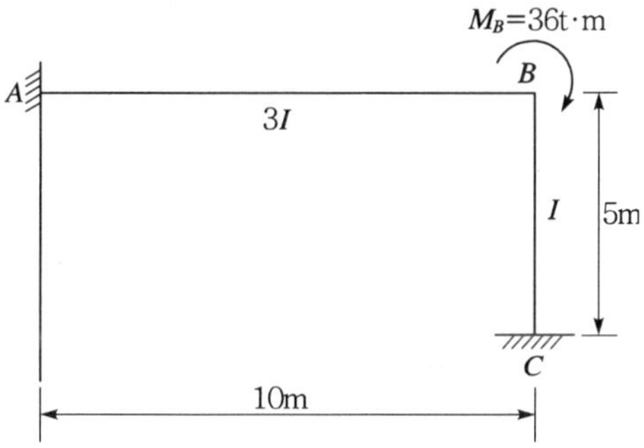

▮ 풀이

모멘트 분배법을 적용한다.

① 점 B의 불균형 모멘트=36t · m

② 점 B의 균형 모멘트=−36t · m

③ 분배율 수식입력

$(D\cdot F = (\frac{K_{AB}}{\Sigma K})$: 상대강도$(K = \frac{I}{L})$는 $K_{AB}=\frac{3}{10}$, $K_{BC}=\frac{1}{5}$

$\rightarrow K_{AB}=3,\ K_{BC}=2$

$$\therefore\ D\cdot F_{AB}=\frac{3}{3+2}=\frac{3}{5}$$

6 다음 그림과 같은 다층지반에서 연직방향의 등가투수계수를 계산하면 몇 cm/s 인가?

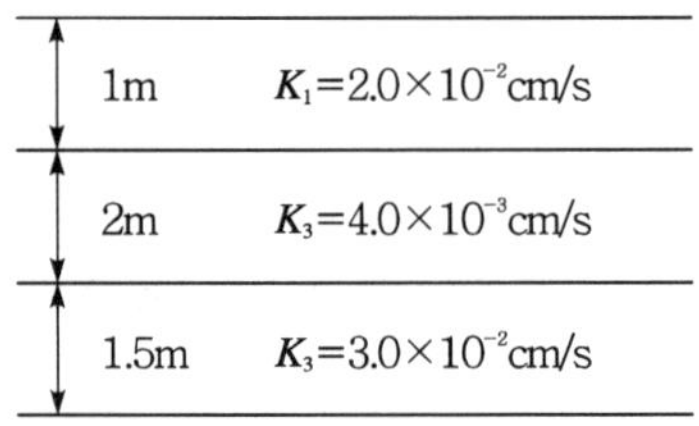

▮풀이

등가 투수계수는 앞의 예제와 같이 각 층의 경중률을 고려한 평균과 같으므로, 다음과 같이 구해진다.

$$K_v = \frac{H}{\frac{H_1}{K_1}+\frac{H_2}{K_2}+\frac{H_3}{K_3}} = \frac{450}{\frac{100}{5.0\times10^{-2}}+\frac{200}{4.0\times10^{-3}}+\frac{150}{2.0\times10^{-2}}}$$

$$= \frac{450}{200+50000+7500} = 7.6\times10^{-3}\text{cm/s}$$

7 우리나라 도로 기울기의 표시방법은?

▮풀이

도로의 기울기 : $\frac{n}{100}$ 으로 표시

8 방위각 260°의 역방위는 얼마인가?

▮풀이

방위는 항상 N과 S가 기준이다.

그림에서 역방위각이 80°이므로

∴ 역방위= N 80° E

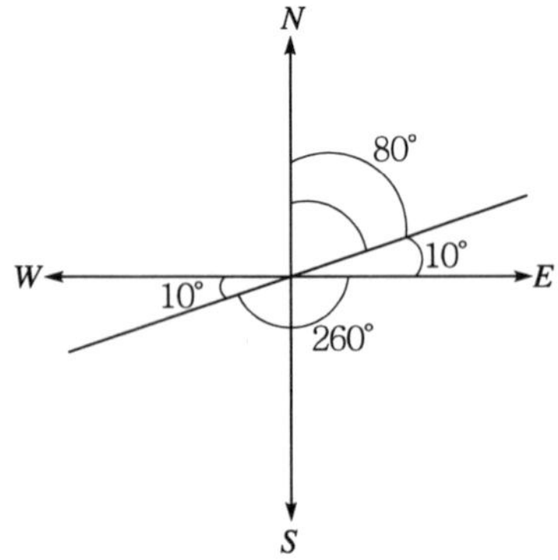

9 유량(Q)이 45m^3/h, 흡입구의 유속(V)이 3m/s일 때 펌프의 구경(D)은 몇 mm로 하여야 하는가?

▮풀이

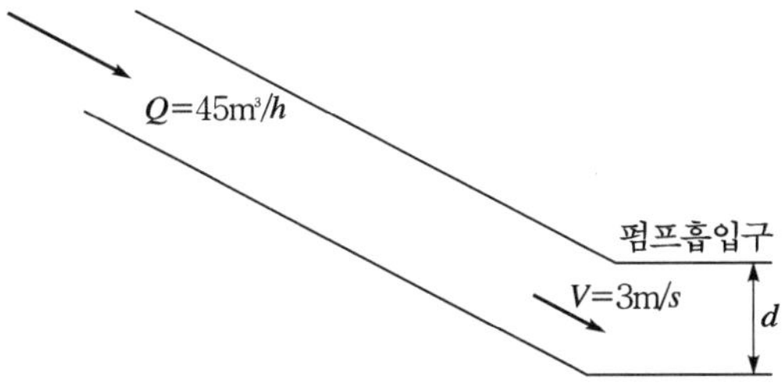

$Q = AV$에서

$$45/(60\times60) = \frac{\pi\times d^2}{4}\times3$$

$$d^2 = 45/(60\times60)\times4/3\pi$$

$$d = \sqrt{45/(60\times60)\times4/(3/\pi)}$$

$$= 0.073\text{m} = 73\text{mm}$$

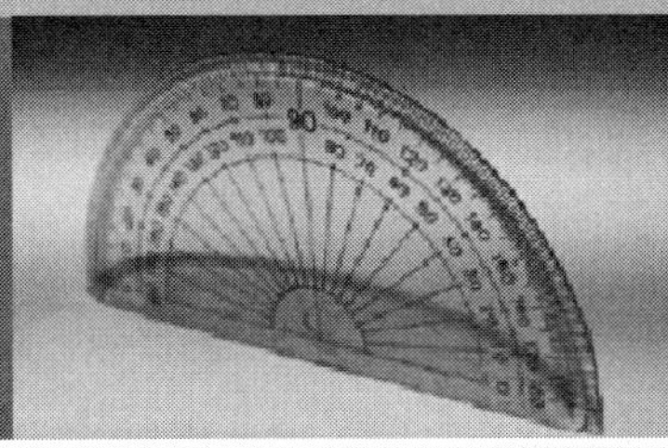

CHAPTER

3

지수 및 대수

3.1 지수
3.2 오일러(Euler) 수, e
3.3 지수함수와 그래프
3.4 로그(log)
3.5 로그의 중요한 성질
3.6 로그함수와 그래프
3.7 상용로그

CHAPTER 3

지수 및 대수

큰 수를 나타내는 데는 기호를 사용하기도 하며, 실제의 값으로 표현할 때는 10의 몇 제곱으로 표현하여 양의 크기와 자릿수를 표현한다. 또 이를 한정된 면적의 그래프로 나타낼 때, 로그를 이용하여 간단히 줄여서 표현할 수 있다. 본 장에서는 이러한 지수와 로그의 특성과 이를 응용한 공학적 문제를 알아보자.

3.1 지수

$a \times a$는 a^2, $a \times a \times a$는 a^3으로 쓴다. 이처럼 실수 a를 n번 곱한 것을 a의 n제곱이라 하고 a^n으로 나타낸다. 이처럼 a, a^2, a^3,⋯ 을 통틀어 a의 거듭제곱이라 하고, a^n에서 n을 지수, a를 밑이라 한다. 공학에서는 $a^{3/2}$ 또는 a^{-4} 처럼 지수가 정수가 아닌 경우가 빈번히 나온다.

(1) 지수 법칙

m, n이 자연수, 정수 또는 유리수 및 무리수에 대하여도 지수에 관하여

다음의 법칙이 성립된다.

① $a^m a^n = a^{m+n}$(곱셈의 지수법칙)

② $(a^m)^n = a^{mn}$

③ $(ab)^n = a^n b^n$

④ $a^m \div a^n = \begin{cases} a^{m-n} & (m > n) \\ 1 & (m = n) \\ \dfrac{1}{a^{n-m}} & (m < n) \end{cases}$

(2) 거듭제곱근

n이 양의 정수일 때, 방정식 $x^n = a$를 만족시키는 x가 있을 때 이 x를 a의 n제곱근이라 한다.

예) 제곱해서 a가 되는 수 : a의 제곱근
세제곱해서 a가 되는 수 : a의 세제곱근

이들 제곱근, 세제곱근 등을 통틀어 거듭제곱근이라 한다.

이를 이용하여 m, n이 양과 음의 유리수에서도 성립한다고 하면, 앞의 지수법칙을 통하여 다음과 같은 내용을 얻을 수 있다.

④에서 $m = n$으로 놓으면, 좌변$= 1$, $\therefore a^0 = 1$, 단 $a \neq 0$

④에서 $m = 0$으로 놓으면, 좌변$= 1/a^n$, $\therefore a^{-n} = 1/a^n$, 단 $a \neq 0$

②에서 $m = 1/n$로 놓으면, 좌변$= (a^{1/n})^n$, $\therefore a^{1/n} = \sqrt[n]{a}$, 단 $a > 0$

$$\alpha^{m/n} = \sqrt[n]{\alpha^m}, \quad a^{-m/n} = 1/\sqrt[n]{a^m}$$

주 밑이 양수가 아니면, 다음과 같은 불가능한 수식이 발생할 수 있다.

예 $-27 = (-3)^3 = (-3)^{6/2} = 729^{1/2} = 27$

거듭제곱근에 대한 지수법칙은 다음과 같다.

① $\sqrt[n]{a}\sqrt[n]{b} = \sqrt[n]{ab}$

② $(\sqrt[n]{a})^m = \sqrt[n]{a^m}$

③ $\sqrt[m]{(\sqrt[n]{a})} = \sqrt[mn]{a}$

④ $\frac{(\sqrt[n]{a})}{(\sqrt[n]{b})} = \sqrt[n]{\frac{a}{b}}$

예제 3.1

$9^{1/2} \times 64^{-1/3}$의 값을 구해 보자.

▌풀이

$9 = 3^2, \ 64 = 4^3.$

따라서, $9^{1/2} \times 64^{-1/3} = (3^2)^{1/2} \times (4^3)^{-1/3}$

$$= 3^{2 \times \frac{1}{2}} \times 4^{3 \times \left(-\frac{1}{3}\right)}$$

$$= 3 \times 4^{-1}$$

$$= 3 \times \frac{1}{4} = \frac{3}{4}$$

예제 3.2

$2^x = 4\sqrt{2}$를 풀어라.

▌풀이

우변에서 $4 = 2^2$, $\sqrt{2} = 2^{1/2}$ $\therefore$우변 $= 2^{2+1/2} = 2^{5/2}$, $\therefore x = \frac{5}{2}$

3.2 오일러(Euler) 수, e

만일 아래와 같은

$$(1 + \frac{1}{n})^n$$

식에서, $n = 1, \ 2, \ 3, \ \ldots$ 으로 증가할 때 n이 제한 없이 커지면, 즉 $n \to \infty$

로 커지면 일정한 값에 근접한다. (계산기로 n값에 500정도를 대입하여 확인하는 것도 좋다) 이 때 그 수를 e로 쓰고 오일러 수라 한다.

$$e = \lim_{n\to\infty}(1+\frac{1}{n})^n = 2.718281828...$$

여기서, 기호 lim는 $n \to a$ 즉 n이 a에 근접한다는 의미로서 극한을 뜻한다. 또한 e는 아래와 같은 정수로 표시되며, 이 때 $n \neq$은 n의 차수라고 하며, $n \neq 1 \cdot 2 \cdot 3 ... n$ 이다

$$e = 1 + \frac{1}{1!} + \frac{1}{2!} + \frac{1}{3!} + ... + \frac{1}{n!} + ...$$

e는 미분과 적분 등에서 매우 중요한 수이다.

3.3 지수함수와 그래프

(1) 지수함수

어떤 세포가 1분마다 세포분열을 한번 한다고 하자. 즉, 1분 후에 2배, 2분 후에 4배 즉 2^2배, 3분 후에 8배 즉 2^3배가 된다고 하자. 이 때 x분 후의 총 세포를 y라 하면 $y = 2^x$가 된다. 즉,

시간(분)	0	1	2	3	4	5	···	n
세포수	1	2	4	8	16	32	···	2^n

이처럼 a^x는 $a(a>0)$을 정수로 하면, x의 함수가 된다. 즉 $f(x) = a^x$를 지수함수, a를 밑이라 부른다.

특별히, e^x를 exp$x$ 또는 exp(x)로 기술하며 exponential로 읽는다.

(2) 지수함수의 그래프 특성

지수함수 y $= a^x$의 그래프의 특성은 다음과 같다.

① x는 모든 실수를 범위로 하며, y는 항상 양이다.

② $a>1$ 일 때, $m<n$ 이면 $a^m < a^n$

③ $0<a<1$ 일 때, $m<n$ 이면 $a^m > a^n$

④ 모든 지수 함수의 그래프는 점$(0,1)$을 지나고, x축에 접근한다.

⑤ $y=a^x$ 의 그래프와 $y=(\frac{1}{a})^x$ 의 그래프는 y축에 대하여 대칭이다.

아래 그림 3-1에서 알 수 있는 바와 같이 a^x 의 그래프는 결국 점 $(0,1)$을 통과한다.

① $a>1$ 의 경우 : a^x 는 $x<0$ 에서 완만하게 증가하다, $x>0$ 에서 급격히 증가

② $0<a<1$ 의 경우 : a^x 는 $x<0$ 에서 급격히 감소하다, $x>0$ 에서 급격히 감소

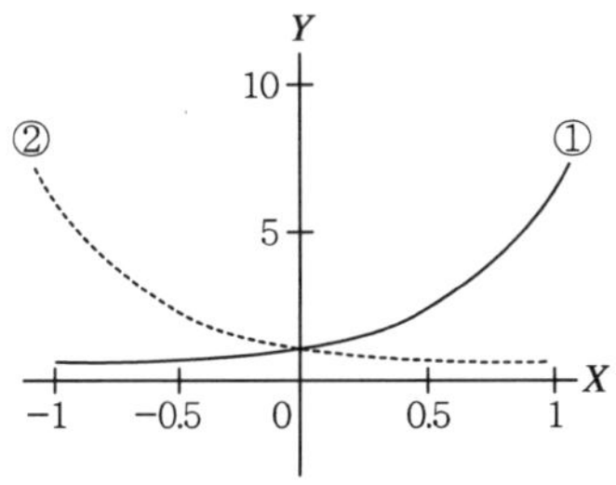

(a) ① a=10 ② a=1/10

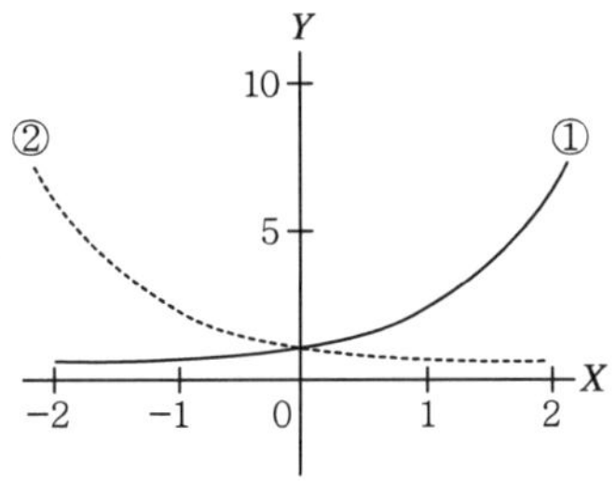

(b) ① a=e ② a=1/e

그림 3-1 지수함수의 그래프($y=a^x$)

예제 3.3

$a>1$인 경우, a^{-x} 는 위의 ①, ②의 어느 그래프가 되는가.

▮풀이

x가 증가하는 경우, a^{-x}는 감소하므로, ②의 그래프가 된다.

예제 3.4

아래의 그림은 개수로의 단면이다. 단면적을 $A(\mathrm{m}^2)$, 단면의 길이를 $s(\mathrm{m})$, 조도계수(roughness coefficient)를 n, 동수경사를 I로 하면 평균유속 $v(\mathrm{m/s})$는 Manning 공식에서

$$\nu = \frac{1}{n} \cdot R^{2/3} I^{1/2}$$

으로 주어진다. 여기서, R(m)은 경심으로서 $R = A/s$, $A = 100(\text{m}^2)$, $s = 20(\text{m})$, I는 $1/1000$, $n = 0.013$인 개수로의 평균유속(m/s)를 구하여 보자.

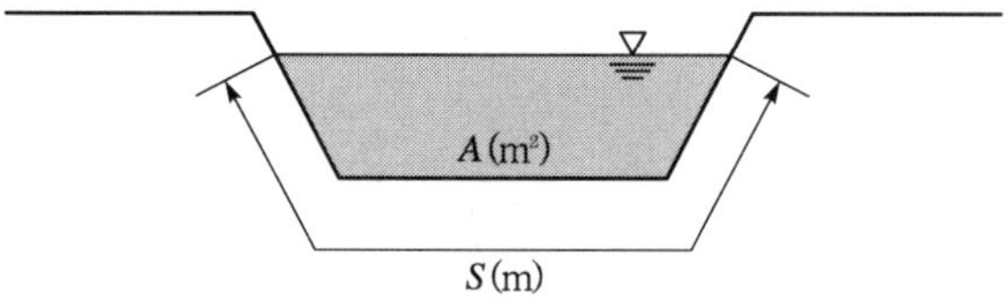

▌풀이

$R = A/s$ 는 5이므로,

$$\nu = \frac{1}{0.013} \cdot 5^{2/3} \cdot \left(\frac{1}{1000}\right)^{1/2} = 7.1(\text{m/s})$$

3.4 로그(log)

로그는, 수량간의 함수관계 등, 우리들이 만나는 자연계의 거동이나 법칙을 정확히 관찰하는 경우 매우 유용하며 지수와 같이, 공학·자연과학에 없어서는 안될 필수적인 것이다. 로그 특히 상용로그와 자연로그를 주로 사용하게 된다.

10을 몇 승하면 100이 될 것인가. 정답은 2승이다.

이는 $10^x = 100$이 되는 x를 구하는 것과 같다.

이를 수식으로 $x = \log_{10} 100$으로 쓰고, 10을 밑으로 하는 100의 로그(log)라 한다. 마찬가지로, $2^x = 8$이 되는 x는 $x = \log_2 8 = 3$이 되고, 2를 밑으로 하는 8의 로그라고 한다.

일반적으로, 정수 a, b(단 $a \neq 1$)가 있는 경우 $a^x = b$가 되는 x를 $x = \log_a b$로 쓰고, a를 밑으로 하는 b의 로그라고 한다.

$$\log_{10}1000 = \log_{10}10^3 = 3$$

$$\log_{10}0.1 = \log_{10}10^{-1} = -1$$

$$\log_{10}10 = \log_{!0}10^1 = 1$$

$$\log_{10}0.01 = \log_{10}10^{-2} = -2$$

$$\log_{10}1 = \log_{10}10^0 = 0$$

$$\log_{10}0.0001 = \log_{10}10^{-4} = -4$$

$$\log_2 16 = \log_2 2^4 = 4$$

$$\log_3 \sqrt{3} = \log_3 3^{1/2} = 0.5$$

$$\log_2 0.125 = \log_2 (\frac{1}{8}) = \log_2 (\frac{1}{2^3}) = \log_2 2^{-3} = -3$$

$$\log_3 \frac{1}{\sqrt{27}} = \log_3 \frac{1}{\sqrt{3^3}} = \log_3 \frac{1}{(3^3)^{\frac{1}{2}}} = \log_3 3^{-\frac{3}{2}} = -1.5$$

3.5 로그의 중요한 성질

로그의 주요한 성질은 요약하면 다음과 같다.

① $\log_a 1 = 0$, $\log_a a = 1$

② $\log_a (AB) = \log_a A + \log_a B$

$$\log_a \frac{A}{B} = \log_a A - \log_a B$$

③ $\log_a A^n = n log_a A$

④ $\log_a b = \dfrac{1}{\log_b a}$

$$\log_c A = \frac{\log_a A}{\log_a C}$$

$$\log_a A = \log_a C \cdot \log_c A$$

④는 밑수를 변환하는 ($c \to a$, $a \to c$) 데에 사용되는 공식이다.

3.6 로그함수와 그래프

$\log_a x$는 a를 정수로 하면, x의 함수가 된다. $f(x)=\log_a x$를 로그함수로 하며, 한편 $\log_e x$는 구별하여 $\ln x$로 쓰는 경우가 많다.

$y=\log_a x$인 그래프의 특성은 다음과 같다.

① $a>1$인 경우 : $\log_a x$ 는 $x<1$에 급속히, $x>1$에서 완만히 증대.

② $0<a<1$의 경우 : $\log_a x$ 는 $x>1$에서 완만히 감소.

③ $\log_a x$ 의 그래프는 항상 점 (1, 0)을 통과한다.

④ 로그함수와 지수함수는 서로 역함수이다.

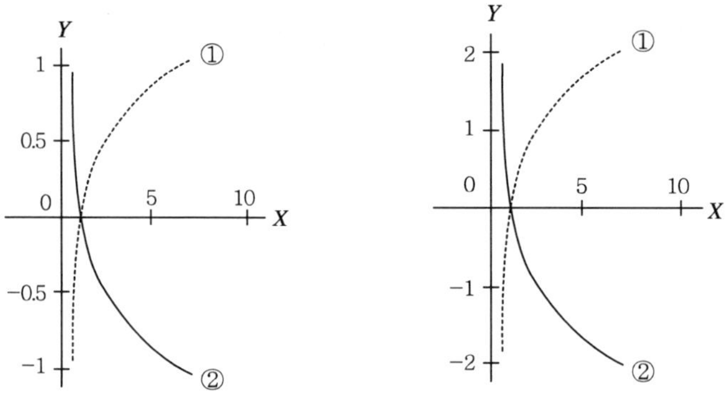

(a) ① a=10 ② a=1/10 (b) ① a=e ② a=1/e

그림 3-2 로그함수의 그래프($y=\log_a x$)

3.7 상용로그

상용로그는 10을 밑으로 하는 로그이다. 실제 10진법으로 나타내진 수의 계산에 유용하여 광범위하게 사용되며 밑의 10을 생략하여, $\log x$ 등으로 기술하는 경우가 많다.

상용로그를 이용하면 복잡한 수의 곱, 몫, 거듭제곱근 등의 근사값을 간편하게 구할 수 있다.

x가 주어지면, $\log x$는 로그표 또는 계산기에서 구한다. 또한 $a=\log x$이면

a가 x를 구한다.

공학에서 압밀시험 결과 또는 피로수명등의 표현은 보통 10^n으로 표현되므로 이를 그래프로 나나내기 위해서는 그림 3-3과 같이 x축은 로그로, y축은 일반실수로 표시하는 것을 반대수그래프(semi-logl graph)라고 한다.

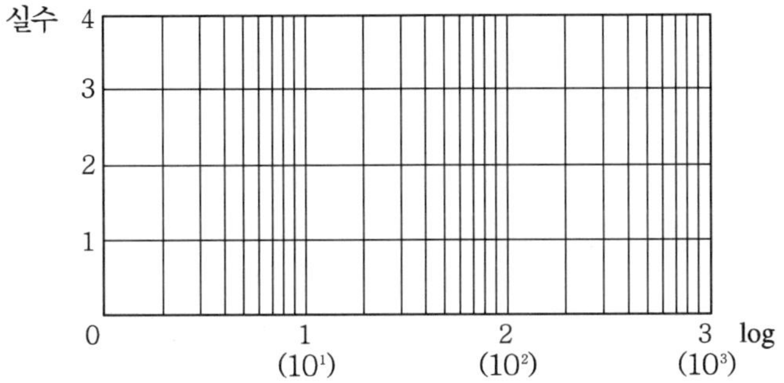

그림 3-3 반대수 그래프

예제 3.5

$\log 2 = 0.3010$, $\log 3 = 0.4771$이다. 이를 이용하여, $\log 200$, $\log 0.03$, $\log 1.2$, $\log^4\sqrt{150}$을 구하라(단, 계산기를 쓰지 말고 구해보자)

참고 지수법칙을 이용하여 주어진 로그값을 포함하는 식으로 변환하면

$\log 2 = 0.3010\cdots, \log 3 = 0.4771\cdots$, 등으로부터

$\log 300 = \log(3\times 100) = \log 3 + \log 100 = 2.4771\cdots$

$\log 0.2 = \log(2/10) = \log 2 - \log 10 = -0.699\cdots$

처럼 계산된다.

▮풀이

로그의 성질 ②, ③을 이용하여 다음과 같이 풀 수 있다.

$\log 200 = \log(2\times 10^2) = \log 2 + \log 10^2 = 2.3010$

$\log 0.03 = \log(3\times 10^{-2}) = \log 3 + \log 10^{-2} = -1.5229$

$\log 1.2 = \log(2^2\times 3\times 10^{-1}) = 2\times\log 2 + \log 3 - 1 = 0.0791$

$\log^4\sqrt{150} = \frac{1}{4}\log(3\times\frac{100}{2}) = \frac{1}{4}(\log 3 + \log 10^2 - \log 2) = 0.5441$

예제 3.6

다음의 값을 구하라(계산기를 사용하여 구해 보자).

① $\log_2 5$

② $\log_7 0.12$

▌풀이

로그의 성질 ④를 이용, 각 로그를 상용로그로 변환한다.

① 성질 ④ 제 2식에서 $c=2, a=10, A=5$이다.

$$\log_2 5 = \log_{10} 5 \ / \ \log_{10} 2 = 2.3219$$

② 같은 방법으로

$$\log_7 0.12 = \log_{10} 0.12 \ / \ \log_{10} 7 = -1.0896$$

예제 3.7

어떤 흙의 변수위투수시험은 시료토를 이용하여 그림 3-4에 나타난 방법처럼 행한다. 시료 흙의 직경은 D(cm), 길이는 L(cm), 스탠드 파이프의 내경은 직경 d(cm)이다.

이 경우 투수계수 $k(\mathrm{cm/s})$는 아래의 공식으로부터 구한다.

$$k = \frac{2.3 \cdot a \cdot L}{A \cdot \ t} log_{10} \ (\frac{h_1}{h_2})(\mathrm{cm/s})$$

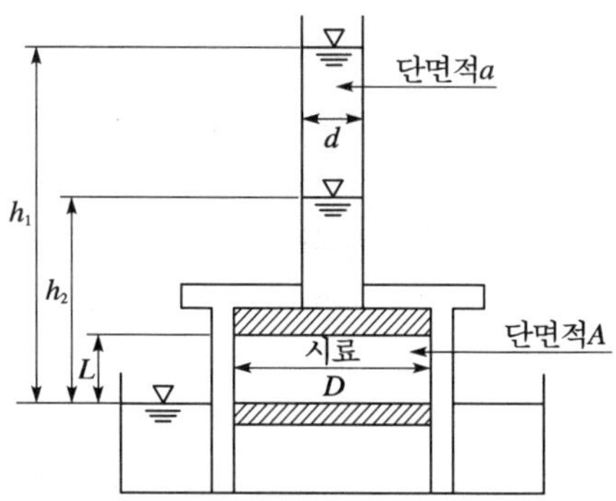

그림 3-4 변수위 투수시험

여기서, a는 스탠드파이프의 단면적(cm^2), A는 흐름방향의 직각인 시료의 단면적(cm^2), t는 투수시간(s), h_1, h_2는 투수시간 개시 및 종료시간의 스텐드파이프의 수위이다. 이 때 $D=8\mathrm{cm}$, $L=10\mathrm{cm}$, $d=1.5\mathrm{cm}$이며, 5분간 스탠드파이프의 수위가 $100\mathrm{cm}$에서 $85\mathrm{cm}$로 낮아졌다.

▌풀이

먼저 면적 A와 a를 구하면

$A=\pi(\frac{D}{2})^2=50.24\text{cm}^2$, $a=\pi(\frac{d}{2})^2\equiv 1.77\text{cm}^2$가 되며

따라서,

$$k=\frac{2.3\times 1.77\times 10}{50.24\times 300}\times \log_{10}(\frac{100}{85})$$

$$=0.002701\times 0.07058$$

$$=1.91\times 10^{-4}(\text{cm/s})$$

예제 3.8

흙 시료를 입경별 표준체로 쳐서 각 체에 남은 무게를 측정한 후, 누가잔류율과 누가통과율을 계산하여 입도분포를 그린다. 어떤 시료의 체가름분석을 통하여 다음과 같은 결과를 얻었다. 이를 토대로 반대수 방안지에 입도분포곡선을 그려라.

표 3-1 체가름 시험결과

체 번호	체의 크기(mm)	누가통과율(%)
–	25.0	100
–	19.0	98
–	9.5	94
4	4.75	77
10	2.0	58
20	0.85	42
40	0.425	26
60	0.25	20
100	0.15	15
200	0.075	8

▌풀이

체의 크기가 25mm에서 0.075mm까지이며, 특히 20번체 이하의 체의 크기는 모두 1mm이하이므로 이를 토대로 그래프로 그리면 식별이 곤란하게 된다. 즉, 체의 크기가 330배 차이가 나므로 이를 로그값으로 바꾸면 1.398~−1.125의 범위로 좁혀지므로 그래프의 공간을 넓게 활용하여 그릴 수 있다. 따라서 x축에 대해서만 로그그래프로 바꾸어 입도곡선을 그린다.

표 3-2 로그 값으로 바꾼 체의 크기

체번호	체의 크기(mm)	체의 크기(mm)	체의 크기(log 값)
−	25.0	$10^{1.398}$	1.398
−	19.0	$10^{1.278}$	1.278
−	9.5	$10^{0.978}$	0.978
4	4.75	$10^{0.677}$	0.677
10	2.0	$10^{0.301}$	0.301
20	0.85	$10^{-0.071}$	−0.071
40	0.425	$10^{-0.372}$	−0.372
60	0.25	$10^{-0.602}$	−0.602
100	0.15	$10^{-0.823}$	−0.823
200	0.075	$10^{-1.125}$	−1.125

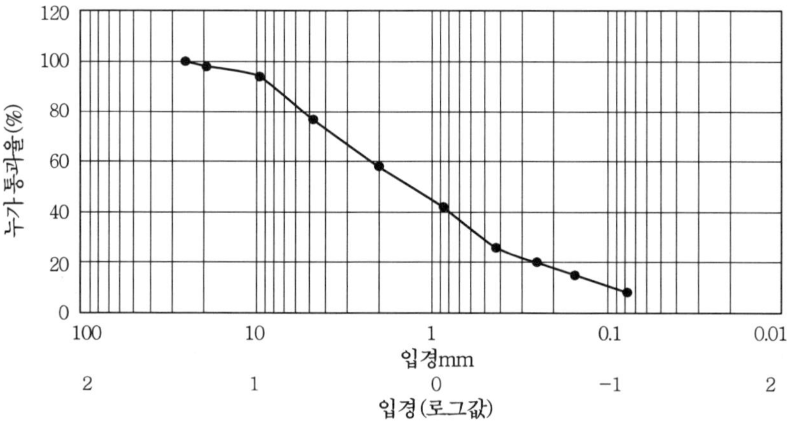

그림 3-5 입도분포곡선의 예

연습문제

1 하수의 최종 BOD가 5일 BOD의 1.8배라면 상용대수(밑수 10)를 사용할 때의 탈산소 계수는?

▮풀이

BOD 소비식 $y = La(1-10^{-k_1 \cdot t})$

$1 = 1.8(1-10^{-5 \cdot k_1}),\ 0.56 = 1-10^{-5 \cdot k_1}$

$10^{-5 \cdot k_1} = 0.44,\ -5k_1 = \log 0.44$

$\therefore\ k_1 = 0.07/$일

① BOD 잔존량

$L_t = L_a \cdot 10^{-k_1 t},\quad L_t = L_a \cdot e^{-k_1 t}$

여기서, L_t : t일 후의 잔존하는 BOD

L_a : 최초 BOD 또는 최종 BOD(BODu)

k_1 : 탈산소계수(day^{-1})

t : day

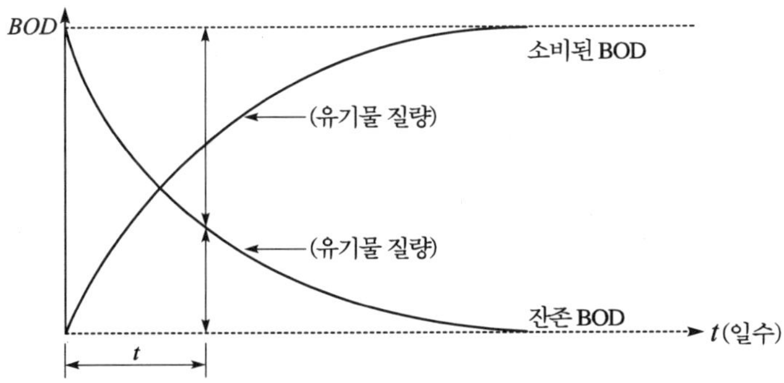

② BOD 소모량

$y = L_a(1-10^{-k_1 t}) = L_a(1-e^{-k_1 t})$

여기서, y : t일 동안에 소비된 BOD

e : 자연대수($e = 2.718\ \cdots$)

2 하나의 기선만을 측정한 후 나머지 관측점까지의 각도를 측정하여 세점간의 좌표를 구하시오. 즉, 조정각 (α, β, γ)과 기선길이(S_C)를 이용하여 나머지 두변(S_A, S_B)의 길이를 계산하시오.

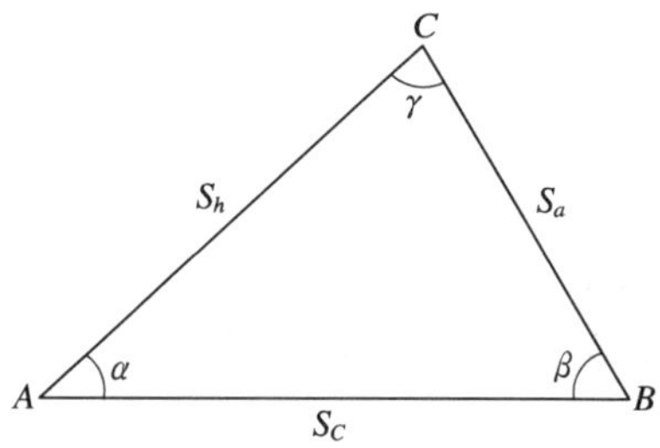

▮풀이

sin 법칙을 이용하면 다음의 관계가 성립되므로.

$$\frac{S_a}{\sin\alpha}=\frac{S_b}{\sin\beta}=\frac{S_c}{\sin\gamma}\quad S_a=\frac{\sin\alpha}{\sin\gamma}S_c,\quad S_b=\frac{\sin\beta}{\sin\gamma}S_c$$

가 된다.

3 삼각점 A에 기계를 세우고 삼각점 B가 보이지 않아 P를 보고 관측하여 $T'=65°42'39''$를 읽었다면 $T=\angle DAB$는 얼마인가? (단, $S=2\text{km}$, $e=40\text{cm}$, $\phi=256°40'$이다.)

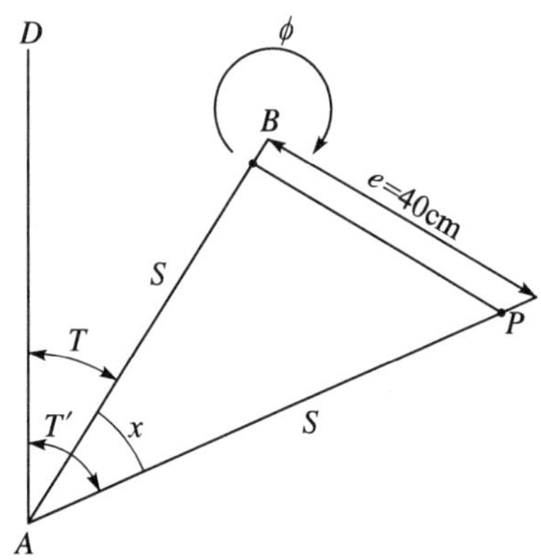

▮풀이

sin법칙을 적용한다.

$$\frac{e}{\sin x}=\frac{S}{\sin(360°-\phi)}$$

$$\frac{0.4}{\sin x}=\frac{2000}{\sin(360°-256°40')}$$

$$\sin x = 0.000195$$

$$x = \sin^{-1}(0.000195) = 40''$$

따라서, $T=T'-x=65°42'39''-40''=65°41'59''$

4 그림과 같이 4점을 측정하였다. 이때 배면적을 구한 값 중 옳은 것은 어느 것인가?

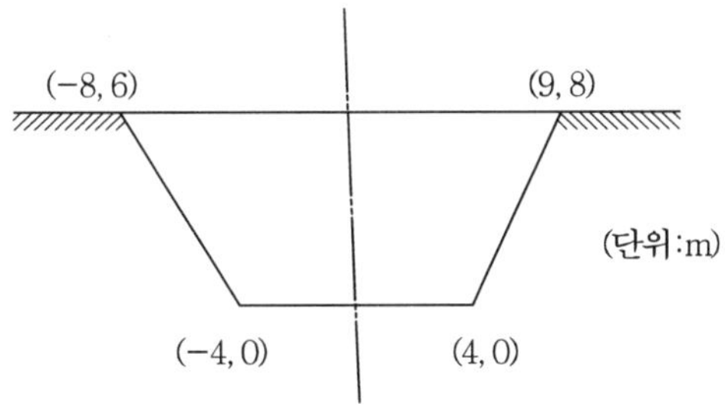

▮풀이

배횡거 : 전측선의 배횡거 + 전측선의 경거 + 그측선의 경거

면적 : $\frac{1}{2} \times \Sigma$ (배횡거, 위거)

제 1측선의 배횡거 = 그측선의 경거

좌표법 : 일정한 방향 (시계 또는 반시계 방향)으로 좌표를 쓰고, 맨 마지막에는 처음 좌표를 한 번 더 써주고 대각선으로 곱하여 더한다. 오른쪽 대각선은 (+), 왼쪽 대각선은 (−)로 한다. 여기에서 계산된 값은 배면적이다.

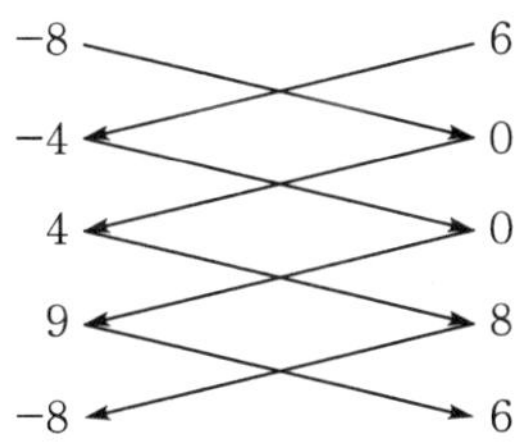

$(-8\times0)+(-4\times0)+(4\times8)+(9\times6)-\{(6\times(-4)\}-(0\times4)-(0\times9)-\{8\times(-8)\}$

$= 32+54+24+64 = 174$

$\therefore \frac{174}{2} = 84\text{m}^2$

5 어느 도시의 인구증가 현황을 조사 분석한 결과 매년 증가율이 8%로서 일정하였다. 이 도시의 15년 후의 등비급수법에 의한 추정인구는 약 얼마인가? (단, 현재 인구는 150000인이다)

▌풀이

등비급수법 $P_n = P_o(1+r)^n$

인구증가율 $r = (\frac{P_o}{P_t})^{1/t} - 1$

P_o : 현재인구, r : 연평균증가율, n : 계획연간 이다.

따라서,

$$P_n = 150000(1+0.08)^{15}$$

$$= 475825 \fallingdotseq 475800\text{명}$$

6 급수인구 추정법에서 등비급수법에 해당되는 식은 어느 것인가? (단, P_n = n년 후 추정인구, P_0=현재인구, n=경과연수, a, b=상수, k=포화인구, r=연평균증가율)

▌풀이

① 등비급수법 $P_n = P_0(1+r)n$, 연평균인구증가율 $r = \left(\frac{P_0}{P_t}\right)^{1/t} - 1$

② 등차증가법 $P_n = P_0 + na$, 연평균인구수 $a = \dfrac{P_0 - P_t}{t}$

여기서, P_t : 현재로부터 t년 전의 인구, t : 경과연수

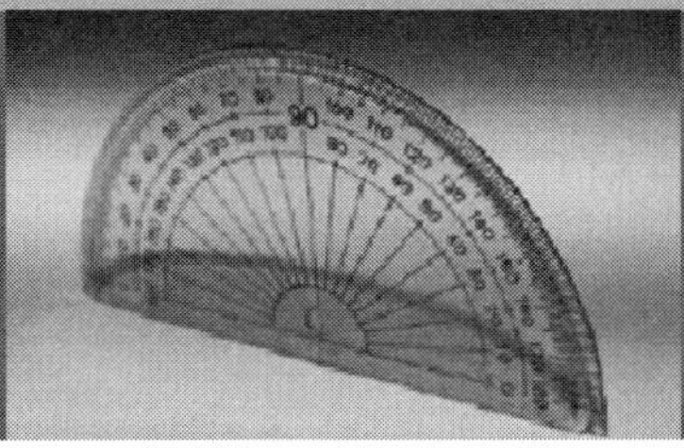

CHAPTER

4

삼각함수

4.1 삼각함수의 정의
4.2 삼각 함수의 부호
4.3 특별한 각의 삼각함수 값
4.4 역삼각함수에 대하여
4.5 각을 구하는 법
4.6 사인법칙과 코사인법칙의 응용

CHAPTER 4

삼각함수

삼각법은 삼각함수를 써서 삼각형의 요소인 세 각과 세 변 사이의 관계를 구하고, 주어진 조건을 만족시키는 삼각형을 결정하는데 사용된다. 이는 주로 기하학적으로 각과 거리를 계산하는 것이며, 이집트의 피라미드의 축조에서부터 측지, 측량을 통한 지도 작성, 항해, 천문관측, 포술 등에 이르기까지 폭넓게 응용되어 왔다. 이 후 삼각함수는 공학의 계산의 있어서 매우 중요한 도구로 발전하였다.

4.1 삼각함수의 정의

어떤 다각형은 직각사각형이나 삼각형 등으로 분할할 수 있다. 직각사각형의 특징은 변의 길이를 알면 모든 알 수 있으며, 사각형으로 분해되지 않는 부분은 삼각형으로 분할하여 생각할 수 있다. 즉, 모든 다각형은 삼각형의 특성을 이용하여 면적, 도심, 길이 등을 알 수 있다.

또한 하나의 삼각형은 2개의 직각 삼각형으로 분할이 가능하며, 닮은꼴(직각)삼각형의 서로 대응하는 각은 같고 2변의 비는 일정하다.

이들의 계산에 필수적인 것이 삼각함수로서, 삼각비는 직각삼각형에 있어서 하나의 각과 두 변의 비의 함수를 나타내는 것으로 정의된다. 하나의 직각 삼각형이 주어진 경우 예로부터 직각에 대응하는 변을 빗변, 하나의 내각을 θ로 하여 θ에 대응하는 변을 대응변, 남은 변을 밑변이라 할 때 $\dfrac{\text{대응변}}{\text{빗변}}$을 sin(사인), $\dfrac{\text{밑변}}{\text{빗변}}$을 cos(코사인), $\dfrac{\text{대응변}}{\text{밑변}}$을 tan(탄젠트)의 기호로 표시하여 왔다.

따라서 직각삼각형에 있어서 삼각함수의 정의에 의하면,

$$\sin\theta = \frac{b}{r},\ \cos\theta = \frac{a}{r},\ \tan\theta = \frac{b}{a}$$

이 된다.

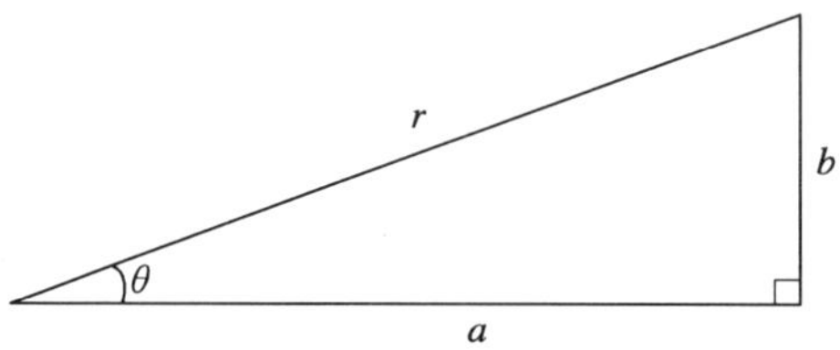

사인, 코사인, 탄젠트는 영어의 sine, cosine, tangent이지만, 원래는 라틴어의 sinus, cosinus, tangens이며, 그 위로 거슬러 올라가면 아라비아어에서 출발한다. 이 말은 대략 16세기에 유럽의 수학자가 처음 사용했으며, sin, cos, tan라는 기호는 17세기경부터 사용되어, 18세기의 대수학자 오일러(Euler, 스위스, 1707-1783)에 의해 보급되었다.

또한 접두어 co는 경사각(임의의 각의 경사각이란 그 각과 직각과의 차)의 sin, tangent, secant를 의미한다.

이 때, $\sin\theta$등은 쉽게 $\sin\times\theta$라고 생각할 수 있지만 함수라는 것을 확실하게 하기 위해서는 컴퓨터소프트웨어에서 일반적으로 사용되는 조합함수처럼, $\sin(\theta)$로 하는 것이 더 바람직할 지도 모르나, 오래된 관습에 따라 $\sin\alpha$로 간략하게 사용한다.

또한, $(\sin\alpha)^n$을 $\sin^n\alpha$으로 써야 하며, 이를 $\sin\alpha^n$이라고 쓰는 것은 $\sin(\alpha^n)$을 의미하므로 주의가 필요하다.

4.2 삼각 함수의 부호

3개의 삼각함수의 제1상한(0°～90°), 제2상한(90°～180°), 제3상한(180°～270°), 및 제4상한(270°～360°)의 부호는 표 4-1과 같이 된다.

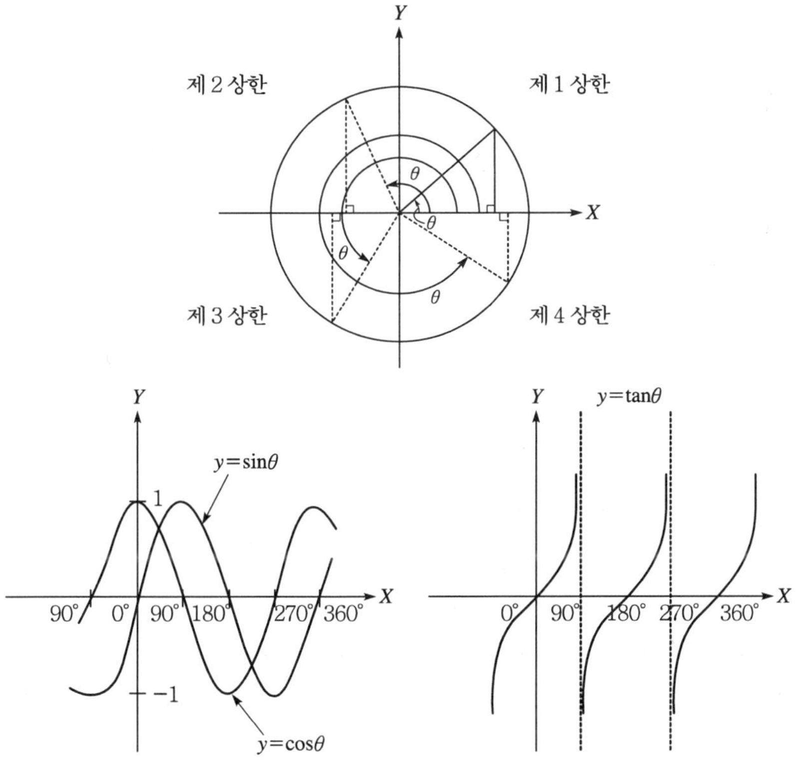

그림 4-1 삼각함수의 그래프

표 4-1 삼각함수의 상한별 부호

	제 1 상한	제 2 상한	제 3 상한	제 4 상한
$\sin\theta$	+	+	−	−
$\cos\theta$	+	−	−	+
$\tan\theta$	+	−	+	−

4.3 특별한 각의 삼각함수 값

삼각 함수의 값은, 삼각함수표 또는 계산기를 사용하여 구할 수 있으나, 0°, 30°, 45°, 60°, 90°, 270° 등의 삼각함수의 값은 간단한 작도에 의해 구할 수 있다.

예제 4.1

30° 와 60° 인 경우의 삼각비의 값을 도형을 이용하여 구하라.

▌풀이

아래 그림 4-2(a)처럼 정삼각형을 2등분하여 구할 수 있다.

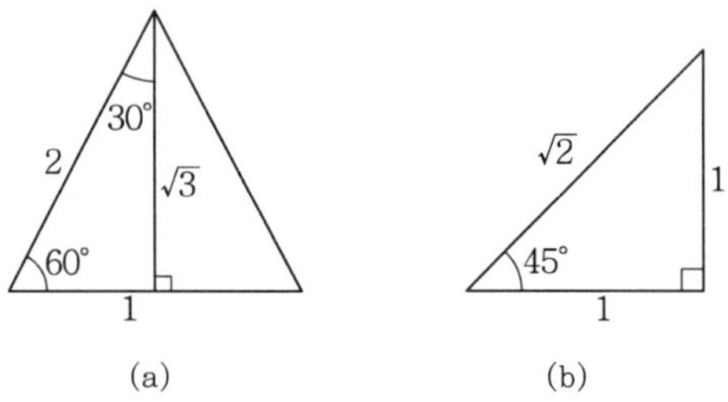

그림 4-2 특별한 각의 직각삼각형

예제 4.2

45° 인 경우의 삼각비의 값을 도형을 이용하여 구하라.

▌풀이

위의 그림 4-2(b)처럼 피타고라스의 정리를 이용하여 구할 수 있다.

각각의 각에 대응하는 삼각함수의 값을 계산하면 다음 표 4-2와 같이 된다.

표 4-2 특별한 각의 삼각형의 값

	0°	30°	45°	60°	90°	180°	270°
$\sin\theta$	0	1/2	$1/\sqrt{2}$	$\sqrt{3}/2$	1	0	−1
$\cos\theta$	1	$\sqrt{3}/2$	$1/\sqrt{2}$	1/2	0	−1	0
$\tan\theta$	0	$1/\sqrt{3}$	1	$\sqrt{3}$		0	

이 때 $\tan\theta$는 90°(또는 270°) 보다 작은 각으로부터 90°(또는 270°)에 가까워지면, (+)의 무한대로, 90°(270°) 보다 큰 각으로 90°(또는 270°)에 가까워지면 (−)의 무한대가 된다.

한편 삼각함수의 역수는 표 4-3과 같이 표기하고 읽는다.

표 4-3 삼각함수의 역수

기호	의미	읽기
$\mathrm{cosec}\theta$	$\frac{1}{\sin\theta}$	코시컨트
$\sec\theta$	$\frac{1}{\cos\theta}$	시컨트
$\cot\theta$	$\frac{1}{\tan\theta}$	코탄젠트

예제 4.3

아래의 그림과 같이 경사진 지층(경사각 30°)이 있다. 지점 0에서 지층을 따라 500m를 굴착하여 B지점에서 금광맥을 발견하였다. 지표면(수평면)에서 수직으로 굴착하여 금광맥을 채굴하고 싶다. 지표면의 A점에서부터 몇 m 아래까지 굴착하면 가능할 것인가?

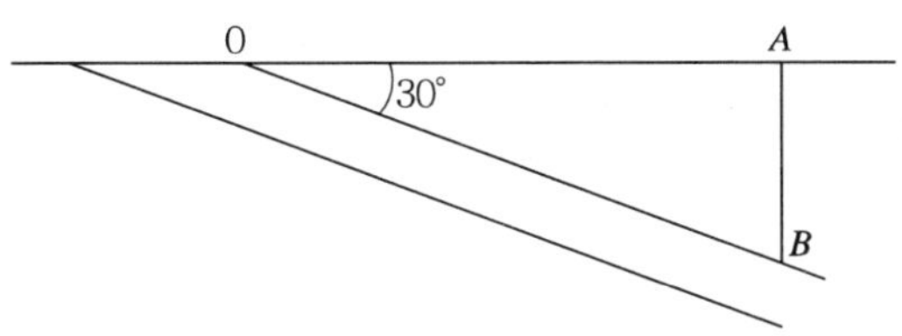

▌풀이

$OB = 500\text{m}$, $\angle AOB = 30°$ 이므로 높이 AB와의 관계는 사인값이 된다. 따라서,

$\sin 30° = \dfrac{AB}{500\text{m}}$ 이므로,

$$AB = 500\text{m} \times \sin 30° = (\frac{1}{2})500\text{m} = 250\text{m}$$

가 된다.

예제 4.4

아래의 그림과 같은 옹벽이 있다. 옹벽 바로 밑까지의 거리 a와 옹벽 벽체 상단의 각을 측정하여 옹벽의 높이 h를 구하라.

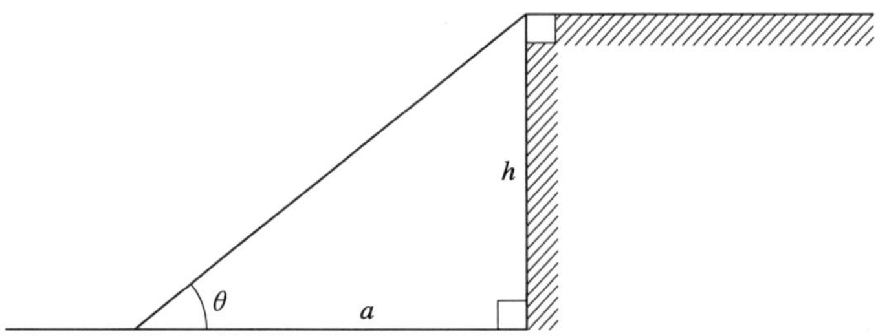

▌풀이

옹벽까지의 거리와 높이의 비는 $\tan\theta = \dfrac{h}{a}$ 이므로,

$h = a \cdot \tan\theta$가 된다.

4.4 역삼각함수에 대하여

역삼각함수는 예를 들어 $\tan\theta = \alpha$라고 할 때 반대로 역함수를 의미하며 $\theta = \tan^{-1}\alpha$로 표기한다.

값 y가 주어졌을 때 역으로 $y = \sin\theta$, $y = \cos\theta$, $y = \tan\theta$를 만족하는 각

θ는 $\theta = \sin^{-1}y$, $\theta = \cos^{-1}y$, $\theta = \tan^{-1}y$로 표기하고, 이를 역삼각함수라 한다.

이 때 $\sin^{-1}$은 아크사인, $\cos^{-1}$은 아크코사인, $\tan^{-1}$은 아크탄젠트로 읽는다. 실제로 y의 값을 하나로 지정하면 이를 만족시키는 θ의 값을 여러개가 있으므로 이들 중 대표값 하나를 표시하게 되는 데 이 때 그 대표값의 범위는 다음과 같다.

$$-90° \leqq \sin^{-1}y \leqq 90°,\ 0° \leqq \cos^{-1}y \leqq 180°,\ -90° < \tan^{-1}y < 90°$$

예제 4.5

구배가 25% 인 도로면상에서 경사면의 거리 l 이 20m 일 때 수평거리 D는 얼마인가?

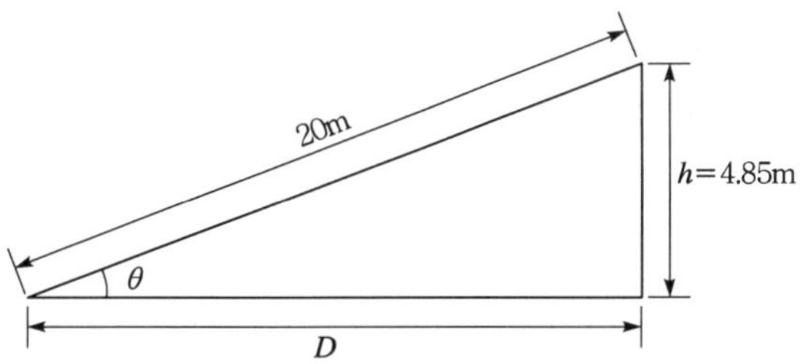

▮풀이

구배 25% 는 $\tan\theta = 0.25$ 를 의미한다.

따라서, θ 는 역함수를 이용하여 구할 수 있다.

$\theta = \tan^{-1} 0.25 = 14° 2' 14''$가 된다.

즉, $D = l\cos\theta = 20 \times \cos 14° 2' 14'' = 19.40\text{m}$ 이다.

4.5 각을 구하는 법

삼각함수의 값을 알고, 그로부터 그것을 만족하는 각 θ를 구할 경우는, $\tan^{-1}y$로부터 값을 구할 수 있다. 이것은 구하는 각에 가능한 한 오차가 생기는 것을 적게 하기 위해서이다.

그 이유는 다음과 같다.

① θ가 90°부근인 경우는 θ의 변화에 따른 $\sin\theta(=y)$의 값의 변화가 적다. 그러나 반대로, $\sin\theta(=y)$의 미소한 변화에 따른 각 θ의 변화가 크므로 오차가 크다. (θ가 0°부근에서 $\cos\theta$도 같은 의미가 된다.)

② $\tan\theta$(=y)의 변화는 $\sin\theta$, $\cos\theta$에 비하여 크다. 역으로 y가 미소한 변화에 대하여 각 θ의 변화가 적고, 오차가 작게 된다.

예제 4.6

$\sin\theta = 0.875$인 경우 이를 만족하는 θ를 구하라. 여기서 θ는 제2상한의 각이다.

▌풀이

$\sin^2\theta + \cos^2\theta = 1$에서 $\cos\theta = \pm\sqrt{1-\sin^2\theta}$ 여기서 θ가 제2상한의 각이므로 $\cos\theta = -\sqrt{1-\sin^2\theta}$

$\tan\theta = \dfrac{\sin\theta}{-\sqrt{1-\sin^2\theta}} = -\dfrac{0.875}{\sqrt{1-(0.875)^2}}$ 이다.

따라서 계산기를 이용하여 θ를 구하면

$$\theta = \tan^{-1}\left(\frac{-0.875}{\sqrt{(1-(0.875)^2}}\right)$$

$$= -61°\,2'42''$$

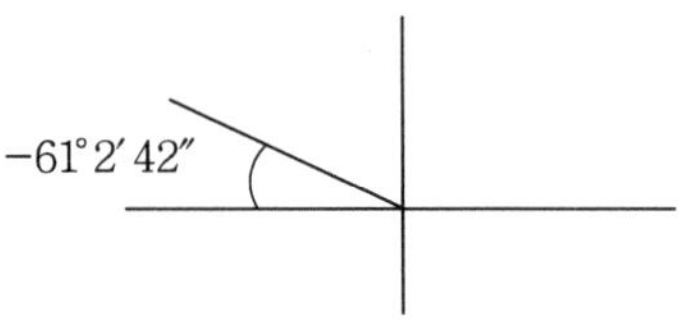

4.6 사인법칙과 코사인법칙의 응용

(1) 가법정리

$$\sin(\alpha \pm \beta) = \sin\alpha\cos\beta \pm \cos\alpha\sin\beta$$

$$\cos(\alpha \pm \beta) = \cos\alpha\cos\beta \mp \sin\alpha\sin\beta$$

$$\tan(\alpha \pm \beta) = \frac{\tan\alpha \pm \tan\beta}{1 \mp \tan\alpha\tan\beta}$$

(2) 사인법칙

삼각형의 변의 길이와 각의 sin 값 사이에는 다음과 같은 관계가 있다.

직각삼각형의 경우 $\sin A : \sin B = \frac{a}{c} : \frac{b}{c} = a : b$이므로

$$\frac{a}{\sin A} = \frac{b}{\sin B}$$

가 됨을 알 수 있다.

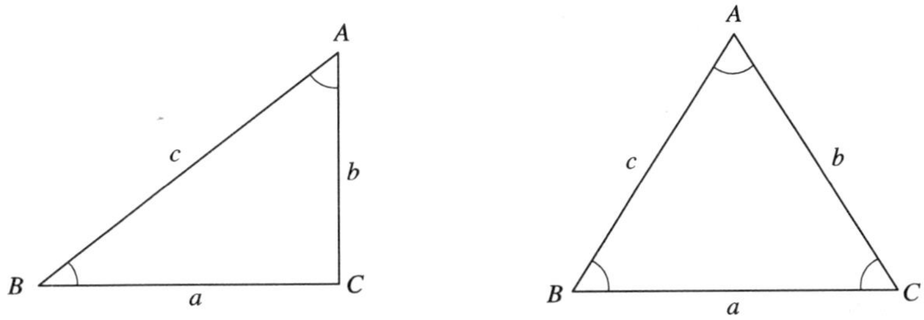

이는 일반적인 삼각형에서도 적용된다.

$$\frac{a}{\sin A} = \frac{b}{\sin B} = \frac{c}{\sin C}$$

예제 4.7

기선 $D = 20\text{m}$, 수평각 $\alpha = 80°$, $\beta = 70°$, 연직각 $V = 40°$를 측정하였다. 높이 H를 구하시오. (단, A, B, C 점은 동일 평면이다.)

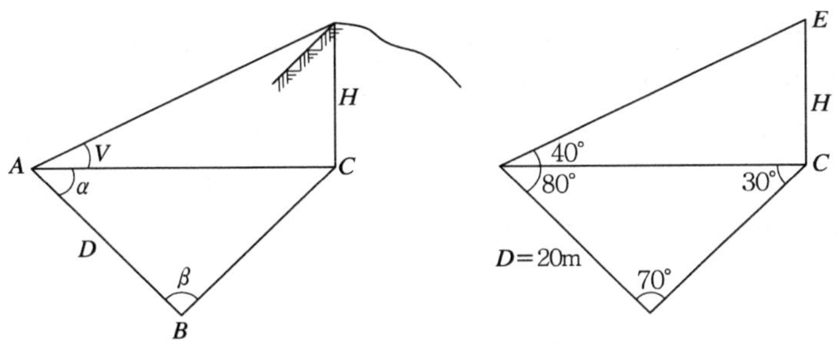

▌풀이

① $\triangle ABC$에서 AC 의 변장을 sin 법칙에 의하여 구하면

$$\frac{AC}{\sin70°} = \frac{20}{\sin30°} \quad \therefore AC = \frac{\sin70°}{\sin30°} \times 20 = 37.59\text{m}$$

② $\triangle ACE$에서 H를 구하면 $\tan40° = \dfrac{H}{AC}$ 이므로

$$\therefore H = AC\tan40° = 37.59\tan40° = 31.54\text{m}$$

예제 4.8

ΔABC에서 $b = 10\text{m}$, $A = 105°$, $B = 30°$일 때 변 c의 값을 구하시오.

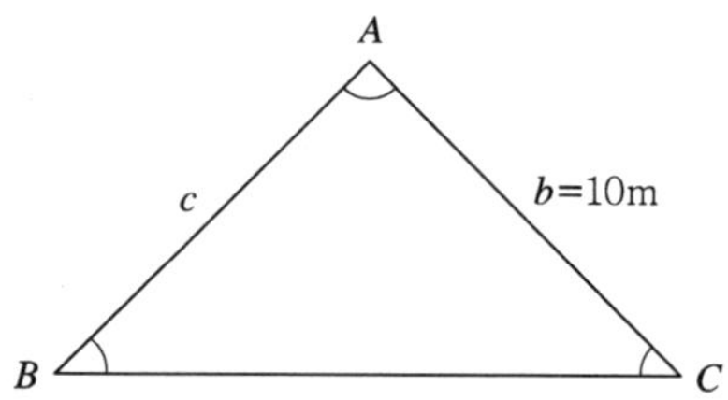

▌풀이

사인 법칙을 이용하려면 먼저 $\angle C$를 구한다.

$\angle C = 180° - 105° - 30° = 45°$이다.

$$\frac{10^m}{\sin B} = \frac{c}{\sin C} \text{ 이므로, } c = 10\frac{\sin45°}{\sin30°} = 10 \times \frac{\frac{\sqrt{2}}{2}}{\frac{1}{2}} = 10\sqrt{2}\,(\text{m})$$

예제 4.9

그림과 같이 높이가 H인 중력식 옹벽으로 사질토를 지지하고 있다. 이 때 벽체가 활동을 하면, 배면의 흙은 Coulomb이론에 의하여 삼각형 ABC를 따라 파괴된다고 가정할 수 있다. 이 때 옹벽의 배후 경사를 α, 지반의 경사를 β, 흙의 파괴면의 각을 ρ라고 하면 파괴되는 흙쐐기 삼각형 ABC의 면적을 구하시오.

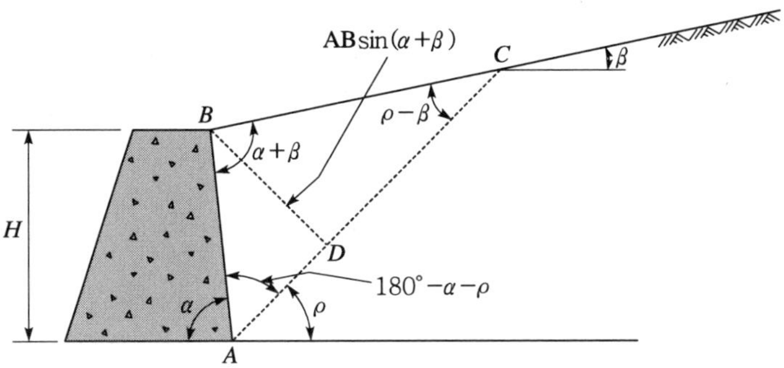

풀이

삼각형 ABC의 면적 $=\frac{1}{2}\overline{BD}\cdot\overline{AC}$

먼저 삼각형의 사인법칙에서 $\frac{AC}{\sin(\alpha+\beta)}=\frac{AB}{\sin(\rho-\beta)}$ 이므로

$$AC=AB\frac{\sin(\alpha+\beta)}{\sin(\rho-\beta)}$$

한편 $BD=AB\sin(\alpha+\rho)$, $AB=\frac{H}{\sin\alpha}$ 이므로

삼각형 ABC의 면적 $=\frac{1}{2}\overline{BD}\cdot\overline{AC}$

$$=\frac{1}{2}AB\sin(\alpha+\rho)AB\frac{\sin(\alpha+\beta)}{\sin(\rho-\beta)}$$

$$=\frac{1}{2}(\frac{H}{\sin\alpha})^2\sin(\alpha+\rho)\frac{\sin(\alpha+\beta)}{\sin(\rho-\beta)}$$

$$=\frac{H^2}{2\sin^2\alpha}sin(\alpha+\rho)\frac{\sin(\alpha+\beta)}{\sin(\rho-\beta)}$$ 가 된다.

예제 4.10

그림과 같이 무게 18kg인 물체를 두 개의 끈으로 매달았을 때 끈 AC에 작용하는 인장력 S_1을 구하시오.

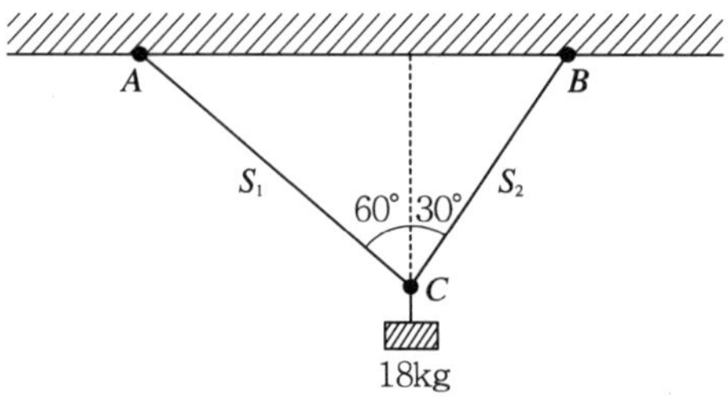

풀이

sine법칙을 이용하자.

C점에서의 평형을 생각할 때 S_1, S_2는 인장을 받으므로 그림과 같이 C점의 바깥방향으로 작용한다. 평행 이동하여 폐합삼각형을 그리고, sine법칙을 이용하면

$$\frac{18}{\sin 90°}=\frac{S_1}{\sin 30°}=\frac{S_2}{\sin 60°}$$

$$\therefore\ S_1=\frac{\sin 30°}{\sin 90°}\times 18=\frac{1}{2}\times 18=9\text{kg}(\text{인장})$$

$$S_2=\frac{\sin 60°}{\sin 90°}\times 18=0.866\times 18=15.59\text{kg}(\text{인장})$$

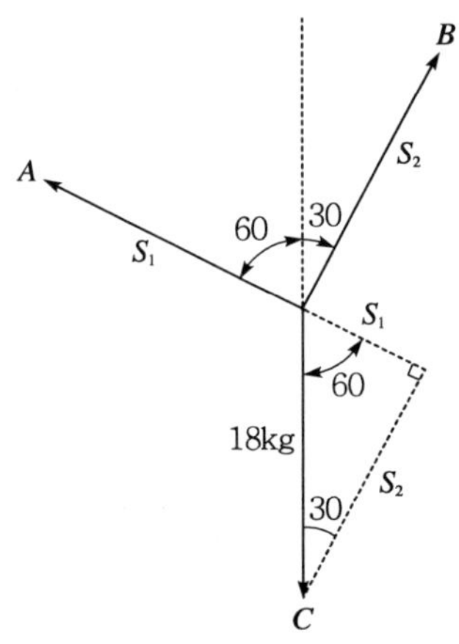

(3) 코사인 법칙

삼각형의 변의 길이와 각의 코사인 사이에는 다음과 같은 관계가 있다.

① 제1코사인 법칙

$a = b\cos C + c\cos B$

$b = c\cos A + a\cos C$

$c = a\cos B + b\cos A$

② 제2코사인 법칙

제1코사인 법칙으로부터 제2코사인 법칙을 얻을 수 있다. 이를 통하여 삼각형의 두 변의 길이와 그 사이의 각의 크기를 알면, 남은 한 변의 길이를 알 수 있다.

$a^2 = b^2 + c^2 - 2\,bc\cos A$

$b^2 = c^2 + a^2 - 2\,ca\cos B$

$c^2 = a^2 + b^2 - 2\,ab\cos C$

예제 4.11

그림은 3변 측량의 결과이다. 여기서 A점의 내각을 구하시오.

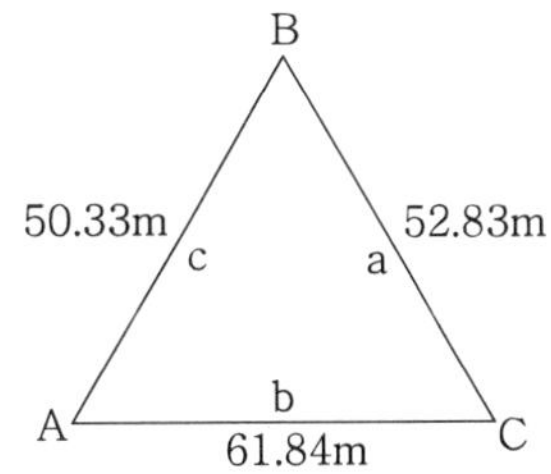

▮풀이

cosine 제2법칙을 이용하면

$$\cos\angle A = \frac{b^2 + c^2 - a^2}{2bc},$$

이므로

$$\cos\angle A = \frac{b^2 + c^2 - a^2}{2bc} = \frac{61.84^2 + 50.33^2 - 52.83^2}{2 \times 61.84 \times 50.33} = 0.572$$

가 된다.

따라서,

$$\angle A = \cos^{-1}0.572 = 55°06'37'' \fallingdotseq 55°06'20''$$

예제 4.12

장애물이 있어 직접 거리를 측량하기 곤란한 위치에 서 있는 두 나무 사이의 거리를 구하기 위하여 측량한 결과 $\overline{AB}=120\text{m}$, $\overline{BC}=132\text{m}$, $\angle ABC=60°$를 얻었다. 두 나무 AC사이의 거리를 구하시오.

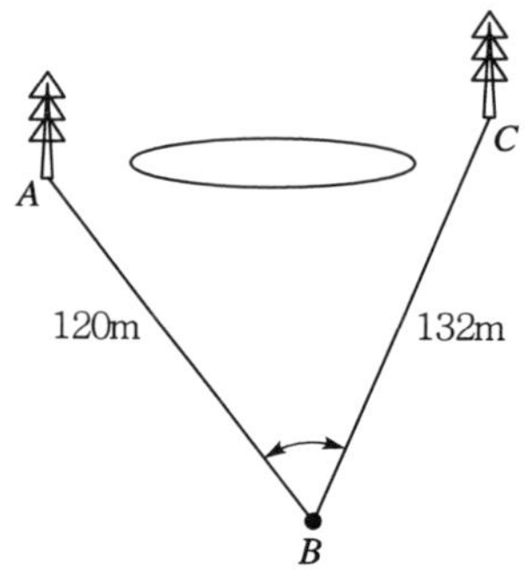

▌풀이

코사인 법칙으로부터

$$\overline{AC}^2=\overline{AB}^2+\overline{BC}^2-2\overline{AB}\,\overline{BC}\cos 60°$$

$$=(120)^2+(132)^2-2(120)(132)\cos 60°$$

$$=15{,}984$$

$$\overline{AC}=126.43(\text{m})$$

연습문제

1 그림과 같이 인장을 받는 강봉에 l=60mm의 길이로 맞대기 용접을 하였다. 이때 용접의 유효길이 l_e는 얼마인가?

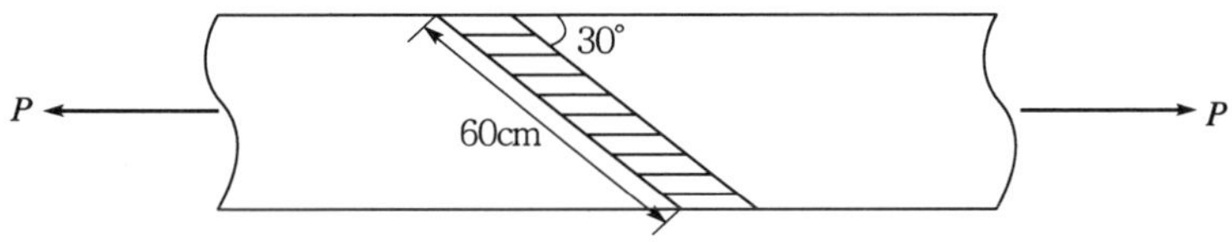

▮풀이

유효 길이(l_e)는 부재의 축에 직각인 수직길이를 나타낸다.

따라서, $l_e = l \cdot \sin\alpha = 60(\sin 30°) = 30\text{cm}$ 가 된다.

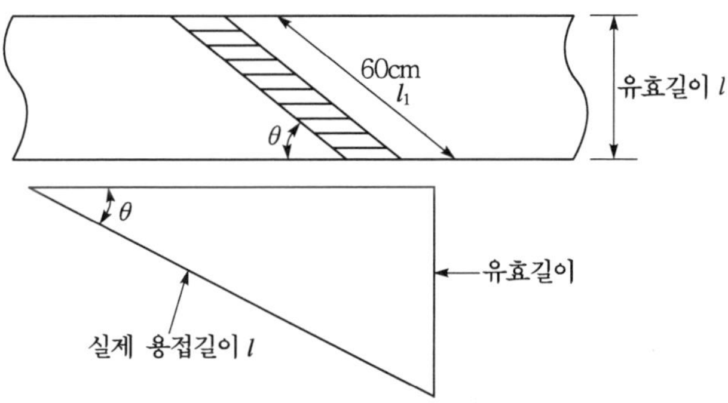

$$\sin\theta = \frac{l_e}{l}$$

2 다음 그림에서 부재 AB가 받는 힘은 얼마인가?

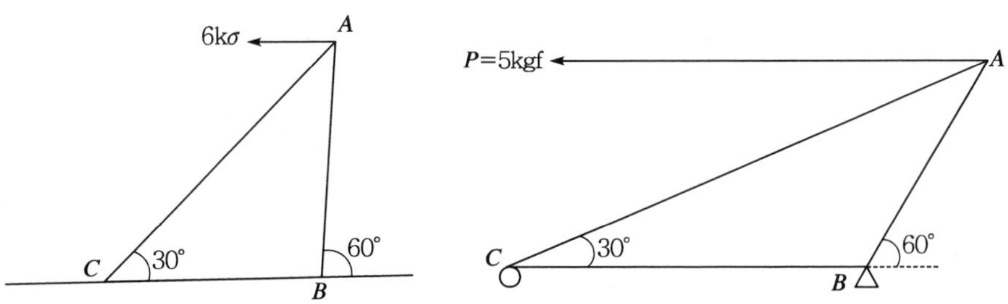

▌풀이

한 점에 작용하는 세 힘의 평형은 반드시 폐합 삼각형이 되어야 한다. P를 평행이동하여 그리면, sin법칙에 의하여

$$\frac{F_{AB}}{\sin 30^{\circ}} = \frac{P}{\sin 30^{\circ}}$$

$\therefore F_{AB} P = 5\text{kgf}$

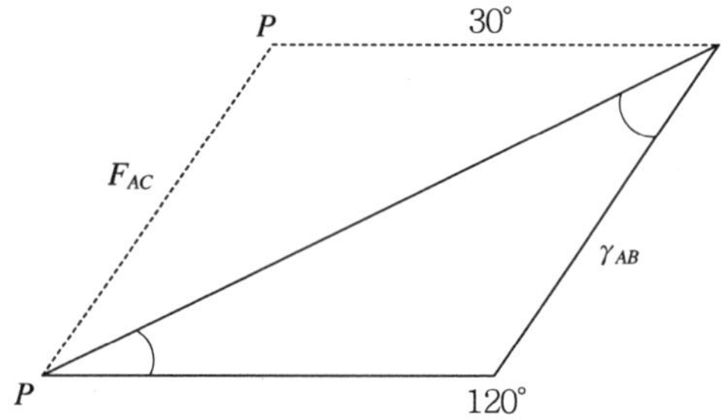

3 어떤 점토시료를 일축 압축 시험한 결과 수평면과 파괴면이 이루는 각이 48°였다. 점토시료의 내부 마찰각은?

▌풀이

파괴면이 수평선과 이루는 각은 $\theta = 45 + \frac{\phi}{2}$ 이다.

따라서, $\theta = 45 + \frac{\phi}{2} \Rightarrow \phi = 2(\theta - 45) = 2(48 - 45)\ 6°$

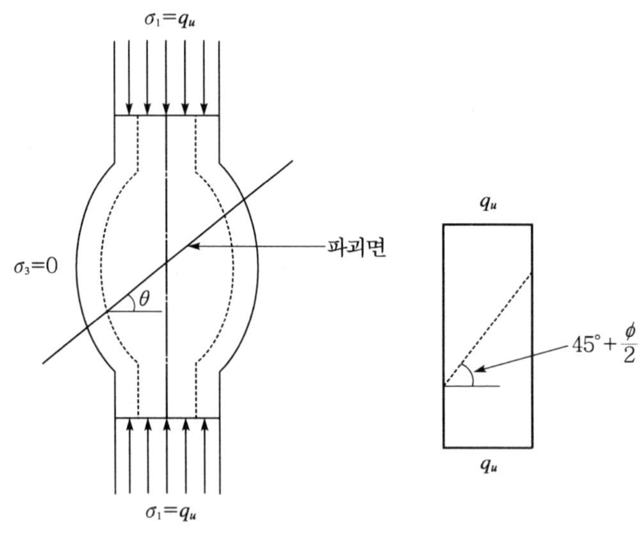

4 그림과 같이 천장에 두 끈을 매고 10kg의 물체를 매달았을 때 두 끈의 인장력 T_1, T_2의 합은?

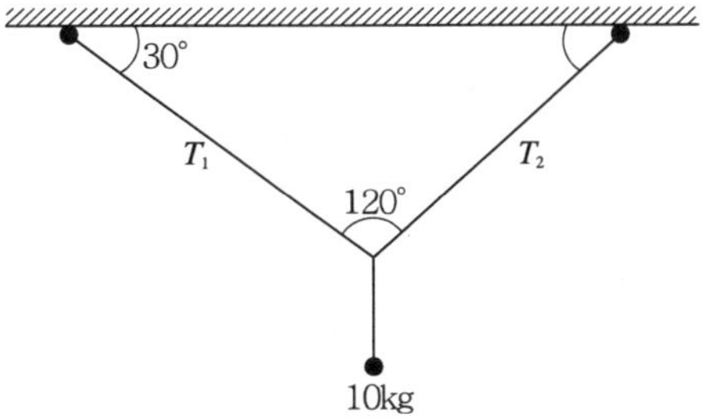

▮풀이

sin 법칙을 이용하여 다음과 같이 구할 수 있다

$$\frac{10}{\sin 60°} = \frac{T_1}{\sin 60°} = \frac{T_2}{\sin 60°}$$

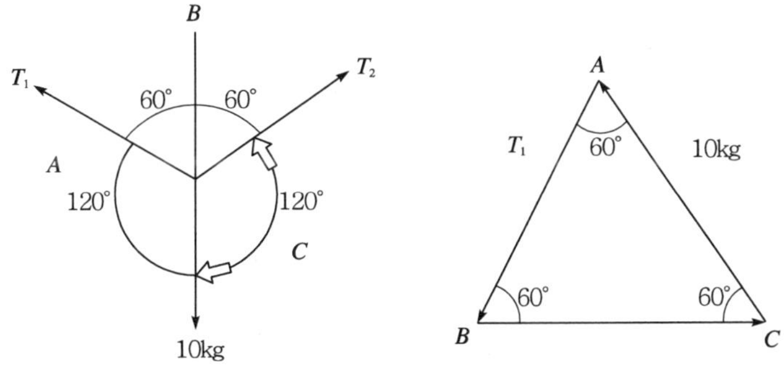

$T_1 = T_2 = 10\text{kg}$

$\therefore\ T_1 + T_2 = 20\text{kg}$

5 단면적 20cm^2인 직사각형 봉에 $P=10\text{tonf}$인 수직 하중이 작용할 때 그림과 같은 $0°$인 면에 생기는 최대 축방향 응력과 $45°$경사면에 생기는 전단 응력의 크기를 각각 구하시오?

▮풀이

① $0°$인 면에 생기는 최대 축방향 응력

힘 P에 의해 중심축과 90°인 평면에 작용하는 축방향 인장응력 $f_{\max}$를 구하면 다음과 같다. 만일 a-a 면에 따라 파괴되는 경우는 인장파괴가 발생하는 경우이다.

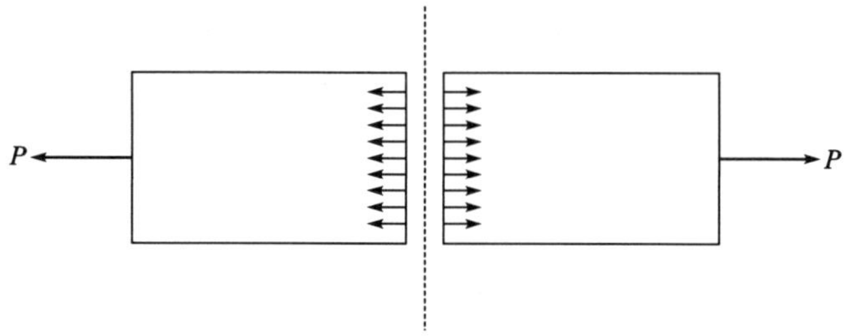

$f_{\max} = \dfrac{P}{A} = \dfrac{10 \times 10^3}{20} = 500\text{kgf/cm}^2$ 이다.

② 만일 b-b을 따라 파괴되는 경우

전단력과 압축력이 동시에 작용하는 경우이므로 45°경사면에 작용하는 응력면에 나란한 전단력 V와 면에 수직한 힘 N으로 나눠진다.

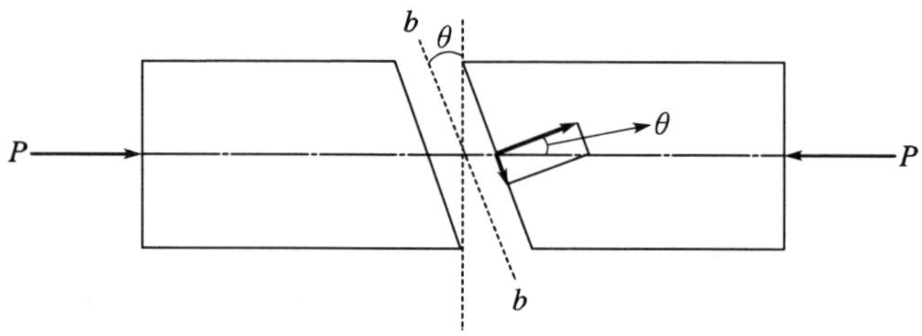

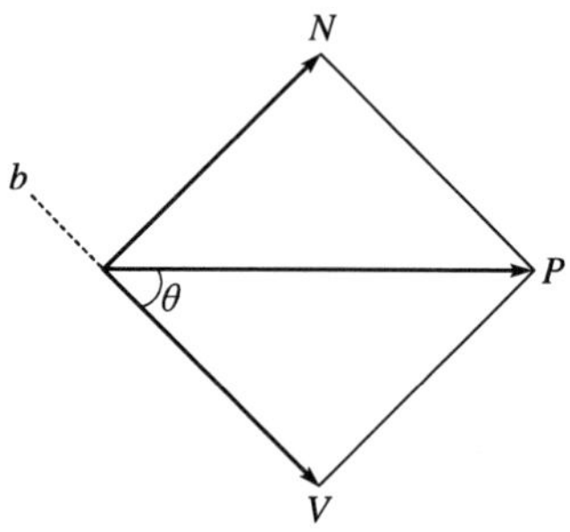

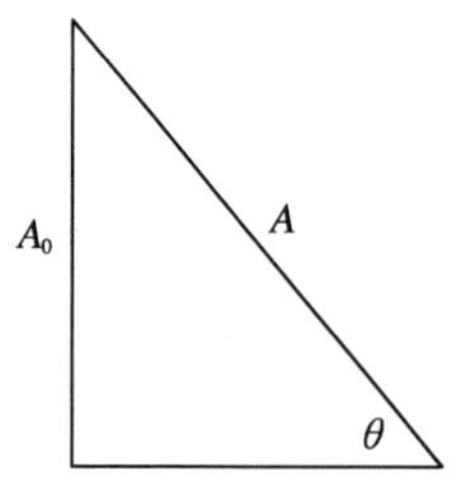

$A = A_o \cdot \sin\theta$

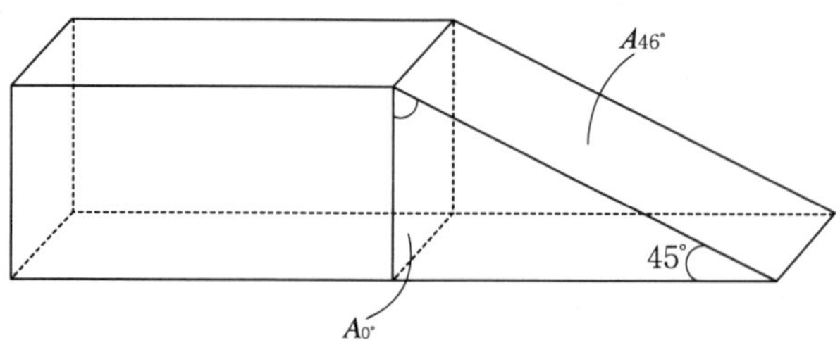

경사면의 면적과 강봉의 면적 A_O의 사이에는

$\frac{A_O}{A_\theta} = \cos\theta$ 이므로

$A_{45^\circ} = \frac{A_O}{\cos 45^\circ}$ 이다.

따라서,

전단응력 $Z = \frac{V_{45^\circ}}{A_\theta} = P\sin\theta = \frac{P}{A_O}\sin\theta\cos\theta$

$= \frac{A_O}{\cos\theta} = \frac{1}{2}\frac{P}{A_O}\sin 2\theta$

($\because \sin\theta = 2\sin\theta\cos\theta$ 이므로)

따라서, $\frac{500}{2} \times \sin(2\times 45°) = 250\,\mathrm{kgf/cm^2}$ 로서 축방향력의 1/2이 된다.

6 다음 그림과 같이 압축력을 받는 막대에서 최대 전단력을 갖는 경사면 θ와 그 크기는? (단, σ는 X단면에서의 수직응력이다.)

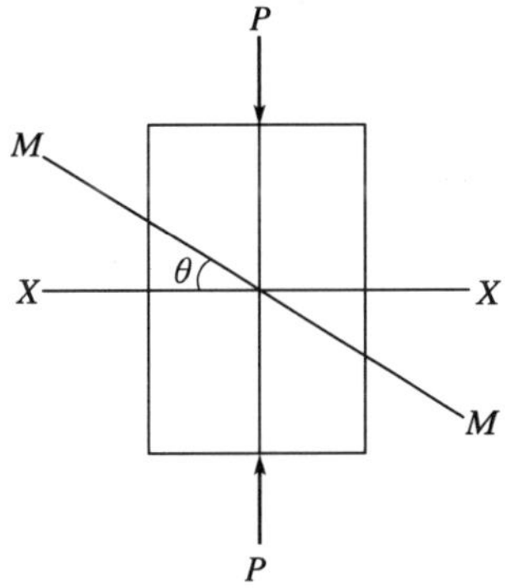

▮풀이

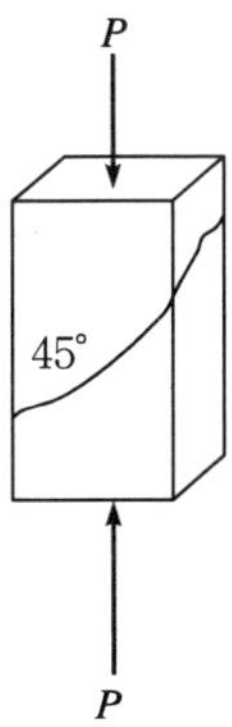

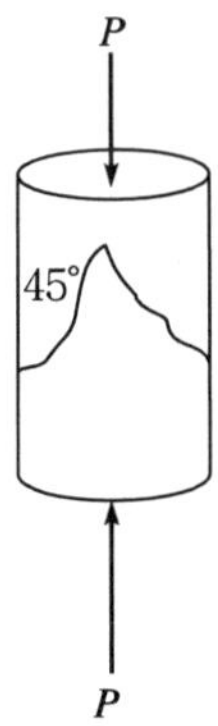

$\tau_{\max}$ 면은 부재축과 $\theta = 45^\circ$ 를 이루는 면이므로, 압축보다 전단에 약할 때, 파괴를 일으키며 45° 경사면으로 파괴된다.

따라서, 최대전단응력 $\tau_{\max} = \frac{\sigma_y}{2} = \frac{1}{2}\cdot\frac{P}{A}$

7 모세관 현상에서 모세관고(h)와 관의 지름(D)의 관계는?

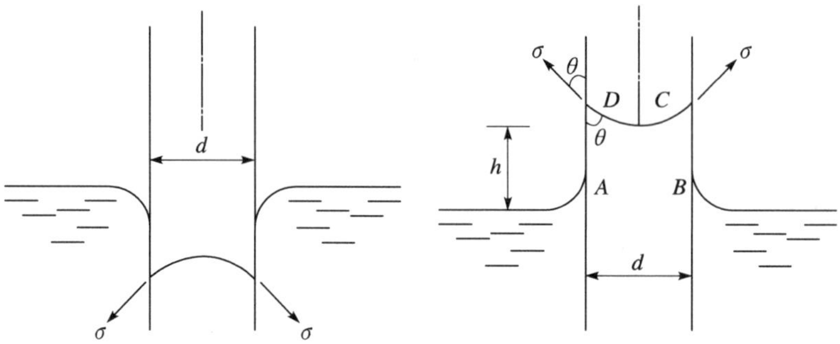

▮풀이

모세관의 장력의 수직분력=모관의 무게이므로

$(\sigma\pi d\cos\theta)=\dfrac{\pi d^2}{4}h\gamma$

$h=\dfrac{4\sigma\cos\theta}{\gamma d}$

h는 관지름 D^{-1}에 비례한다.

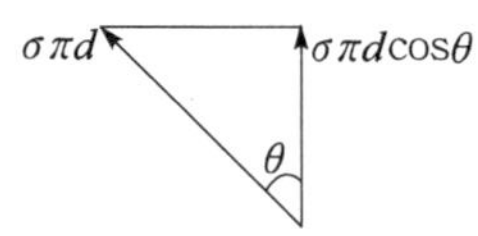

8 그림과 같이 지간 중앙점에서 강선을 꺾었을때 이 중앙점에서 상향력 U의 값은?

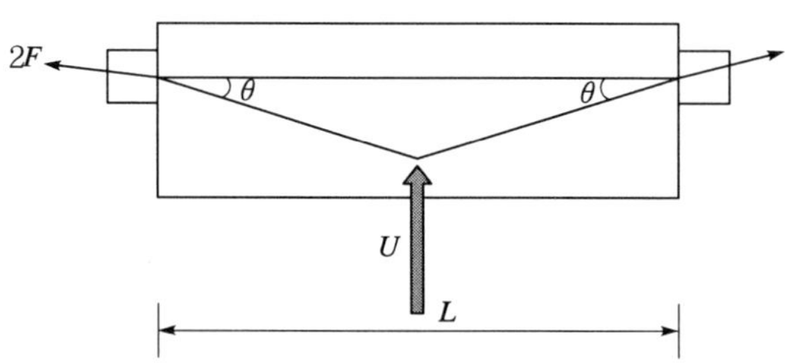

▮풀이

힘의평형조건식 $\sum V=0$에서

$u\ +2\times(2F\sin\theta)\ =0$

따라서, $u\ =\ -4F\ \sin\theta(\downarrow)$

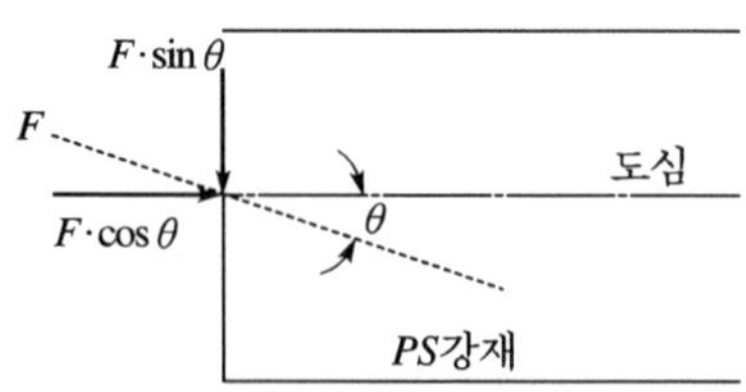

9 직접 전단시험을 한 결과 수직응력이 12kg/cm^2일때 전단저항력 10kg/cm^2 이었고, 수직응력이 24kg/cm^2일 때 전단저항력은 18kg/cm^2이었다. 이때 점착력을 계산한 값은?

▌풀이

$\tau=\sigma\tan\phi+c$에서,

$10=12\tan\phi+c$ ①

$18=24\tan\phi+c$ ②

①×2−② 하면 ∴점착력 $c=2.0\text{kg/cm}^2$

10 다음 그림은 필릿(fillet)용접한 것이다. 목두께 a를 표시한 것 중 옳은 것은?

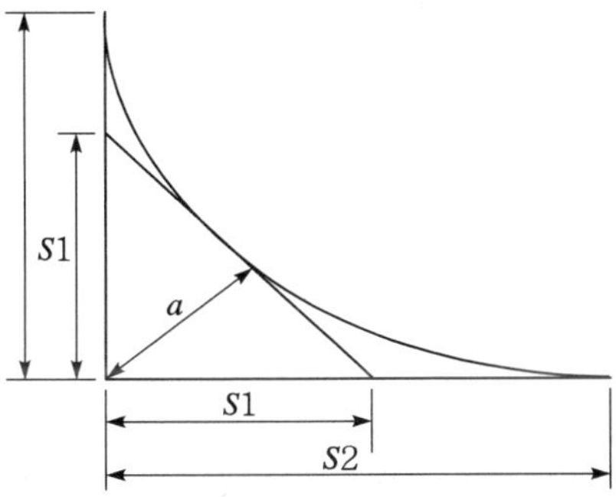

▌풀이

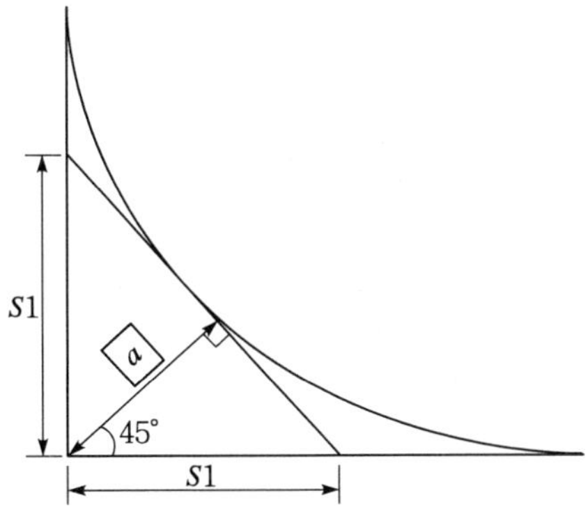

$$a = S_1 \cdot \sin45° = \frac{\sqrt{2}}{2} \cdot S_1 = 0.707S_1$$

11 어떤 흙의 전단실험 결과 $c = 1.8\text{kg/cm}^2$, $\phi = 35°$, 토립자에 작용하는 수직응력 $\sigma = 3.6\text{kg/cm}^2$일때 전단강도는?

▌풀이

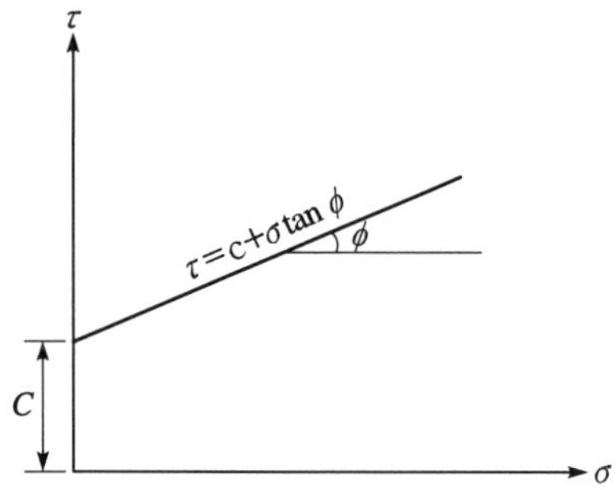

일반흙(c≠0, ϕ≠0)

전단강도 $\tau = \sigma \tan\phi + c$이다.

σ: 수직응력, ϕ: 내부마찰각, c: 점착력

따라서,

$$\tau = 3.6 \times \tan 35° + 1.8 = 4.32\text{kg/cm}^2$$

12 지표가 수평인 곳에 높이 5m의 연직옹벽이 있다. 흙의 단위중량이 1.7t/m^3, 내부마찰각 30°이고 점착력이 없을때 옹벽에 작용하는 주동토압은 얼마인가?

▌풀이

주동토압 $P_a = \frac{1}{2}\gamma H^2 \cdot K_A$에서

주동토압계수 $K_A = \frac{1 - \sin 30°}{1 + \sin 30°} = 0.333$

따라서,

$$P_a = \frac{1}{2}\gamma H^2 \cdot \frac{1 - \sin 30°}{1 + \sin 30°} = \frac{1}{2} \times 1.7 \times 5^2 \times 0.333 = 7.08\text{t/m}$$

13 흙 중의 한 점에서 최대 및 최소 주응력이 각각 1kg/cm^2 및 0.6kg/cm^2일 때, 이 점을 지나 최소 주응력과 60도를 이루는 면상의 전단응력은?

▌풀이

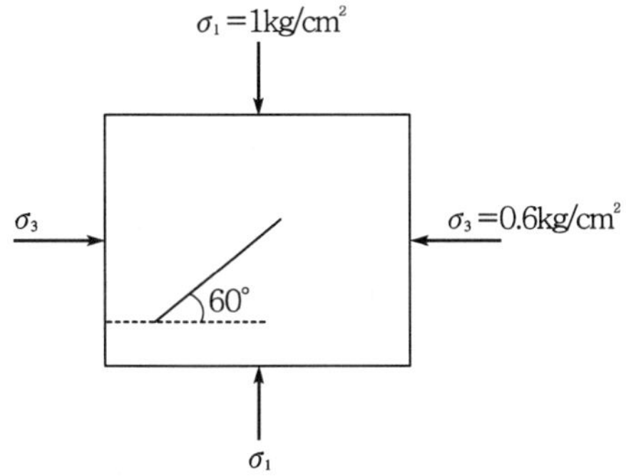

① 최대 주응력면과 이루는 각

$\theta =\ 90-60\ =30^\circ$

② 전단응력

$$\tau_\theta = \frac{1}{2}(\sigma_1 - \ \sigma_3)\ \sin 2\theta \ = \frac{1}{2}(1-0.6)\times \sin(2\times 60^\circ)\ = 0.17\text{kg/cm}^2$$

14 점착력이 0.8t/m^2, 단위중량이 1.6t/m^3, 내부마찰각이 30°인 흙에 있어서 인장균열은 몇 m 깊이까지 발생할 것인가?

▌풀이

점착력으로 인한 인장 응력이 작용하는 한계 깊이, 주동토압이 0이 되는 깊이를 말한다.

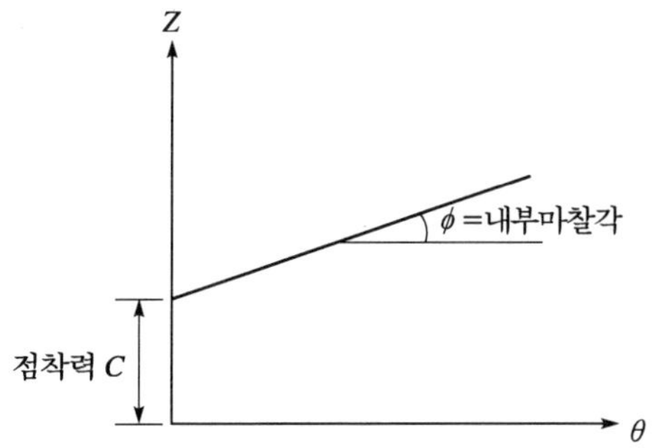

인장균열깊이(점착고) $Z_c = \ \dfrac{2c}{\gamma_t}\tan\left(45^\circ + \dfrac{\phi}{2}\right)$

$$= \ \frac{2\times 0.8}{1.6}\tan\left(45^\circ + \frac{30}{2}\right) = 1.73\text{cm}$$

단, $c=$ 점착력

$\gamma=$ 단위중량

$\phi=$ 내부마찰력

15 내부마찰각이 26°인 어떤 흙을 삼축 압축시험 했을 때 최소 주응력면과 파괴면이 이루는 각은?

▌풀이

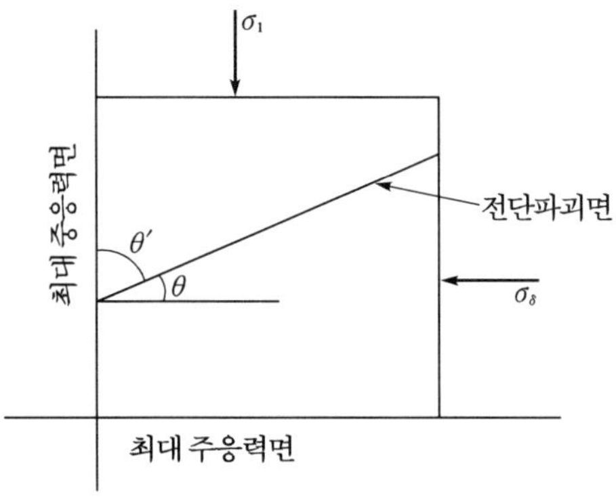

① 최대 주응력면과 파괴면이 이루는 각

$$\theta = 45° + \frac{\phi}{2}$$

② 최소 주응력면과 파괴면이 이루는 각

$$\theta = 45° - \frac{\phi}{2}$$

따라서, 최소 주응력면과 파괴면을 이루는 각은

$$\theta = 45° - \frac{\phi}{2} = 45° - \frac{26°}{2} = 32°$$

16 단곡선 설치에서 $I = 60°$, $R = 300\text{mm}$일 때 곡선길이는?

▌풀이

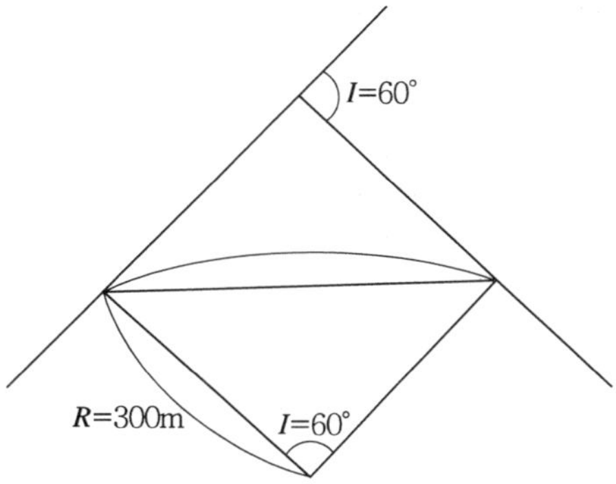

곡선 C는 편각법을 이용

$$C = \frac{\pi}{180} RI$$
$$= \frac{\pi}{180} \times 300 \times 60° = 314.16\text{m}$$

17 다음 그림과 같은 단열 삼각망을 조정 계산하라.(단, $T0 = 109°\ 10'\ 11''$, $Tb = 176°\ 59'\ 24''$, $b1 = 475.520\text{m}$, $b2 = 250.002\text{m}$, 1점 좌표(1000m, 1000m), 7점좌표(1431.698m, 2145.527m))

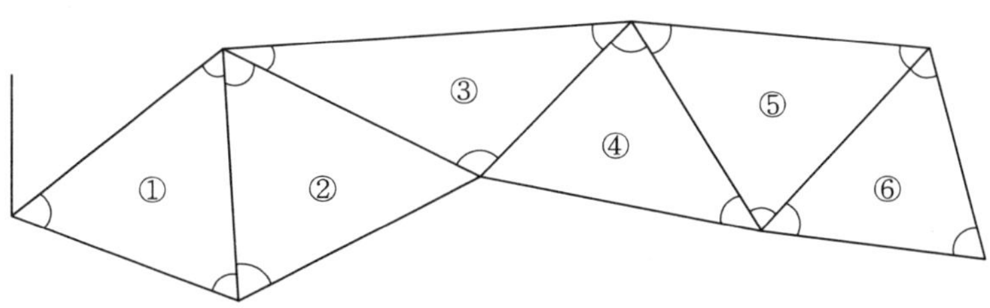

각명		△①	△②	△③	△④	△⑤	△⑥
관측각	α	69° 24′ 50″	37° 05′ 32″	34° 34′ 10″	51° 37′ 58″	73° 56′ 20″	37° 07′ 24″
	β	47° 23′ 22″	73° 28′ 00″	41° 34′ 46″	77° 44′ 18″	37° 26′ 58″	95° 06′ 40″
	γ	63° 11′ 28″	69° 26′ 18″	103° 51′ 12″	50° 37′ 42″	68° 37′ 10″	47° 46′ 10″

▮풀이

각명	관측각	각 조정		방향각 조정			변 조정				
		v1	조정각	v2	v3	조정각	log sinα +10	log sinβ +10	표차	v4	조정각
α_1	69° 24′ 50″		69° 24′ 56″		+2″	69° 24′ 50″	9.9713494		7.9	+4′	69° 25′ 02″
β_1	47° 23′ 22″		47° 23′ 29″		+2″	47° 23′ 31″		9.8668789	19.4	−4″	47° 23′ 27″
γ_1	63° 11′ 28″		63° 11′ 35″	−4″		63° 11′ 31″					63° 11′ 31″
계	179° 59′ 40″		180°			180°					180°

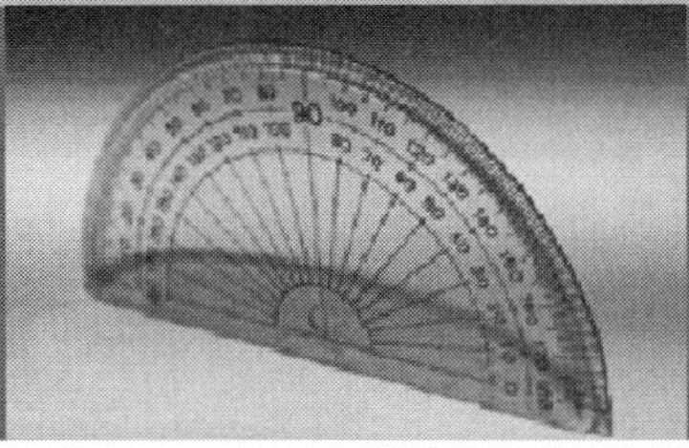

CHAPTER

5

힘과 벡터(vector)

5.1 벡터와 스칼라

5.2 벡터(Vector)의 연산

5.3 공간에서의 벡터표현

5.4 벡터의 내적

5.5 벡터의 외적

5.6 평면의 방정식

CHAPTER 5

힘과 벡터

모든 역학적 성질의 표현은 힘과 그 힘을 받는 구조물, 지반, 유체 등의 거동을 그 대상으로 한다. 이 때 힘과 그 거동을 모두 벡터로 표시할 수 있으며 이를 통하여 수식과 도해적인 접근이 용이해진다.

본 장에서는 이러한 벡터의 유용한 활용에 대하여 알아보고자 한다.

5.1 벡터와 스칼라

우리 주변의 다양한 물리량 중에는 길이, 넓이, 부피, 시간, 질량, 온도, 비열, 전기저항 등과 같이 그 크기를 하나의 실수로 나타낼 수 있는 것, 즉 크기만을 가지는 양이 있고, 힘, 속도, 가속도 등과 같이 크기는 물론 방향도 가지는 양이 있다.

이처럼 하나의 수로서 크기만 가지는 양을 스칼라(Scalar)라고 하고, 후자와 같이 크기와 방향을 갖는 양을 벡터(Vector)라고 한다.

(1) 벡터의 표시

벡터는 기하학적으로는 화살표로써 표시하고 있으며, 이때 화살표의 끝은 벡터의 방향을 나타내며 , 또 그 길이는 벡터의 크기에 비례한다.

즉 그림 5-1과 같이 화살표를 붙인 선분 $\overrightarrow{AB}$ 로 표시하고, 점 A를 벡터의 시점, 점 B를 종점이라 한다.

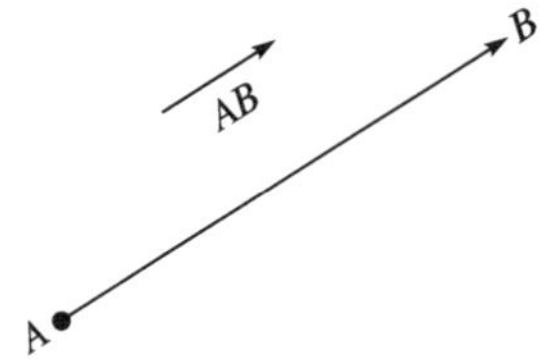

그림 5-1 벡터의 크기, 시점 및 종점

(2) 벡터와 힘

벡터는 힘과 변위를 나타내는데 사용될 수 있다. 즉 벡터는 작용점, 방향 및 크기를 가지므로 그 속성상 힘의 표현과 동일하다. 따라서, 어떤 두 힘이 같다는 것은 작용점, 방향, 크기가 같다는 것을 의미한다.

아래의 그림 5-2는 교량 위를 통과하는 차량하중에 의해 교량에 가해지는 반력을 포함한 하중을 벡터로 표시한 예이다.

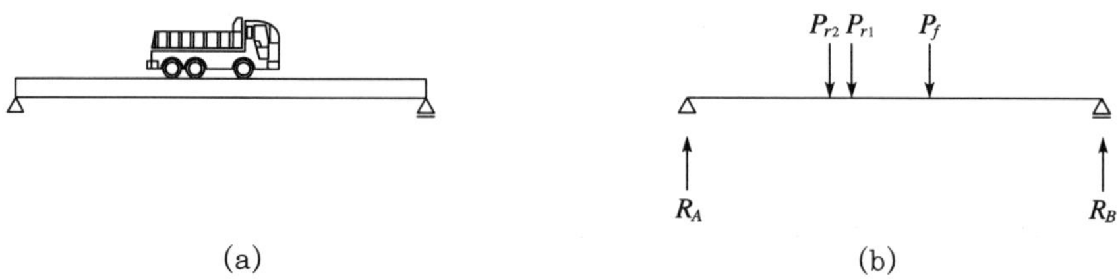

그림 5-2 힘을 벡터로 나타낸 예

5.2 벡터(Vector)의 연산

(1) 벡터의 합과 차

다음 그림 5-3의 (a)와 같이 두개의 벡터 A와 B의 합 $C = A + B$는 A와 B를 두 변으로 하는 평행 사변형의 대각선 C로서 구할 수가 있다. 이것은 벡터의 평행사변형법칙이라 한다. 이는 또한 그림 5-3의 (b)와 같이 벡터 A의 종점에서 벡터 B를 그어서 작도한 것과 동일하다. 이것을 삼각형의 법칙이라 한다.

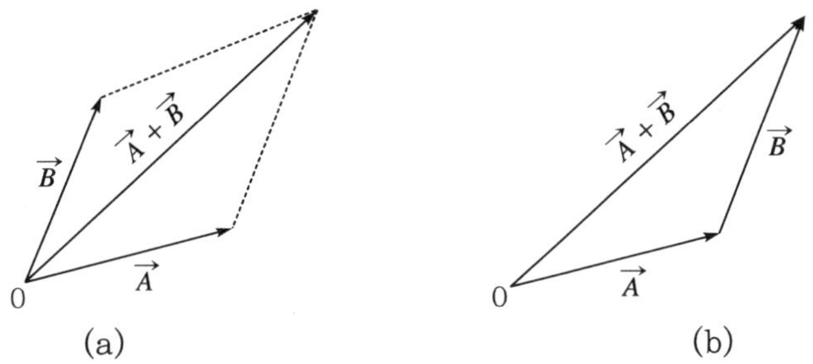

그림 5-3 두 벡터의 합

두 개의 벡터 A, B에 있어서 A에서 B를 빼면 그 차 D는

$$D = A - B = A + (-B)$$

로 표시할 수 있다. 이것을 작도하면 그림 5-4와 같이 된다.

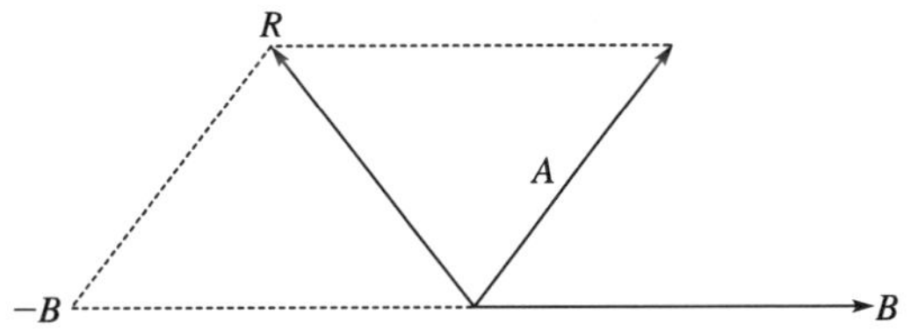

그림 5-4 두 벡터의 차

예제 5.1

아래 그림 5-5와 같이 두 벡터 A와 B의 합을 C라 할 때 합력의 크기와 그 방향 θ를 구하라.

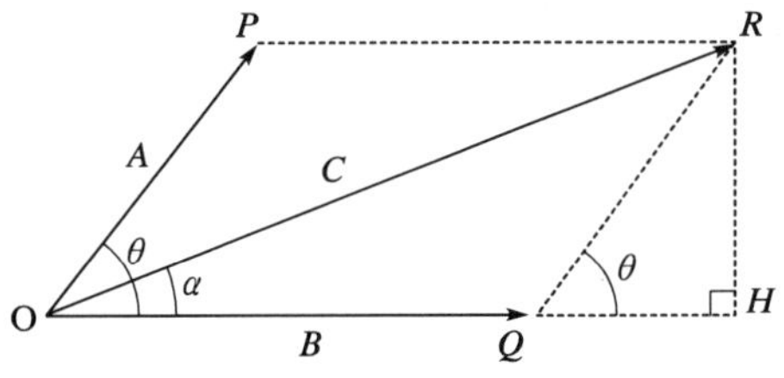

그림 5-5 두 벡터의 합

▮풀이

힘의 삼각형에 의하여

$$OR = \sqrt{OH^2 + RH^2}$$

이며, 이 때

$$OH^2 = (OQ + QR\cos\theta)^2 = (OQ + OP\cos\theta)^2$$

$$= OQ^2 + OP^2\cos^2\theta + 2OQ \cdot OP\cos\theta$$

$$RH^2 = QR^2\sin^2\theta = OP^2\sin^2\theta$$

이다.

따라서, 합력은

$$R = \sqrt{OQ^2 + OP^2\cos^2\theta + 2OQ \cdot OP\cos\theta + OP^2\sin^2\theta}$$

$$= \sqrt{OQ^2 + OP^2(\cos^2\theta + \sin^2\theta) + 2OQ\ OP\cos\theta}$$

$$= \sqrt{OQ^2 + OP^2 + 2OQ\ OP\cos\theta}$$

$$= \sqrt{A^2 + B^2 + 2AB\cos\theta}$$

한편, 방향 α는

$$\tan\alpha = \frac{RH}{OH}$$

이므로

$$\tan\alpha = \frac{OP\sin\theta}{OQ + OPcos\theta} = \frac{A\sin\theta}{B + A\cos\theta}$$

---

(2) 많은 벡터의 합

한편 임의의 벡터의 합은 아래의 그림 5-6과 같이 폐다각형이 되도록 작도하여 구할 수 있다.

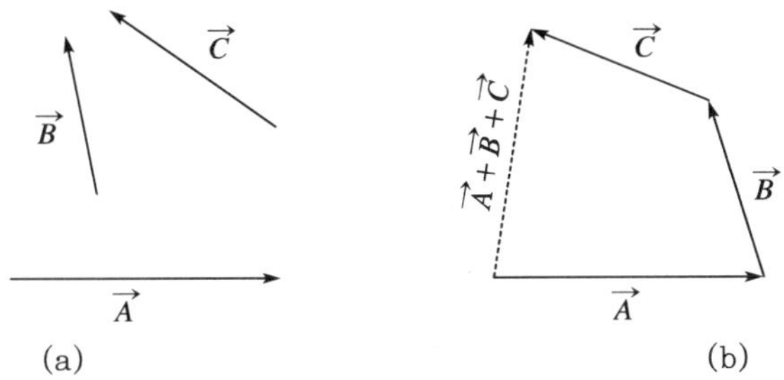

그림 5-6 여러 개의 벡터의 합

이러한 연산을 정리하면 다음과 같다.

① $A+B=B+A$

② $(A+B)+C=A+(B+C)$

③ $A+0=0+A=A$

④ $A+(-A)=0$

⑤ $m(A+B)=mA+mB$

⑥ $(c+k)A=cA+kA$

⑦ $c(kA)=(ck)A$

⑧ $1A=A$

5.3 공간에서의 벡터표현

(1) 기본벡터

그림 5-7과 같이 직교좌표계의 공간 속에서 좌표축의 원점을 시점으로 하고 그 크기가 모두 1이며, 방향이 각 x, y, z축의 양의 방향과 일치하는 세 벡터를 i, j, k라 하며, 이를 기본벡터라 한다. 따라서 어떤 벡터는 이 기본벡터의 계수인 a_1, a_2, a_3배로서 표시할 수 있다.

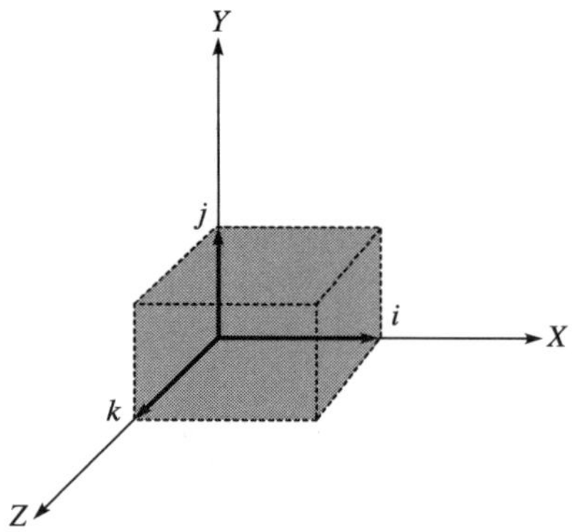

그림 5-7 공간에서의 기본벡터

$$A = a_1 i + a_2 j + a_3 k$$

벡터 A의 시점과 종점을 각각 $P(x_1, y_1, z_1)$, $Q(x_2, y_2, z_3)$라 하면 각 방향성분은 다음과 같다.

$$a_1 = x_2 - x_1,\ a_2 = y_2 - y_1,\ a_3 = z_2 - z_1$$

또한 벡터 A의 크기 $|A|$는 선분 PQ의 길이가 되며 다음과 같다.

$$|\boldsymbol{A}| = \sqrt{a_1^2 + a_2^2 + a_3^2}$$

(2) 공간벡터의 상등

기본벡터로 표시된 공간 내의 두 벡터가 같다는 것은

$$ai + bj + ck = a'i + b'j + c'k'$$

을 의미하며 따라서, $a = a', b = b', c = c'$가 된다.

예제 5.2

시점 $P(2, 3, 1)$ 종점 $Q(1, -2, 4)$ 인 벡터 $\overrightarrow{PQ}$와 크기를 구하시오.

▮풀이

$\overrightarrow{PQ} = (1-2)i + (-2-3)j + (4-1)k \ = -i - 5j + 3k$

$\overline{PQ} = \sqrt{(-1)^2 + (-5)^2 + 3^2} = \sqrt{35}$

(3) 공간벡터의 합

공간에서 두 벡터의 합은 각각의 벡터 A_1, A_2의 대응하는 스칼라 성분을 합하여 얻을 수 있다.

즉,

$$A_1 = a_1 i + b_1 j + c_1 k \qquad A_2 = a_2 i + b_2 j + c_2 k$$

이면, 다음이 성립한다.

$$\boldsymbol{A}_1 + \boldsymbol{A}_2 = (a_1 + a_2)\boldsymbol{i} + (b_1 + b_2)\boldsymbol{j} + (c_1 + c_2)\boldsymbol{k}$$

예제 5.3

$\boldsymbol{A}_1 = 2\boldsymbol{i} + 3\boldsymbol{j} + 4\boldsymbol{k}$ 이고 $\boldsymbol{A}_2 = 3\boldsymbol{i} - 2\boldsymbol{j} - 3\boldsymbol{k}$ 일 때 두 벡터의 합을 구하여라.

▌풀이

$$\boldsymbol{A}_1 + \boldsymbol{A}_2 = (2+3)\boldsymbol{i} + (3-2)\boldsymbol{j} + (4-3)\boldsymbol{k} = 5\boldsymbol{i} + \boldsymbol{j} + \boldsymbol{k}$$

---

(4) 영 벡터

만일 어떤 벡터가 $0 = 0\boldsymbol{i} + 0\boldsymbol{j}$ 의 값을 갖는다면, 이를 영 벡터라고 부른다. 이것이 크기가 0인 유일한 벡터이며, 다시 말하여, 그 길이가

$$|a\boldsymbol{i} + b\boldsymbol{j}| = \sqrt{a^2 + b^2} = 0$$

이므로 $a = b = 0$ 인 벡터이다.

(5) 단위 벡터

단위 길이(즉 1)을 갖는 임의의 벡터를 단위 벡터라 하고 벡터 $\boldsymbol{i}$, $\boldsymbol{j}$, $\boldsymbol{k}$ 를 좌표축 x, y, z 축에 대한 단위벡터이다.

$$|\boldsymbol{i}| = |\boldsymbol{j}| = |\boldsymbol{z}| = 1$$

만일 xy 평면에서 $\boldsymbol{u}$ 가 $\boldsymbol{i}$ 를 양의 방향으로 각 θ 만큼 회전시켜서 얻은 단위벡터라 한다면, $\boldsymbol{u}$ 의 수평성분과 수직성분은

$$\boldsymbol{u}_x = \cos\theta \ , \ \boldsymbol{u}_y = \sin\theta$$

를 가지므로

$$u = (\cos\theta)i + (\sin\theta)j$$

가 된다.

만일 각 θ 를 0에서 2π 까지 변화시킨다면, 이 벡터의 끝점은 시계의 반대 방향으로 단 위원 $x^2 + y^2 = 1$을 그린다.

(6) 방향(direction)

벡터 $\boldsymbol{A}$를 자신의 크기로 나누어서 얻어진 단위벡터를 그 벡터 $\boldsymbol{A}$의 방향이라고 정의한다.

$$\boldsymbol{A}\text{의 방향} = \frac{\boldsymbol{A}}{|\boldsymbol{A}|}$$

이 때 $\frac{\boldsymbol{A}}{|\boldsymbol{A}|}$의 크기는 단위 벡터가 된다.

즉,

$$\frac{\boldsymbol{A}}{|\boldsymbol{A}|}\text{의 길이} = \left|\frac{\boldsymbol{A}}{|\boldsymbol{A}|}\right| = \left|\frac{1}{|\boldsymbol{A}|}\boldsymbol{A}\right| = \frac{1}{|\boldsymbol{A}|}|\boldsymbol{A}| = 1$$

따라서, $\boldsymbol{A}$의 방향이란 그 방향의 단위벡터(단위길이 벡터)를 의미한다.

예제 5.4

벡터 $\boldsymbol{A} = 3i - 4j$ 일 때 방향을 구하시오.

▮풀이

$$\boldsymbol{A}\text{의 방향} = \frac{\boldsymbol{A}}{|\boldsymbol{A}|} = \frac{3i - 4j}{\sqrt{(3)^2 + (-4)^2}} = \frac{3i - 4j}{\sqrt{25}} = \frac{3}{5}i - \frac{4}{5}j$$

이 때 그 길이는 아래와 같이 1이 된다.

$$\left|\frac{3}{5}i - \frac{4}{5}j\right| = \sqrt{\left(\frac{3}{5}\right) + \left(\frac{4}{5}\right)} = \sqrt{\frac{9}{25} + \frac{16}{25}} = \sqrt{\frac{25}{25}} = 1$$

(7) 방향코사인(direction cosine)

공간에서 벡터의 성분은 아래의 그림 5-8과 같이 직교 좌표축 x, y, z에서, 벡터 $\boldsymbol{A}$와 x, y, z 축이 이루는 각을 각각 α, β, γ 라 하면, 벡터 $\boldsymbol{A}$가 각 축에 투영된 길이는 다음과 같다.

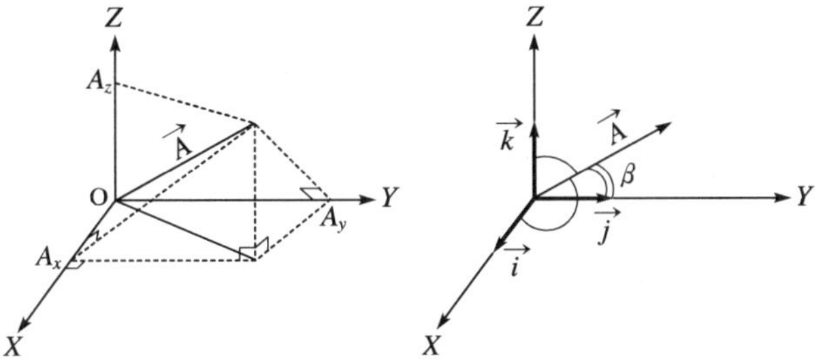

그림 5-8 방향코사인

$$\boldsymbol{A} = a_1\boldsymbol{i} + a_2\boldsymbol{j} + a_3\boldsymbol{k}$$

따라서,

$$a_1 = \boldsymbol{A}\cos\alpha,\ \ a_2 = \boldsymbol{A}\cos\beta,\ \ a_3 = \boldsymbol{A}\cos\gamma$$

가 된다.

여기서 $\cos\alpha$, $\cos\beta$, $\cos\gamma$ 를 각각 l, m, n 이라 하면

$$l = \cos\alpha = \frac{\boldsymbol{A}_x}{|\boldsymbol{A}|},\ \ m = \cos\beta = \frac{\boldsymbol{A}_y}{|\boldsymbol{A}|},\ \ n = \cos\gamma = \frac{\boldsymbol{A}_z}{|\boldsymbol{A}|}$$

가 되며 이를 벡터 A의 방향 코사인이라 한다.

5.4 벡터의 내적

(1) 힘이 한 일

아래의 그림 5-9의 (a)에서처럼 어떤 물건을 힘 F를 가하여 그 힘의 축방향으로 δ만큼 옮길 때 그 한 일의 크기는 $F\delta$로 표시한다. 만일 이 때 그림 5-9의 (b)처럼 그 이동방향이 힘의 방향과 각 θ를 이루면 그 힘의 δ방향의 분력은 $F\cos\theta$가 되고 그 한 일의 크기는 $F\delta\cos\theta$가 된다.

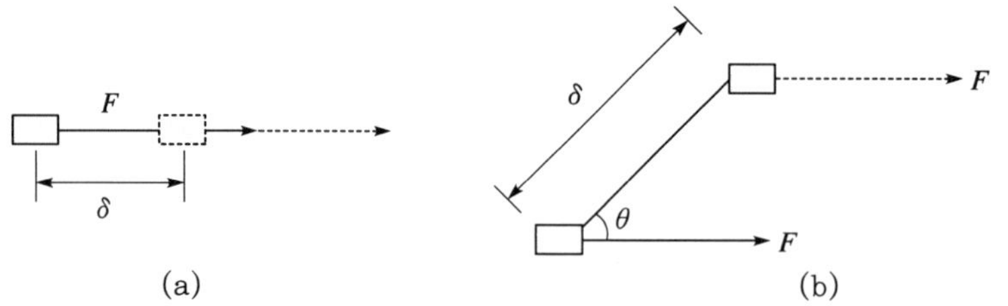

그림 5-9 힘이 한 일

이처럼 물건을 옮길 때 행하여지는 일을 계산한다고 가정하면 힘(F)과 변위(δ)를 벡터로 표현할 수 있는데, 이처럼 두 벡터의 곱은 한 일이 되며 이는 스칼라값이 되므로 스칼라곱(내적)이라 불린다.

즉, 힘 F에 의해 행해진 일의 양은 다음과 같이 정의하며 F와 δ의 스칼라 곱(내적), 또는 dot곱이라고 부른다.

$$\text{일} = (|F|\cos\theta)|\delta| = |F||\delta|\cos\theta$$

두 벡터의 스칼라 곱을 기호로 $\boldsymbol{A}\cdot\boldsymbol{B}$라 하며 다음과 같이 정의한다.

$$\boldsymbol{A}\cdot\boldsymbol{B} = |\boldsymbol{A}||\boldsymbol{B}|\cos\theta$$

여기서, θ는 $\boldsymbol{A}$와 $\boldsymbol{B}$가 만드는 각이고, 이들의 시점은 일치한다.

또한 두 벡터의 스칼라 곱은 그 교각이 예각일 때는 양의 값이고, 둔각이면 음이 값이 되는 것을 알 수 있다.

(2) 내적의 성질

두 벡터 $\boldsymbol{A}$와 $\boldsymbol{B}$를

$$\boldsymbol{A} = a_1\boldsymbol{i} + a_2\boldsymbol{j} + a_3\boldsymbol{k},\ \ \boldsymbol{B} = b_1\boldsymbol{i} + b_2\boldsymbol{j} + b_3\boldsymbol{k},$$

로 정의하면 벡터의 내적 $\boldsymbol{A}\cdot\boldsymbol{B}$는 다음과 같다.

$$\boldsymbol{A}\cdot\boldsymbol{B} = a_1b_1 + a_2b_2 + a_3b_3$$

따라서, 두 개의 주어진 벡터의 스칼라 곱은 그들의 대응되는 $\boldsymbol{i}$, $\boldsymbol{j}$, $\boldsymbol{k}$ 성분들끼리 곱하여 더한 것이 되며, 예로서 벡터 $\boldsymbol{A}$의 길이는 다음과 같은 방법으로 구한다.

$$|\boldsymbol{A}| = \sqrt{\boldsymbol{A}\cdot\boldsymbol{A}} = \sqrt{a_1^2 + a_2^2 + a_3^2}$$

내적의 성질을 정리하면 다음과 같다.

① $(q_1\boldsymbol{A}+q_2\boldsymbol{B})\cdot C=q_1\boldsymbol{A}\cdot \boldsymbol{C}+q_2\boldsymbol{B}\cdot \boldsymbol{C}$ (q_1, q_2는 스칼라)

② $\boldsymbol{A}\cdot\boldsymbol{B}=\boldsymbol{B}\cdot\boldsymbol{A}$

③ $\boldsymbol{A}\cdot\boldsymbol{A}\geqq 0$ ($\boldsymbol{A}\cdot\boldsymbol{A}=0$인 경우는 $|\boldsymbol{A}|=0$이다)

예제 5.5

$\boldsymbol{A}=2\boldsymbol{i}+\boldsymbol{j}+3\boldsymbol{k}, \boldsymbol{B}=2\boldsymbol{i}-\boldsymbol{j}+2\boldsymbol{k}$ 일 때 $\boldsymbol{A}\cdot\boldsymbol{B}$를 구하여라.

▌풀이

$$\boldsymbol{A}\cdot\boldsymbol{B}=2\cdot 2+1\cdot(-1)+3\cdot 2=9$$

예제 5.6

두 벡터 $\boldsymbol{A}=\boldsymbol{i}+\boldsymbol{j}+2\boldsymbol{k}, \boldsymbol{B}=2\boldsymbol{i}-\boldsymbol{j}+2\boldsymbol{k}$ 가 이루는 사이각 θ를 구하시오.

▌풀이

벡터의 내적의 정의에 의하여

$$\boldsymbol{A}\cdot\boldsymbol{B}=|\boldsymbol{A}||\boldsymbol{B}|\cos\theta$$

이므로

$$\cos\theta=\frac{\boldsymbol{A}\cdot\boldsymbol{B}}{|\boldsymbol{A}|\,|\boldsymbol{B}|}$$

$$=\frac{1\cdot 2+1\cdot(-1)+2\cdot 2}{\sqrt{1^2+1^2+2^2}\sqrt{2^2+(-1)^2+2^2}}=\frac{5}{3\sqrt{6}}$$

따라서

$$\theta=\cos^{-1}\left(\frac{5}{3\sqrt{6}}\right)$$

$$=47^\circ\ 7'26''$$

가 된다.

5.5 벡터의 외적

(1) 외적과 모멘트

그림 5-10처럼 렌치에 힘을 주어 볼트를 돌릴 때, 볼트의 축을 따라 작용하는 힘의 회전력, 즉 모멘트가 작용한다. 이 모멘트는 볼트를 앞으로 밀어내며, 그 밀어내는 힘을 토크라 한다. 이 토크의 크기는 렌치에 작용하는 힘의 크기와 얼마나 멀리서 작용하고 있는가에 달려 있다.

토크의 크기를 재는 값은 벡터 $\boldsymbol{A}$에 수직인 $\boldsymbol{B}$의 스칼라 성분과의 곱으로 나타낸다. 이를 벡터의 외적이라 하며,

$$\text{토크 벡터의 크기} = |\boldsymbol{A}||\boldsymbol{B}|\sin\theta$$

로 쓸 수 있다.

이는 모멘트의 정의와 같으며, 임의의 점에 대해 어떤 힘이 갖는 회전력은 (힘×그 힘에 수직된 그 점까지의 최단거리를 곱한 것)과 같다.

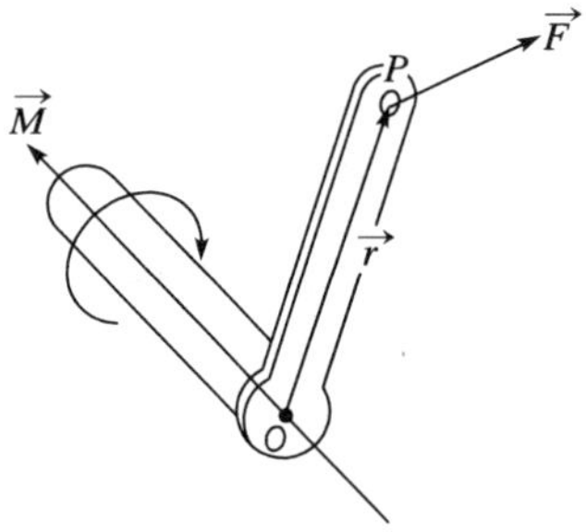

그림 5-10 렌치에 작용하는 모멘트

(2) 행렬에 의한 외적의 표기

$\boldsymbol{A}= a_1\boldsymbol{i}+ a_2\boldsymbol{j}+ a_3\boldsymbol{k}$, $\boldsymbol{B}= b_1\boldsymbol{i}+ b_2\boldsymbol{j}+ b_3\boldsymbol{k}$ 라 하면

$$\begin{aligned}\boldsymbol{A}\times\boldsymbol{B} &= (a_1\boldsymbol{i}+ a_2\boldsymbol{j}+ a_3\boldsymbol{k})\times(b_1\boldsymbol{i}+ b_2\boldsymbol{j}+ b_3\boldsymbol{k})\\ &= a_1b_1\boldsymbol{i}\times\boldsymbol{i}+ a_1b_2\boldsymbol{i}\times\boldsymbol{j}+ a_1b_3\boldsymbol{i}\times\boldsymbol{k}+ a_2b_1\boldsymbol{j}\times\boldsymbol{i}\\ &\quad + a_2b_2\boldsymbol{j}\times\boldsymbol{j}+ a_2b_3\boldsymbol{j}\times\boldsymbol{k}+ a_3b_1\boldsymbol{k}\times\boldsymbol{i}+ a_3b_2\boldsymbol{k}\times\boldsymbol{j}+ a_3b_3\boldsymbol{k}\times\boldsymbol{k}\end{aligned}$$

이 때 $\boldsymbol{i}\times\boldsymbol{i}= 0$, $\boldsymbol{j}\times\boldsymbol{j}= 0$, $\boldsymbol{k}\times\boldsymbol{k}= 0$,

$\boldsymbol{i}\times\boldsymbol{j}= \boldsymbol{k}$, $\boldsymbol{j}\times\boldsymbol{k}= \boldsymbol{i}$, $\boldsymbol{k}\times\boldsymbol{i}= \boldsymbol{j}$

$\boldsymbol{j}\times\boldsymbol{i}=-\boldsymbol{k}$, $\boldsymbol{k}\times\boldsymbol{j}=-\boldsymbol{i}$, $\boldsymbol{i}\times\boldsymbol{k}=-\boldsymbol{j}$

이므로

$$\boldsymbol{A}\times\boldsymbol{B}=\boldsymbol{i}(a_2b_3-a_3b_2)+\boldsymbol{j}(a_3b_1-a_1b_3)+\boldsymbol{k}(a_1b_2-a_2b_1)$$

가 된다.

이를 행렬식을 이용하여 간단히 쓰면

$$A\times B=\begin{vmatrix} \boldsymbol{i} & \boldsymbol{j} & \boldsymbol{k} \\ a_1 & a_2 & a_3 \\ b_1 & b_2 & b_3 \end{vmatrix}$$

가 된다.

만일 $A\times B\neq B\times A$ 인 것은 회전축은 같더라도 그 회전방향이 시계 또는 반시계 방향 일때 볼트의 진행 방향이 바뀌는 것과 같다. 아래의 두가지 예를 통하여 그 크기는 같으나 부호가 바뀌는 것을 알아보자.

예제 5.7

단위벡터 $i\times j$의 외적을 행렬을 이용하여 구하라.

▮풀이

$$i\times j=\begin{vmatrix} \boldsymbol{i} & \boldsymbol{j} & \boldsymbol{k} \\ 1 & 0 & 0 \\ 0 & 1 & 0 \end{vmatrix}=0\boldsymbol{i}+0\boldsymbol{j}+\boldsymbol{k}=\boldsymbol{k}$$

예제 5.8

단위벡터 $j\times i$ 의 외적을 구하여라.

▮풀이

$$j\times i=\begin{vmatrix} \boldsymbol{i} & \boldsymbol{j} & \boldsymbol{k} \\ 0 & 1 & 0 \\ 1 & 0 & 0 \end{vmatrix}=0\boldsymbol{i}+0\boldsymbol{j}-\boldsymbol{k}=-\boldsymbol{k}$$

(3) 외적의 기하학적인 성질

외적의 기하학적인 성질은 벡터 $\boldsymbol{A}$와 $\boldsymbol{B}$에 대하여 다음과 같이 요약할 수 있다.

① $\boldsymbol{A}\times\boldsymbol{B}$는 $\boldsymbol{A}$와 $\boldsymbol{B}$에 동시에 수직이다.

② $|\boldsymbol{A}\times\boldsymbol{B}| = |\boldsymbol{A}|\,|\boldsymbol{B}|\sin\theta$ 단, θ는 A와 B의 사잇각이다.

③ $|\boldsymbol{A}\times\boldsymbol{B}|$는 벡터 $\boldsymbol{A}\neq 0$와 $\boldsymbol{B}\neq 0$를 이웃한 변으로 갖는 평행사변형의 넓이와 같다.

④ $\boldsymbol{A}\times\boldsymbol{B}=0$이면 $\boldsymbol{A}$와 $\boldsymbol{B}$는 서로 평행하며 그 열도 성립된다.

예제 5.9

벡터 $\boldsymbol{A}=2\boldsymbol{i}-\boldsymbol{j}+\boldsymbol{k}$와 $\boldsymbol{B}=4\boldsymbol{i}+2\boldsymbol{j}-\boldsymbol{k}$에 동시에 수직인 벡터를 구하라.

▮풀이

두 벡터에 동시에 수직인 벡터는 그 외적과 같다. 즉

$\boldsymbol{A}\times\boldsymbol{B}=-\boldsymbol{i}+6\boldsymbol{j}+8\boldsymbol{k}$

이다. 그 증명은 다음과 같이 할 수 있다.

$\boldsymbol{A}\cdot(\boldsymbol{A}\times\boldsymbol{B})=(2\boldsymbol{i}-\boldsymbol{j}+\boldsymbol{k})\cdot(-\boldsymbol{i}+6\boldsymbol{j}+8\boldsymbol{k})=-2-6+8=0$

이고, 또

$\boldsymbol{B}\cdot(\boldsymbol{A}\times\boldsymbol{B})=(4\boldsymbol{i}+2\boldsymbol{j}-\boldsymbol{k})\cdot(-\boldsymbol{i}+6\boldsymbol{j}+8\boldsymbol{k})=-4+12-8=0$

이므로, $\boldsymbol{A}\times\boldsymbol{B}$는 $\boldsymbol{A}$와 $\boldsymbol{B}$에 동시에 수직이다.

예제 5.10

두 벡터 $\boldsymbol{A}=4\boldsymbol{i}-\boldsymbol{k}$이고, $\boldsymbol{B}=-2\boldsymbol{i}+\boldsymbol{j}+3\boldsymbol{k}$일 때 $\boldsymbol{A}\cdot\boldsymbol{B}$와 $\boldsymbol{A}\times\boldsymbol{B}$를 구하고, 두 벡터 사이의 각 θ를 구하라.

▮풀이

$\boldsymbol{A}\cdot\boldsymbol{B}=(4\boldsymbol{i}-\boldsymbol{k})\cdot(-2\boldsymbol{i}+\boldsymbol{j}+3\boldsymbol{k})=-8-3=-11$

$$\boldsymbol{A}\times\boldsymbol{B}=\begin{vmatrix} \boldsymbol{i} & \boldsymbol{j} & \boldsymbol{k} \\ 4 & 0 & -1 \\ -2 & 1 & 3 \end{vmatrix}=\boldsymbol{i}-10\boldsymbol{j}+4\boldsymbol{k}$$

$$\cos\theta=\frac{\boldsymbol{A}\cdot\boldsymbol{B}}{|\boldsymbol{A}||\boldsymbol{B}|}=\frac{-11}{\sqrt{16+1}\sqrt{4+1+9}}=\frac{-11}{\sqrt{17}\sqrt{14}}=-0.713$$

$\therefore\theta=\cos^{-1}(-0.713)=135.5°$

(5) 바리논의 정리

바리논의 정리는"동일 평면 내에 여러 힘이 작용할 때 동일 평면내의 어떤 점에 대한 각각의 힘이 일으키는 모멘트의 합은 여러 힘의 합력이 그 점에 대해 일으키는 모멘트의 크기와 같다."는 것이다.

즉,

$$\boldsymbol{M} = r \times (\boldsymbol{F}_1 + \boldsymbol{F}_2 + \cdots + \boldsymbol{F}_n) = r \times \boldsymbol{R}$$

이 된다.

예제 5.11

그림과 같은 구조물에서 구조물에 작용하는 외력이 $P = 6$ ton이며, 자중이 $W = 15$ ton이라면 그 합력의 작용선이 x축을 지나는 점의 위치 x는 어디인가?

▮ 풀이

수직력과 수평력의 합력을 R이라 하면 각각의 힘의 O점에 대한 모멘트는 합력의 모멘트와 같다. 또 그 합력의 크기 R은 다시 그림에서처럼 W'과 P'로 나누어 생각할 수 있다.
따라서, 바리논의 정리에 의하여

$$W \times 1.0 - P \times 1.5 = W' \times x + P' \times 0$$

$$15 \times 1.0 - 6 \times 1.5 = 15x$$

$\therefore x = 0.4\text{m}$가 된다.

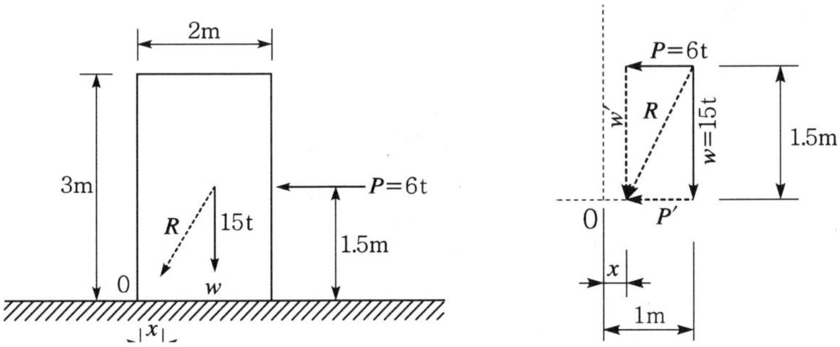

예제 5.12

바리논의 정리를 이용하여 합력을 구하는 방법을 설명하시오.

▮풀이

한 점에 대한 각각의 힘의 모멘트 합은 그 점에 대한 합력의 모멘트와 같으므로, 합력은

$$R = P_1 + P_2 + \cdots + P_n$$

가 되며, 바리논의 정리의 정의에 의하여

$$\Sigma M = P_1 x_1 + P_2 x_2 + \ldots + P_n x_n = R\,\overline{x}$$

가이 된다.
따라서,

$$\overline{x} = \frac{P_1 x_1 + P_2 x_2 + \ldots + P_n x_n}{R}$$

$$= \frac{P_1 x_1 + P_2 x_2 + \ldots + P_n x_n}{P_1 + P_2 + P_3 + \ldots + P_n}$$

로 구해진다.

5.6 평면의 방정식

(1) 평면의 방정식

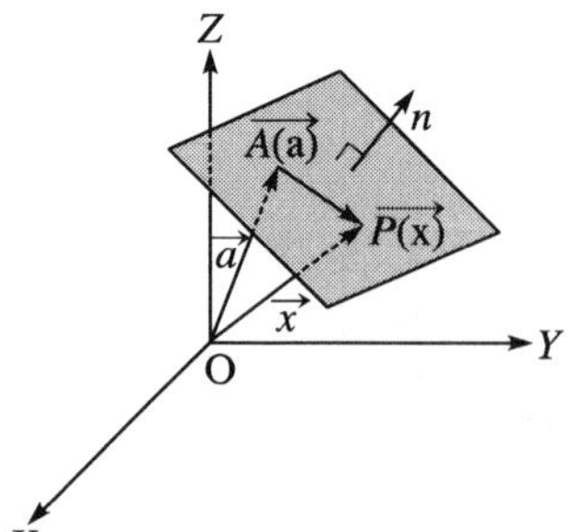

그림 5-11 평면의 방정식

그림 5-11과 같이, 좌표공간에서 점 A를 지나며, 단위벡터 $\vec{n}$에 수직인 평면 α를 구하여 보자.

이를 위하여 A점이 평면 α내에서 P점으로 이동하였다고 가정하자.

직교하는 두 벡터는 각 성분이 겹쳐지는 것이 없다. 즉 그 내적이 0이 된다. 따라서

$$\overrightarrow{AP} \cdot \vec{n} = 0$$

또는 $\overrightarrow{AP} = \vec{P} - \vec{A}$ 이므로

$$(\vec{P} - \vec{A}) \cdot \vec{n} = 0 \tag{1}$$

로 바꿔 쓸 수 있다.

이 때 (1)식에 다음 값

점 $A = (x_1, y_1, z_1)$

점 $P = (x, y, z)$

단위벡터 $\vec{n} = (X, Y, Z)$

을 대입하면

$$(x - x_1, y - y_1, z - z_1) \cdot (X, Y, Z) = 0$$

$$X(x - x_1) + Y(y - y_1) + Z(z - z_1) = 0 \tag{2}$$

가 된다.

이를 평면 α의 방정식이라 하고 이를 전개한 후 정리하면 다음과 같은 평면의 방정식을 얻을 수 있다.

$$Xx + Yy + Zz + D = 0$$

단, $D = -(Xx_1 + Yy_1 + Zz_1)$이다.

또한 이 평면 α에 직교하는 단위벡터 $\vec{n} = (X, Y, Z)$를 이 평면의 법선벡터라 한다.

(2) 자유 수면의 식

식 (2)의 방정식을 응용하여 자유수면의 식을 유도하여 보자.

점 A에서 점 P로 이동할 때 그 각 단위벡터의 성분별로 생성되는 변위는

다음과 같이 놓을 수 있다.

$$x - x_1 = dx$$

$$y - y_1 = dy$$

$$z - z_1 = dz$$

따라서, (2)의 식은 다음과 같이 표현될 수 있다.

$$Xdx + Ydy + Zdz = 0 \tag{3}$$

이는 바로 자유수면의 식 또는 등압면의 식으로 불리며, 압력의 변화 dp가 0인 평면을 의미한다.

실제 자유수면에는 단위 벡터로 중력가속도 g만이 수직으로 작용하므로 $X=0$, $Y=0$, $Z=-g$가 된다. 즉 $Zdz=0$, 즉 $-g\,dz=0$가 되며, 따라서 자유수면에서는 수심의 변화 없이 xy평면 내에서 어느 곳으로 이동하더라도 압력은 항상 0으로 일정하다.

즉 대기압만 작용하는 상황이 된다.

예제 5.13

수조가 그림 5-12와 같이 오른쪽으로 가속도 α를 가지고 이동할 때 자유 수면의 식을 $Xdx + Ydy + Zdz = 0$을 이용하여 수면의 각 θ를 구하시오.

▮풀이

자유수면의 식에 $X=\alpha$, $Y=0$, $Z=-g$를 대입하면

$$-\alpha dx - gdz = 0$$

따라서,

$$z = -\frac{\alpha}{g}x$$

이므로 이를 기울기의 관계로 표현하면

$$\tan\theta = \frac{x}{z} = \frac{\alpha}{g}$$

가 구해진다.

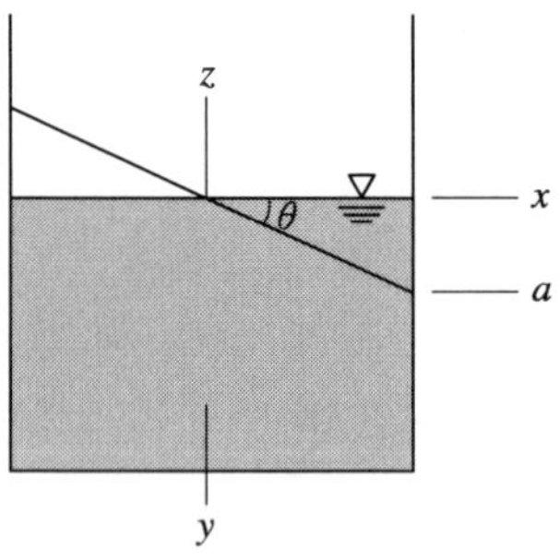

그림 5-12 가속도를 받는 수조

연습문제

합력의 위치를 구하는 방법(바리논의 정리) 또는 측정치의 평균값을 구하는 문제는 수식의 형태가 똑같다. 또한 이는 합류되는 오염물질의 합류 후의 농도를 구하는 문제와도 그 유형이 동일하다.

1 일정한 수질의 오수가 하천에 일정 유량으로 유입하고 하천의 하류에서 완전 혼합된다면 하류 지점에서의 혼합 후 농도를 식으로 나타내시오.

이 때 Cm : 완전 혼합 후의 혼합 유체의 평균 농도(mg/ℓ)

C_1 : 합류 전 오수의 농도(mg/ℓ) , C_1 : 합류 전 하천수의 농도(mg/ℓ)

Q_1 : 합류 전 오수의 유량(m^3/day) , Q_2 : 합류 전 하천수의 유량(m^3/day)

▌풀이

오염물질의 양은 (오수의 농도)*(오수의 유량)이 된다. 따라서 합류 전 후의 오염물질의 양은 다음 그림과 같이 나타낼 수 있다.

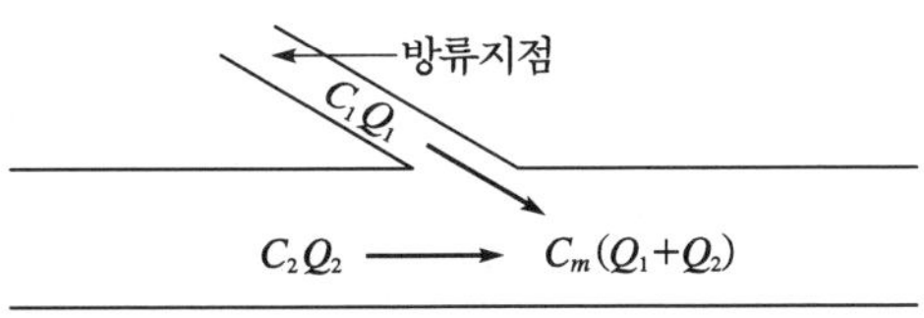

합류전 오염물질의 양=합류 후 오염물질의 양 이므로

$C_1Q_1 + C_2Q_2 = C_m(Q_1 + Q_2)$

즉 $Cm = \dfrac{C_1Q_1 + C_2Q_2}{Q_1 + Q_2}$ 이 된다.

2 BOD농도 C_1 4mg/ℓ, 유량Q_1 30,000m^3/day인 하천에 BOD농도 C_2 50mg/ℓ, 수량Q_2 4000m^3/day인 공장 폐수 x가 방류될때, 완전히 혼합된 후 하천수의 BOD농도는 얼마인가?

여기서, Cm : 완전 혼합 후의 혼합 유체의 평균 농도(mg/ℓ)

C_1 : 방류되는 폐수의 농도(mg/ℓ),

C_2 : 합류 전 하천수의 농도(mg/ℓ)

Q_1 : 방류되는 폐수의 유량(m^3/day),

Q_2 : 합류 전 하천수의 유량(m^3/day)

▮풀이

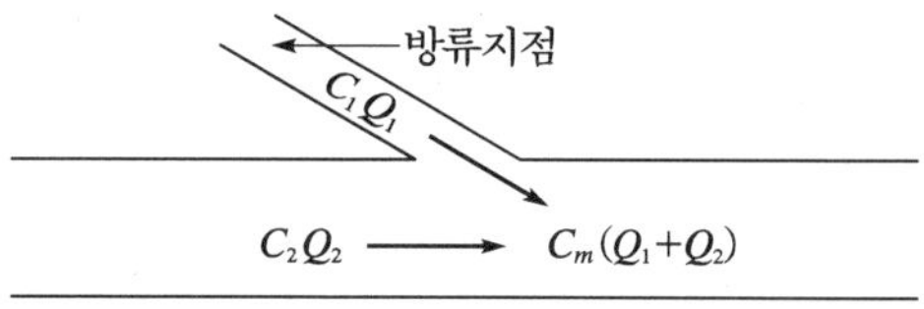

유량이 Q_1, Q_2로 차이가 있으므로 p204와 p85에서처럼 Q_1, Q_2 경중률로 고려해야 농도가 얻어진다.

즉, 혼합후의 농도(Cm) $= \dfrac{Q_1 \times C_1 + Q_2 \times C_2}{Q_1 + Q_2}$ 가 된다.

$$C_m = \frac{4000\ (50) + 30000\ (4)}{4000 + 30000} = 9.41(\text{mg}/l)$$

3 그림과 같은 구조물에서 케이블 T가 받는 힘의 크기를 구하시오?

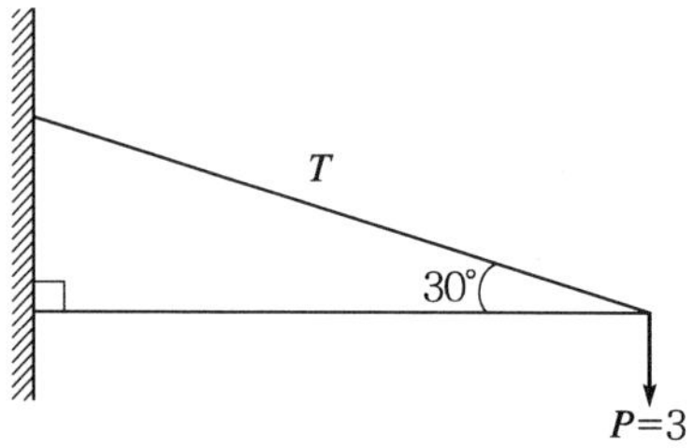

▮풀이

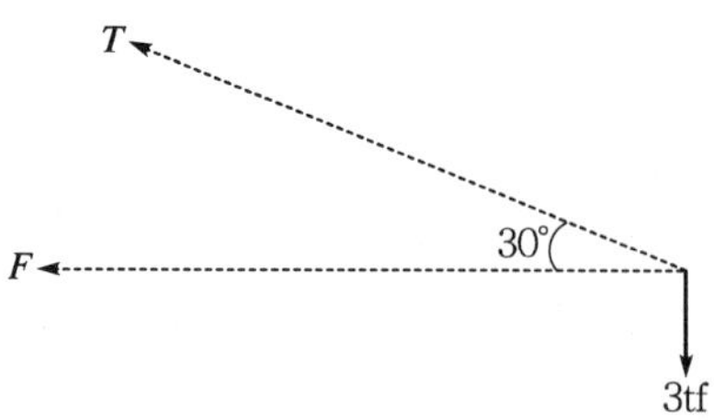

$\Sigma V = 0 \uparrow$; $T \sin 30° - 3 = 0$ $\qquad \therefore$ T = 6t

절점 B에서 $\Sigma V = 0$을 적용하면

$\overline{AB} \cdot \sin 30° - 3 = 0$

$\overline{AB} = \dfrac{3}{\sin 30} = 6\,tf$

여러 가지 힘과 압력의 표현방법

여러 가지 힘과 압력의 표현방법

4 배수지의 저수위와 배수구역 관말까지의 관로 길이가 3Km이고 관로 경사도가 0.3%일 때 두 지점간의 고저차는 얼마인가?(단, 배수관말의 적정 수압 1.5kgf/cm^2을 고려한다.)

▮풀이

① 배수관말에서 필요로 하는 최소 수압을 수두로 나타내면 다음과 같다.
이를 위해 먼저, 1m의 수심일 때 바닥면에 생기는 압력 q를 다음과 같이 생각할 수 있다. 즉 (1m)x(1m)의 면적에 1m 높이의 물이 갖는 무게인 1000kgf 에 의해 생기는 압력의 크기 q 이므로

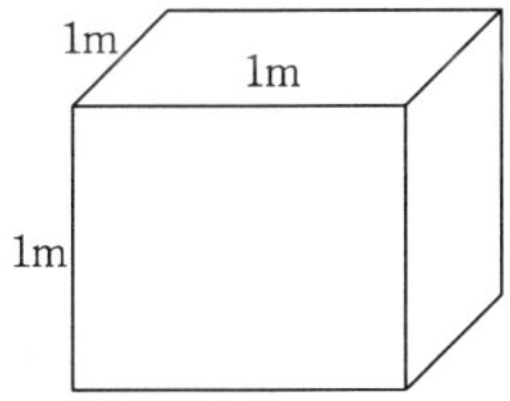

$q = 1000\text{kgf}/(100)(100)\text{cm}^2 = 0.1\text{kgf/cm}^2$

따라서, 배수관말의 적정수압 1.5kgf/cm^2을 수두로 환산하면 다음과 같다.

$$\frac{1.5\text{kgf/cm}^2}{0.1\text{kgf/cm}^2} = \frac{15\text{m}}{1\text{m}}$$

즉, 수두 15m의 수심에서 얻어지는 수압과 같다.

② 관로경사에 의해 생기는 자연 고저차는 다음과 같다.
즉 경사 $I = \dfrac{\Delta h}{L}$로 나타낼 수 있으므로 Δh는 다음과 같다.

$$\Delta h = I \cdot L$$

한편 관로경사 0.3%는 기울기 0.003과 같다

$$I = \frac{\Delta h_2}{L} = 0.3\% = 0.003$$

따라서, 자연 고저차 Δh_2는 다음과 같다.

$$\Delta h_2 = I \cdot L = 0.003(3000\text{m}) = 9\text{m}$$

③ 전체수두는 자연 수두차와 배수관말의 수압유지를 위한 수두차를 더해서 얻어진다.

$$\Delta h = \Delta h_1 + \Delta h_2 = 9\text{m} + 15 = 24\text{m}$$

즉 저수위일 때 최소한 수두의 높이차가 24m 이상을 유지하여야 한다.

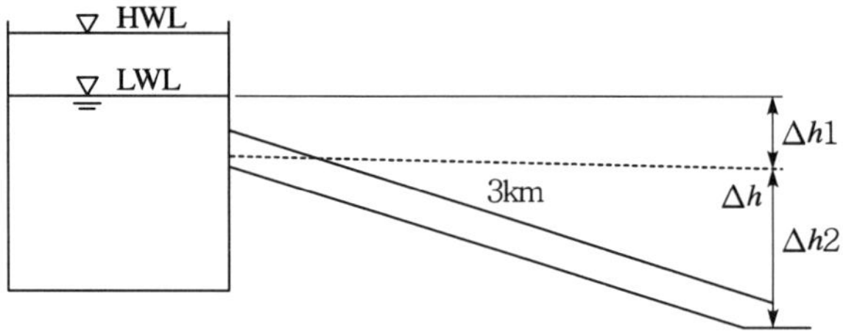

5 지름 $D = 2\text{m}$인 원형 단면의 극 2차 모멘트를 구하시오?

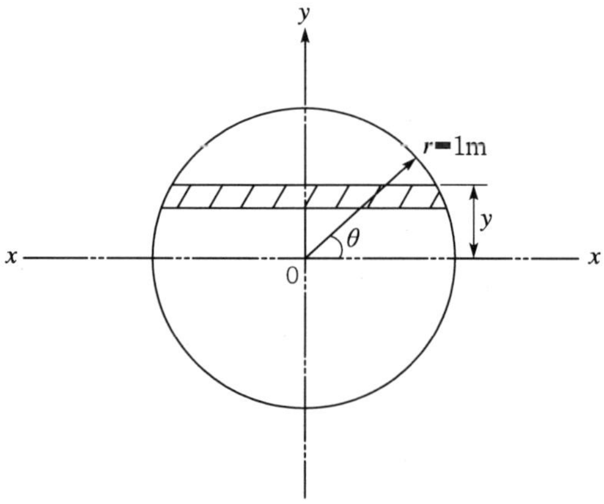

▌풀이

$$I_x = \int_R^R y^2 dA = 2\int_0^R y^2 dA$$

$$= 2\int_0^R y^2 (2x dy) = 4\int_0^R xy^2 dy$$

$$= 4\int_0^R \sqrt{R^2-y^2}\, y^2 dy$$

$\because x^2+y^2=R^2$

$x^2=R^2-y^2$

$x=\sqrt{R^2-y^2}$

극좌표로 치환하면

$y=R\sin\theta$ 이므로

$$\sqrt{R^2-y^2}=\sqrt{R^2-R^2\sin\theta}$$

$$=R\sqrt{1-\sin\theta}$$

$$=R\sqrt{\cos\theta}$$

$=R\cos\theta$ 가 된다.

또 $dy=R\cos\theta$

$y\rightarrow 0$ 에서 R로 변할 때 θ는 0에서 $\frac{\pi}{2}$ 로 변하므로

$$I_x=4\int_0^{\frac{\pi}{2}} R^4\cos^2\theta\sin^2\theta\, d\theta$$

$$=R^4\left[\frac{\theta}{2}-\frac{\sin\theta}{8}\right]_0^{\frac{\pi}{2}}=\frac{\pi R^4}{4}=\frac{\pi d^4}{64}$$

따라서,

$$I_p=I_x+I_y=\frac{\pi d^4}{64}+\frac{\pi d^4}{64}=\frac{2\pi d^4}{64}=\frac{\pi d^2}{32}=\frac{\pi\times 2^4}{32}=\frac{\pi}{2}(m^4)$$

6 폭 16cm, 높이 18cm 의 직사각형 단면과 같은 단면계수를 갖기 위해서는 높이를 24cm로 할 때 폭의 크기는 몇 cm 인가?

▮풀이

단면 2차 모멘트는 x, y 축에서 미소 면적에 이르는 거리의 제곱과 미소 면적을 곱하여 전 단면에 대해서 적분한 것을 말한다.

$$I_x=\int_A y^2\cdot dA = I_X+A\cdot\overline{y^2}$$

$=$ (도심에 대한 I)+(면적)×(도심까지의 거리)^2

$$I_y = \int_A x^2 \cdot dA = I_Y + A \cdot \overline{x^2}$$

여기서, I_X, I_Y는 도형의 도심축 X, Y에 대한 단면 2차모멘트이다.

단면계수는 도심축에 대한 단면 2차모멘트를 도형의 도심에서 상하단 또는 좌우단까지의 거리로 나눈값을 단면계수라 한다.

즉, 단면계수 $Z = \dfrac{bh^3}{12 \cdot \dfrac{h}{2}} = \dfrac{bh^2}{6}$ 이 된다.

따라서, $Z = \dfrac{bh^2}{6} = \dfrac{16 \times 18^2}{6} = 864\text{cm}^3$

$$864 = \frac{b \times 24^2}{6} \qquad \therefore b = 9\text{cm}$$

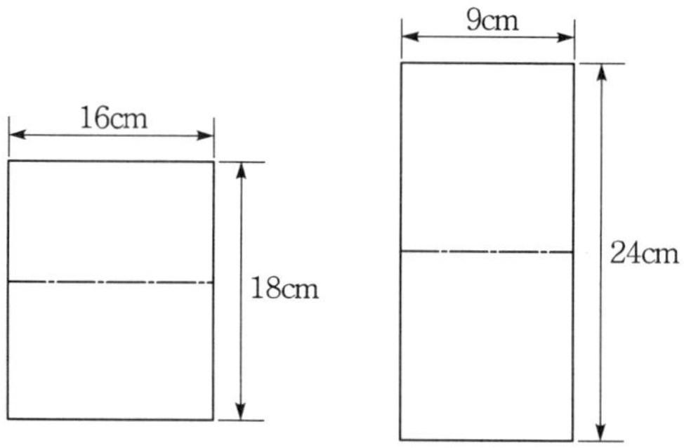

높이 h가 33% 증가할 때 b는 56%감소

7 다음 도면의 도심 $\bar{y}$를 구하시오?

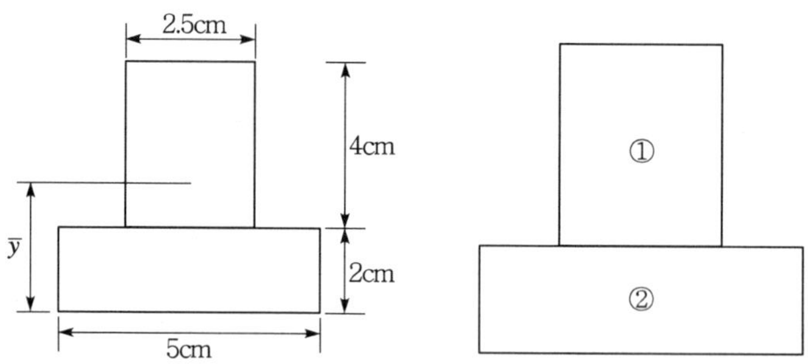

▌풀이

단면1차모멘트는

$$G_x = \int_A y\,dA = A\bar{y} = A_1 y_1 + \ A_2 y_2$$
$$G_y = \int_A x\,dA = A\bar{y} = \ A_2 x_2 + A_2 x_2$$

이므로

$\bar{y} = \dfrac{A_1 y_1 + \ A_2 y_2}{A}$ 이다.

따라서, $\bar{y} = \dfrac{\{(2.5\times4)\times4+(5\times2)\times1\}}{(2.5\times4+5\times2)} = 2.5\text{cm}$

8 P_1, P_2가 각각 순서대로 0에서부터 증가하면서 작용하였다. B점의 처짐이 P_1으로 인하여 δ_1, P_2로 인하여 δ_2가 생겼다면 P_1이 하는 일은?

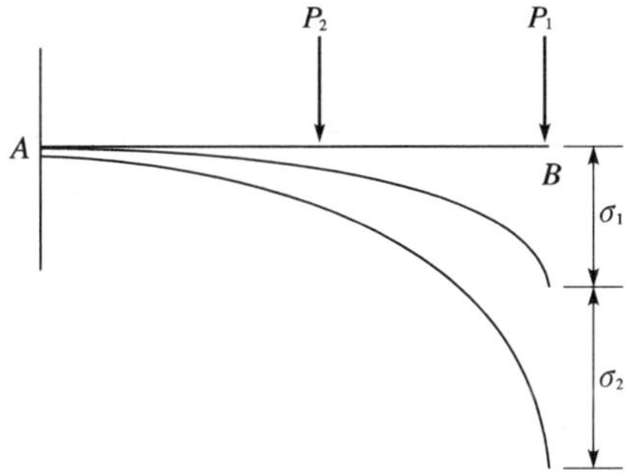

▌풀이

P_1이 0에서 P_1까지 증가되는 동안에 변형은 0에서 δ_1까지 커지므로 외력이 한일은 $\frac{1}{2}P_1$, δ_1이 된다.

$$w_c = \int_0^{\delta_1} P_x \cdot d_x = \int_0^{\delta_1} P_1 \frac{x}{S_1} dx$$

$$= \left[\frac{x^2}{2}\right] = \frac{P_1}{S_1}\frac{\delta_1^2}{2} = \frac{1}{2}\cdot P_1 S_1$$

또한, P_2가 작용하여 δ_2의 변형이 생기는 동안 외력 P_1은 일정한 상태로 있었으므로 이때의 P_1에 대한 외력일은 P_1, δ_1이다.

따라서, P_1이 행한 외력일은

$$W\cdot P_1 = \frac{1}{2}P_1\delta_1 + P_1\delta_2$$

9 축방향력 N, 단면적 A, 탄성계수 E일 때 축방향 변형에너지는?

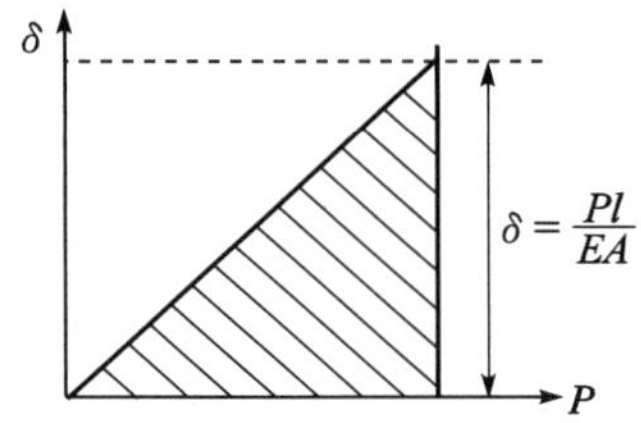

▌풀이

축방향 변형에너지 $U=\int_0^l \frac{N^2}{2EA}\cdot dx$

$=\frac{P^2\cdot l}{2AE}$(즉빗금친 삼각형의 면적과 같다)

10 그림과 같은 길이 l인 외팔보의 자유단에 집중하중 P가 작용할 경우 전단변형 에너지(energy)를 무시한다면 이 보에 저장되는 탄성 에너지(energy)의 크기는? (단, 보의 EI는 일정한다.)

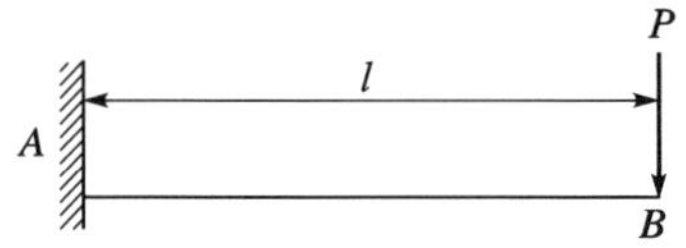

▌풀이

휨응력에 의한 탄성 에너지(변형 에너지)

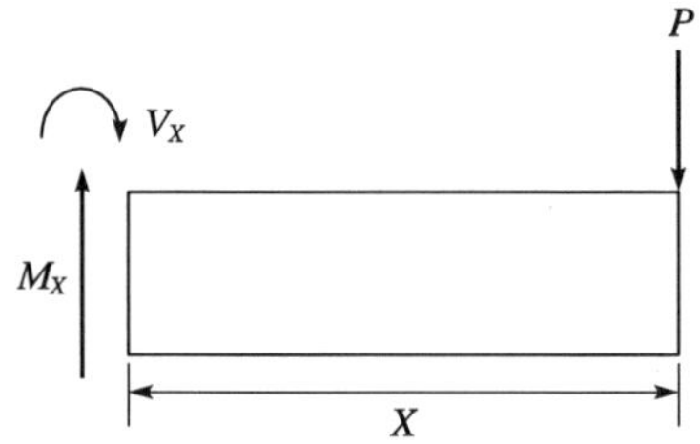

$U=\int_0^l \frac{M_x^2}{2EI}d_x$에서, $\Sigma M_x=0$ ⊕+; $-M_x+P\cdot x=0$

$\therefore M_x=P_x$

$\therefore U=\int_0^l \frac{M_x^2}{2EI}dx=\int_0^l \frac{(P\cdot x)^2}{2EI}dx=\frac{P^2}{2EI}\int_0^l x^2dx=\frac{P^2}{2EI}\times\frac{1}{3}\left[x^3\right]_0^l$

$=\frac{P^2l^3}{6EI}$

11 그림과 같이 제방을 지나는 수문에 작용하는 전수압은?

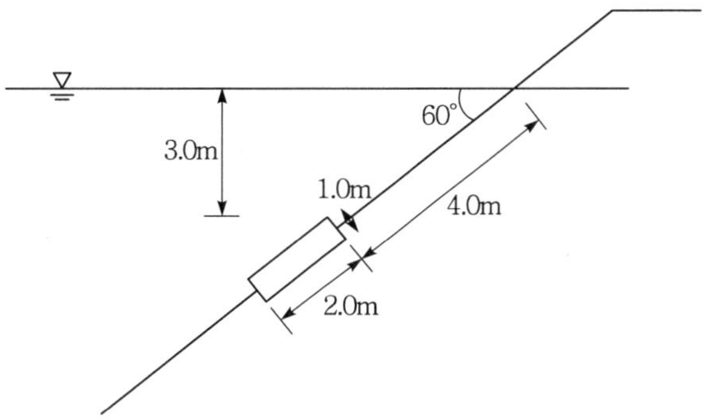

▌풀이

경사표면에 작용하는 전수압 $F = \gamma \cdot h_G \cdot A$ 에서

$S_G = 4 + (2 \times 1/2) = 5(\mathrm{m})$

$h_G = 5 \cdot \sin 60°$ 이므로

따라서, $F = \gamma \cdot h_G \cdot A = 1(\mathrm{t/m^3}) \times 2.5(\mathrm{m}) \times [1 \times 2(\mathrm{m^2})] = 5(\mathrm{t})$

12 BOD 추정식을 유도하시오

▌풀이

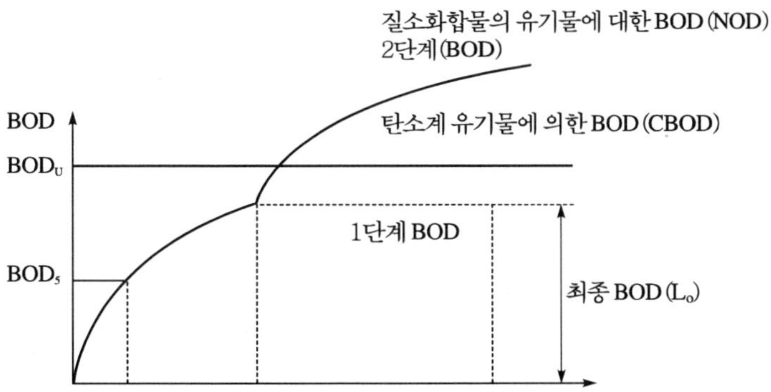

· 계산식

① BOD(산소소모량) 잔존량 : 1차 반응 감소식 $\dfrac{dL}{dt} = -kL$ 에서, 양변에 $\dfrac{dt}{L}$ 을 곱하면

$$\frac{dL}{L} = -kdt, \int_{L_a}^{L} \frac{dL}{L} = -k\int_{t}^{o} dt$$

$$[\ln L]_{L_a}^{L} = -k_l[t]_{o}^{t}, \ln\frac{L}{L_a} = -k_1 t$$

$$= \frac{L}{L_a} = e^{-k_1 t}$$

$$\therefore L = L_a e^{-k_1 t}$$

$$L_t = L_a \cdot 10^{-k_1 \cdot t}$$

여기서, L : BOD

L_t : t(day) 에서의 잔존 BOD

L_a : 최초 BOD 또는 최종 BOD(BODU)

k_1 : t일때의 탈산소 계수(day−1) (day−1 = 1/day)

일반적으로 k_1은 수온이 20℃일 때 0.1이며, 수온인 변할 경우 다음의 보정장치를 사용한다.

$k_1(t℃\text{에서}) = k1(20℃) \times \theta^{T-20}\left[day^{-1}\right]$

여기서, T : 경과 일수(day), θ : 온도 보정계수(보통 1.047)

② BOD 소모량

$$y = L_a - L_t = L_a - L_a \cdot 10^{-k_1 t} = L_a(1-10^{k_1 t})$$

$$\boxed{y = L_a(1-10^{-k_1 t}) = L_a(1-e^{-kt})}$$

여기서, y : t일 동안 소비된(분해된) BOD (t일간의 BOD)

k_1 : 0.4343k

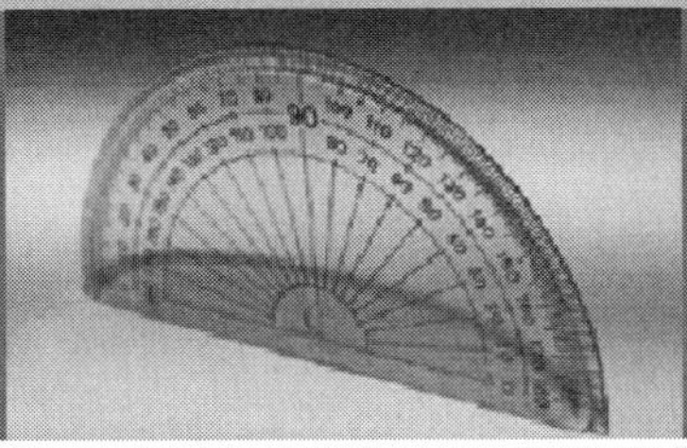

CHAPTER 6

행 렬

6.1 행렬
6.2 기본적인 행렬
6.3 행렬의 계산
6.4 전치행렬
3.5 행렬식
6.6 역행렬
6.8 행렬에 의한 구조해석 예

CHAPTER 6

행 렬

행렬(Matrix)은 미지수가 두 개인 연립일차방정식의 풀이 등에 응용되는 선형대수학의 일종이다. 이 장을 통하여 공학의 복잡한 문제를 단순한 수의 나열만으로 쉽게 접근하는 방법을 찾을 수 있다.

6.1 행렬

행렬은 수 또는 문자를 직사각형 모양으로 배열하여 괄호로 묶은 것을 의미하며, 괄호 안의 각각의 수나 문자를 그 행렬의 성분이라고 한다. 행렬에서 가로의 배열을 행(row)이라 하고 위에서부터 차례로 제1행, 제2행, …이라고 한다. 또 세로의 배열을 열(column)이라 하고, 왼쪽부터 차례로 제1열, 제2열, …이라고 한다.

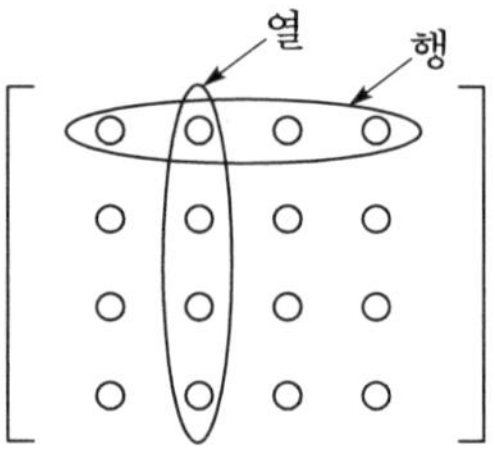

그림 6-1 행과 열

예로서, 다음과 같이 2개의 행과 3개의 열로 된 행렬을 2×3 행렬이라 한다.

$$\begin{pmatrix} a_{11} & a_{12} & a_{13} \\ a_{21} & a_{22} & a_{23} \end{pmatrix}$$

일반적으로 행의 갯수가 m, 열의 갯수가 n인 행렬을 $m \times n$ 행렬이라 한다. 특별히

$$(a_1,\ a_2,\ a_3,\ \cdots\cdots,\ a_n)$$

행벡터라 하고

$$\begin{pmatrix} b_1 \\ b_2 \\ \vdots \\ b_m \end{pmatrix}$$

를 열벡터라 한다.

6.2 기본적인 행렬

(1) 정사각행렬

행의 수와 열의 수가 다같이 n인 행렬을 n차의 행렬 또는 n차의 정사각행렬이라 한다.

예 $\begin{pmatrix} a_{11} & a_{12} & a_{13} \\ a_{21} & a_{22} & a_{23} \\ a_{31} & a_{32} & a_{33} \end{pmatrix}$

(2) 대각(선)행렬(diagonal matrix)

정사각행렬에서 주대각선 원소를 제외한 모든 원소가 0인 행렬을 대각(선) 행렬이라 한다.

예 $\begin{pmatrix} a_{11} & 0 & 0 \\ 0 & a_{22} & 0 \\ 0 & 0 & a_{33} \end{pmatrix}$

(3) 단위 행렬(unit matrix)

앞의 대각선 행렬에서 주대각선원소가 모두 1인 행렬을 단위행렬이라 하고 주로 I로 표시한다.

예 $I=\begin{pmatrix} 1 & 0 & 0 \\ 0 & 1 & 0 \\ 0 & 0 & 1 \end{pmatrix}$

(4) 대칭행렬(symmetrical matrix)

n차의 정사각행렬 $A=(a_{ij})$에서, 모든 i, j 에 대하여 $a_{ij}=a_{ji}$일 때 A는 대칭행렬이라 한다. 만약 A가 대칭행렬이면, A는 그 전치행렬과 같다. 즉, $A=A^T$이다.

예 $\begin{pmatrix} 1 & 2 & 3 \\ 2 & 0 & 1 \\ 3 & 1 & -1 \end{pmatrix}$

(5) 의대칭행렬(skew symmetric matrix)

정사각행렬 $A=(a_{ji})$에서 모두 같지 않은 i, j 에 대해서는 $a_{ij}=-a_{ji}$ 이고, a_{ii} 는 모두 0인 행렬을 말한다. 특히 대칭, 의대칭행렬은 모두 정사각행렬에서 취급한다.

예 $\begin{pmatrix} 0 & 2 & 3 \\ -2 & 0 & -1 \\ -3 & 1 & 0 \end{pmatrix}$

(6) 영행렬(zero matrix)

영행렬은 모든 원소가 0인 행렬을 의미하고, 주로 0으로 표시한다.

(7) 스칼라행렬(scalar matrix)

대각선 행렬에서 주대각선 원소가 전부 같을 때 스칼라행렬이라 한다.

예 $\begin{pmatrix} k & 0 & 0 \\ 0 & k & 0 \\ 0 & 0 & k \end{pmatrix}$

6.3 행렬의 계산

(1) 덧셈과 뺄셈

두 행렬 $A=(a_{ij}), B=(b_{ij})$가 모두 (m, n) 행렬이고, 또 임의의 $i \leqq m$, $j \leqq n$에 대하여,

$$a_{ij} = b_{ij}$$

일 때 A와 B는 같다고 하며 $A=B$로 쓴다.

$A=(a_{ij}), B=(b_{ij})$가 모두 (m, n) 행렬일 때, A, B의 합 $A+B$, 차 $A-B$를 다음과 같이 정의한다.

$$A \pm B = (a_{ij} \pm b_{ij}) = \begin{pmatrix} a_{11} \pm b_{11} & a_{12} \pm b_{12} & \cdots & a_{1n} \pm b_{1n} \\ a_{21} \pm b_{21} & a_{22} \pm b_{22} & \cdots & a_{2n} \pm b_{2n} \\ \vdots & \vdots & \vdots & \vdots \\ a_{m1} \pm b_{m1} & a_{m2} \pm b_{m2} & \cdots & a_{mn} \pm b_{mn} \end{pmatrix}$$

스칼라배 α에 대하여 스칼라배 αA를 다음과 같이 정의한다.

$$\alpha A = (\alpha a_{ij}) = \begin{pmatrix} \alpha a_{11} & \alpha a_{12} & \cdots & \alpha a_{1n} \\ \alpha a_{21} & \alpha a_{22} & \cdots & \alpha a_{2n} \\ \vdots & \vdots & \vdots & \vdots \\ \alpha a_{m1} & \alpha a_{m2} & \cdots & \alpha a_{mn} \end{pmatrix}$$

특히 $(-1)A$를 $-A$로 나타낸다.

행렬의 덧셈과 뺄셈에 대해 정리하면 다음과 같다.

① $(A+B)+C=A+(B+C)$

② $A+B=B+A$

③ $A+0=A$

④ $A+(-A)=0$

⑤ $A+(B-A)=B$

⑥ $\alpha(A+B)=\alpha A+\alpha B$

⑦ $(\alpha+\beta)A=\alpha A+\beta A$

⑧ $\alpha(\beta A)=(\alpha\beta)A$

⑨ $1 \cdot A=A$

(여기서 α, β는 임의의 스칼라이다.)

예제 6.1

$$A=\begin{pmatrix} 2 & 1 & -3 \\ 3 & -1 & 1 \\ 4 & -1 & 5 \end{pmatrix},\quad B=\begin{pmatrix} 6 & -5 & 0 \\ -2 & 1 & 2 \\ 3 & -1 & 4 \end{pmatrix}$$

일 때, 다음 행렬을 구하여라.

▮풀이

$$A+2B=\begin{pmatrix} 2 & 1 & -3 \\ 3 & -1 & 1 \\ 4 & -1 & 5 \end{pmatrix}+\begin{pmatrix} 12 & -10 & 0 \\ -4 & 2 & 4 \\ 6 & -2 & 8 \end{pmatrix}=\begin{pmatrix} 14 & -9 & -3 \\ -1 & 1 & 5 \\ 10 & -3 & 13 \end{pmatrix}$$

---

(2) 행렬의 곱셈

행렬의 곱에는 결합법칙이 성립된다.

① $(AB)C = A(BC) = ABC$

② $(A+B)C = AC + BC$

③ $A(B+C) = AB + AC$

④ $(\alpha A)B = \alpha(AB) = A(\alpha B)$

⑤ A, B가 동차의 정사각행렬이라 할지라도 AB, BA는 반드시 같은 것은 아니다.

행렬 $A = (a_{ij})$에다 실수 또는 스칼라 k를 곱한 결과 행렬 $B = (b_{ij})$가 된다는 것은 다음과 같이 정의한다.

$$b_{ij} = ka_{ij} \text{일 때, } kA = B$$

즉, A의 모든 원소에다 k를 곱한 행렬이 된다.

$$3\begin{pmatrix} 2 & 4 & -1 \\ 3 & 5 & 2 \\ 4 & 6 & 2 \end{pmatrix} = \begin{pmatrix} 6 & 12 & -3 \\ 9 & 15 & 6 \\ 12 & 18 & 6 \end{pmatrix}$$

A, B의 차수가 각각 $(m \times p), (p \times n)$일 때 AB를 다음과 같이 정의한다.

$$AB = \sum_{k=1}^{p} a_{ik} b_{kj}$$

여기서, a_{ij}, b_{ij}, c_{ij}는 A, B, C의 원소일 때,

$$A = \begin{pmatrix} a_{11} & a_{12} & a_{13} \\ a_{21} & a_{22} & a_{23} \\ a_{31} & a_{32} & a_{33} \end{pmatrix} \quad B = \begin{pmatrix} b_{11} & b_{12} \\ b_{21} & b_{22} \\ b_{31} & b_{32} \end{pmatrix}$$

에서

$$AB = \begin{pmatrix} a_{11}b_{11} + a_{12}b_{21} + a_{13}b_{31} & a_{11}b_{12} + a_{12}b_{22} + a_{13}b_{32} \\ a_{21}b_{11} + a_{22}b_{21} + a_{23}b_{31} & a_{21}b_{12} + a_{22}b_{22} + a_{23}b_{32} \\ a_{31}b_{11} + a_{32}b_{21} + a_{33}b_{31} & a_{31}b_{12} + a_{32}b_{22} + a_{33}b_{32} \end{pmatrix}$$

된다.

예제 6.2

행렬 A, B가 다음과 같이 주어졌을 때 $A \times B$를 구하라

$$A = \begin{pmatrix} 3 & 2 & -1 \\ 0 & 4 & 6 \end{pmatrix} \quad B = \begin{pmatrix} 1 & 0 & 2 \\ 5 & 3 & 1 \\ 6 & 4 & 2 \end{pmatrix}$$

▌풀이

$$AB = \begin{pmatrix} 3 & 2 & -1 \\ 0 & 4 & 6 \end{pmatrix} \begin{pmatrix} 1 & 0 & 2 \\ 5 & 3 & 1 \\ 6 & 4 & 2 \end{pmatrix} = \begin{pmatrix} 7 & 2 & 6 \\ 56 & 36 & 16 \end{pmatrix}$$

일반적으로 $AB \neq BA$이며, $AB = BA$인 경우는 A, B를 서로 교환적이라고 말한다.

단위행렬 I는 같은 차수를 갖는 임의의 행렬과 항상 교환적이다. 즉 $AI = IA = A$, 그리고 AB가 다같이 차수가 n인 정사각행렬일 때 $|A||B| = |AB|$이다.

6.4 전치행렬

$m \times n$ 행렬

$$A = (a_{ij}) = \begin{pmatrix} a_{11} & a_{12} & \cdots & a_{1n} \\ a_{21} & a_{22} & \cdots & a_{2n} \\ \vdots & \vdots & \vdots & \vdots \\ a_{m1} & a_{m2} & \cdots & a_{mn} \end{pmatrix}$$

의 행과 열을 바꾸어 놓은 행렬을 A의 전치행렬이라 하고, A^T로 나타낸다. 즉,

$$A^T = (a_{ji}) = \begin{pmatrix} a_{11} & a_{12} & \cdots & a_{m1} \\ a_{21} & a_{22} & \cdots & a_{m2} \\ \vdots & \vdots & \vdots & \vdots \\ a_{1n} & a_{2n} & \cdots & a_{mn} \end{pmatrix}$$

전치행렬은 다음과 같은 성질이 있다.

① $(A+B)^T = A^T + B^T$　　② $(\alpha A)^T = \alpha(A^T)$

③ $(A^T)^T = A$　　④ $(AB)^T = B^T A^T$

또한 행렬 A가 $A^T = A$일 때, A는 대칭행렬, $A^T = -A$일 때, A는 교대행렬이라 한다.

따라서, 대칭행렬은

$$\begin{pmatrix} a_{11} & a_{12} & a_{13} & \cdot & \cdot & a_{1n} \\ a_{12} & a_{22} & a_{23} & \cdot & \cdot & \cdot \\ \cdot & a_{23} & a_{33} & \cdot & \cdot & \cdot \\ \cdot & \cdot & \cdot & \cdot & \cdot & \cdot \\ \cdot & \cdot & \cdot & \cdot & \cdot & \cdot \\ -a_{1n} & \cdot & \cdot & \cdot & \cdot & a_{mn} \end{pmatrix} (\text{즉 } a_{ij} = a_{ji})\ (\text{즉 } a_{ij} = a_{ji})$$

교대행렬은,

$$\begin{pmatrix} 0 & a_{12} & \cdot & \cdot & \cdot & a_{1n} \\ -a_{12} & 0 & \cdot & \cdot & \cdot & \cdot \\ \cdot & \cdot & \cdot & \cdot & \cdot & \cdot \\ \cdot & \cdot & \cdot & \cdot & \cdot & \cdot \\ \cdot & \cdot & \cdot & \cdot & \cdot & \cdot \\ -a_{1n} & \cdot & \cdot & \cdot & \cdot & 0 \end{pmatrix} (\text{즉 } a_{ij} = -a_{ji})\ (\text{즉 } a_{ij} = -a_{ji})$$

의 꼴로 나타난다.

예제 6.3

$A = \begin{pmatrix} 5 & -8 & 1 \\ 4 & 0 & 0 \end{pmatrix}$의 전치행렬을 구하여라.

▌풀이

$$A^T = \begin{pmatrix} 5 & 4 \\ -8 & 0 \\ 1 & 0 \end{pmatrix}$$

6.5 행렬식

(1) 2차 행렬식

2차 행렬식은 두 개의 미지수 x, y 가 있는 연립방정식

$$a_1x + b_1y = c_1 \tag{1}$$

$$a_2x + b_2y = c_2 \tag{2}$$

를 풀기 위하여 식 (1)에 b_2를 곱하고 식 (2)에 $-b_1$을 곱하여 더하면

$$(a_1b_2 - a_2b_1)x = c_1b_2 - c_2b_1$$

을 얻는다. 식 (1)에 $-a_2$를 곱하고, 식 (2)에 a_1을 곱하여 더하면

$$(a_1b_2 - a_2b_1)y = a_1c_2 - a_2c_1$$

을 구한다. 만일, $(a_1b_2 - a_2b_1) \neq 0$이면 이것의 해

$$x = \frac{c_1b_2 - c_2b_1}{a_1b_2 - a_2b_1}, \quad y = \frac{a_1c_2 - a_2c_1}{a_1b_2 - a_2b_1}$$

을 얻는다. 분모의 표시식은

$$D = \begin{vmatrix} a_1 & b_1 \\ a_2 & b_2 \end{vmatrix}$$

의 형태로 쓰고, 이것을 2차 행렬식(determinent of second order)이라고 부른다. 그러므로

$$D = \begin{vmatrix} a_1 & b_1 \\ a_2 & b_2 \end{vmatrix} = a_1b_2 - a_2b_1 \tag{3}$$

이다. 여기서 a_1, a_2, b_1, b_2를 행렬식의 요소(element)라고 부르고 $a_1b_2 - a_2b_1$을 행렬식의 전개식이라 한다.

주어진 연립 방정식의 해 식 (3)을

$$x = \frac{D_1}{D}, \quad y = \frac{D_2}{D} \quad (\mathrm{D} \neq 0)$$

의 형태로 쓸 수 있으며, 여기서

$$D=\begin{vmatrix} a_1 & b_1 \\ a_2 & b_2 \end{vmatrix},\quad D_1=\begin{vmatrix} c_1 & b_1 \\ c_2 & b_2 \end{vmatrix},\quad D_2=\begin{vmatrix} a_1 & c_1 \\ a_2 & c_2 \end{vmatrix}$$

이다.

위 공식을 Cramer의 정리라 한다.

D_1은 D의 첫째 열을 요소 a_1, a_2로, 그리고 D_2는 둘째 열을 요소 b_1, b_2로 대치하여 얻은 것이다.

예제 6.4

다음 연립방정식을 행렬식에 의하여 풀어라.

$$\begin{cases} x+y=7 \\ x-5y=4 \end{cases}$$

▌풀이

$$D=\begin{vmatrix} 1 & 1 \\ 1 & -5 \end{vmatrix},\quad D_1=\begin{vmatrix} 7 & 1 \\ 4 & -5 \end{vmatrix},\quad D_2=\begin{vmatrix} 1 & 7 \\ 1 & 4 \end{vmatrix}$$

$$\therefore\ x=\frac{D_1}{D}=\frac{-39}{-6}=\frac{13}{2},\quad \therefore\ y=\frac{D_2}{D}=\frac{-3}{-6}=\frac{1}{2}$$

미지수가 x, y, z 3개인 3차 연립방정식에 대한 행렬식도 2차의 경우와 같은 방법으로 전개하여 정리하면 다음과 같다.

$$D=\begin{vmatrix} a_1 & b_1 & c_1 \\ a_2 & b_2 & c_2 \\ a_3 & b_3 & c_3 \end{vmatrix}=a_1b_2c_3+b_1c_2a_3+c_1b_3a_2 -c_1b_2a_3-c_2b_3a_1-c_3a_2b_1$$

$$D_1=\begin{vmatrix} d_1 & b_1 & c_1 \\ d_2 & b_2 & c_2 \\ d_3 & b_3 & c_3 \end{vmatrix},\quad D_2=\begin{vmatrix} a_1 & d_1 & c_1 \\ a_2 & d_2 & c_2 \\ a_3 & d_3 & c_3 \end{vmatrix}, D_3=\begin{vmatrix} a_1 & b_1 & d_1 \\ a_2 & b_2 & d_2 \\ a_3 & b_3 & d_3 \end{vmatrix}$$

만일, $D\neq 0$이면 연립방정식의 해는 다음과 같다.

$$x=\frac{D_1}{D},\quad y=\frac{D_2}{D}, z=\frac{D_3}{D}\quad (D\neq 0)$$

예제 6.5

다음 행렬식$\begin{vmatrix} 1 & -2 & 1 \\ 3 & -1 & 2 \\ 1 & 1 & -2 \end{vmatrix}$의 값을 구하여라.

▌풀이

$$\begin{vmatrix} 1 & -2 & 1 \\ 3 & -1 & 2 \\ 1 & 1 & -2 \end{vmatrix}$$

$$1\begin{vmatrix} -1 & 2 \\ 1 & -2 \end{vmatrix} - (-2)\begin{vmatrix} 3 & 2 \\ 1 & -2 \end{vmatrix} + 1\begin{vmatrix} 3 & -1 \\ 1 & 1 \end{vmatrix}$$

$$= 2 - 2 - \{(-2)\times(-6-2)\} + (3+1)$$

$$= -16 + 4 = -12$$

(2) n차 행렬식의 성질

n차의 행렬식은 수직선으로 싸인 양 n^2의 정사각행렬은 다음과 같다.

$$D = \begin{vmatrix} a_{11} & a_{12} & \cdots & a_{1n} \\ a_{21} & a_{22} & \cdots & a_{2n} \\ \vdots & \vdots & \vdots & \vdots \\ a_{n1} & a_{n2} & \cdots & a_{nn} \end{vmatrix} = \sum (\pm) a_1 j_1 a_2 j_2 \cdots\cdots a_n j_n$$

수(또는 함수)의 양 a_{11}, a_{12}, $\cdots a_{nn}$를 행렬식의 요소라고 한다. a_{11}에서 a_{nn}까지의 사선의 요소를 행렬식의 주대각선이라고 한다. 행렬식 D에서 i번째 행과 k번째 행을 삭제하면 $(n-1)$차 행렬식 $(n-1)$행과 $n-1$행의 정사각행렬을 얻으며 이것을 삭제된 행과 열에 속하는 요소 a_{ik}의 소행렬식이라 하고 M_{ik}로 표시된다.

$(-1)^{i+k}$를 곱한 소행렬식 M_{ik}를 D에서 a_{ik}의 여인자라고 하고 C_{ik}로 표시한다. 그러므로

$$C = (-1)^{i+k} M_{ik}$$

이다.

예를 들면 3차 행렬식

$$\begin{vmatrix} a_{11} & a_{12} & a_{13} \\ a_{21} & a_{22} & a_{23} \\ a_{31} & a_{32} & a_{33} \end{vmatrix}$$

에서

$$C = M_{11} = \begin{vmatrix} a_{22} & a_{23} \\ a_{32} & a_{33} \end{vmatrix}, \quad C_{32} = -M_{32} = -\begin{vmatrix} a_{11} & a_{13} \\ a_{21} & a_{23} \end{vmatrix}$$

등을 얻는다.

$$D_n = \begin{vmatrix} a_{11} & a_{12} & \cdots & a_{1n} \\ a_{21} & a_{22} & \cdots & a_{2n} \\ \vdots & \vdots & \vdots & \vdots \\ a_{n1} & a_{n2} & \cdots & a_{nn} \end{vmatrix}$$

를 n차 행렬식이라 부르고 임의의 행 또는 열과 그들의 각각 여인자의 곱의 합을 뜻한다.

즉,

$$D = a_{i\,1}C_{i\,1} + a_{i\,2}C_{i\,2} + \cdots + a_{nk}C_{nk}(i = 1, 2, \cdots, n)$$

또는,

$$D = a_{1k}C_{1k} + a_{2k}C_{2k} + \cdots + a_{nk}C_{nk}(k = 1, 2, \cdots, n)$$

이다.

예제 6.6

$$D = \begin{vmatrix} 1 & 3 & 2 & -1 \\ 2 & -1 & 3 & 1 \\ -1 & 2 & 1 & 1 \\ -2 & -5 & 2 & 3 \end{vmatrix}$$ 의 값을 구하여라.

▮풀이

4차행렬식에서 제1행을 기준으로 하여 하나의 요소를 제외한 제 1 열을 0이 되도록 하자.

제1행, 2행, 3행, 4행을 $[R_1]$, $[R_2]$, $[R_3]$, $[R_4]$로 표시하고

$$\begin{cases} [R_2]-[R_1]\times 2 \\ [R_3]+[R_1] \\ [R_4]+[R_1]\times 2 \end{cases}$$

로 대치하여 계산하면($[R_1]$을 기준)

$$D=\begin{vmatrix} 1 & 3 & 2 & -1 \\ 0 & -7 & -1 & 3 \\ 0 & 5 & 3 & 0 \\ 0 & 1 & 6 & 1 \end{vmatrix}=(-1)^{1+1}\cdot 1\begin{vmatrix} -7 & -1 & 3 \\ 5 & 3 & 0 \\ 1 & 6 & 1 \end{vmatrix}$$

$[R_1]-[R_3]\times 3$으로 하여 계산하면(R_3를 기준)

$$D=\begin{vmatrix} -10 & -19 & 0 \\ 5 & 3 & 0 \\ 1 & 6 & 1 \end{vmatrix}=\begin{vmatrix} -10 & -19 \\ 5 & 3 \end{vmatrix}=65$$

6.6 역행렬

(1) 역행렬의 정의

우리는 대수적으로 $ab=c$의 관계에 대해, $a=3$, $c=6$인 것을 알고 있다면 $b=a^{-1}c=\dfrac{c}{a}=\dfrac{6}{3}=2$로 구해질 것이다.

만일 행렬식 $AB=C$인 관계를 알고, 이 때 A와 C를 알고 있다면 어떻게 B를 구할 수 있을까.

어떤 정사각행렬 A에 다른 행렬 B을 곱하여 단위행렬 I을 얻을 수 있다면 곱해진 행렬 B를 A의 역행렬이라고 할 수 있다.

$$A\cdot B=B\cdot A=I \tag{1}$$

예제 6.7

다음 행렬 A와 B가 서로 역행렬인 것을 증명하라.

$$A=\begin{pmatrix}3&1\\5&2\end{pmatrix},\quad B=\begin{pmatrix}2&-1\\-5&3\end{pmatrix}$$

▮풀이

행렬을 곱하여 단위행렬이 얻어지면 역행렬인 것이 증명되므로 두 행렬을 곱하여 본다.

$$AB=\begin{pmatrix}3&1\\5&2\end{pmatrix}\begin{pmatrix}2&-1\\-5&3\end{pmatrix}=\begin{pmatrix}1&0\\0&1\end{pmatrix}$$

또는

$$BA=\begin{pmatrix}2&-1\\-5&3\end{pmatrix}\begin{pmatrix}3&1\\5&2\end{pmatrix}=\begin{pmatrix}1&0\\0&1\end{pmatrix}$$

즉 행렬 A와 B가 서로에 대하여 역행렬이다.

---

(2) 이차 정사각행렬의 역행렬

이차정사각행렬 $A=\begin{pmatrix}a&b\\c&d\end{pmatrix}$의 행렬식을 $D=ad-bc$라고 하면

A의 역행렬은 $A^{-1}=\dfrac{1}{D}\begin{pmatrix}d&-b\\-c&a\end{pmatrix}$가 된다.

예제 6.8

$A=\begin{pmatrix}1&2\\0&1\end{pmatrix}$의 역행렬을 구하여라.

▮풀이

$D=(1\times1)-(2\times0)=1$이므로

$$A^{-1}=\frac{1}{D}\begin{pmatrix}d&-b\\-c&a\end{pmatrix}$$

$$=\frac{1}{1}\begin{pmatrix}-1&-2\\0&1\end{pmatrix}$$

$$=\begin{pmatrix}1&-2\\0&1\end{pmatrix}$$

---

(3) 일반적인 정사각행렬의 역행렬

정사각행렬 $A=(a_{ij})$의 행렬식 $|A|$에서 a_{ij}의 여인자를 A_{ij}라 하자. 이때 행렬 (A_{ij})를 A의 수반행렬(adjoint matrix)이라고 한다.

즉 3×3행렬의 예로 수반행렬을 설명하면 다음과 같다.

$$(A_{ji})=\begin{pmatrix} A_{11} & A_{12} & A_{13} \\ A_{21} & A_{22} & A_{23} \\ A_{31} & A_{32} & A_{33} \end{pmatrix}=\begin{pmatrix} \begin{vmatrix} a_{22} & a_{23} \\ a_{32} & a_{33} \end{vmatrix} & -\begin{vmatrix} a_{12} & a_{13} \\ a_{32} & a_{33} \end{vmatrix} & \begin{vmatrix} a_{12} & a_{13} \\ a_{22} & a_{23} \end{vmatrix} \\ -\begin{vmatrix} a_{21} & a_{23} \\ a_{31} & a_{32} \end{vmatrix} & \begin{vmatrix} a_{11} & a_{13} \\ a_{31} & a_{33} \end{vmatrix} & -\begin{vmatrix} a_{11} & a_{13} \\ a_{21} & a_{23} \end{vmatrix} \\ \begin{vmatrix} a_{21} & a_{22} \\ a_{31} & a_{32} \end{vmatrix} & -\begin{vmatrix} a_{11} & a_{21} \\ a_{12} & a_{32} \end{vmatrix} & \begin{vmatrix} a_{11} & a_{12} \\ a_{21} & a_{22} \end{vmatrix} \end{pmatrix}$$

이 때 역행렬은 다음과 같이 구해진다.

$$A^{-1}=\frac{(A_{ji})}{|A|}$$

예제 6.9

다음 행렬의 역행렬을 구하여라.

$$A=\begin{pmatrix} a_{11} & a_{21} & a_{31} \\ a_{12} & a_{22} & a_{32} \\ a_{13} & a_{23} & a_{33} \end{pmatrix}$$

$|A|$는 A의 행렬식이고, A의 전치행렬은

$$A^{T}=\begin{pmatrix} a_{11} & a_{12} & a_{13} \\ a_{21} & a_{22} & a_{23} \\ a_{31} & a_{32} & a_{33} \end{pmatrix}$$

이다. 그리고 A의 수반행렬 (A_{ij})는,

$$(A_{ji})=\begin{pmatrix} a_{22}a_{33}-a_{23}a_{32}, & a_{13}a_{32}-a_{12}a_{33}, & a_{12}a_{23}-a_{13}a_{22} \\ a_{23}a_{31}-a_{21}a_{33}, & a_{11}a_{33}-a_{13}a_{31}, & a_{13}a_{21}-a_{11}a_{23} \\ a_{21}a_{32}-a_{22}a_{31}, & a_{12}a_{31}-a_{11}a_{32}, & a_{11}a_{22}-a_{12}a_{21} \end{pmatrix}$$

▌풀이

그래서 $A^{-1}=\dfrac{1}{|A|}(A_{ji})$

역행렬의 곱은 보통 대수의 취급과 동일하여 $AB=C$ 이면 A^{-1}를 앞에다 곱해서 $A^{-1}AB=A^{-1}C$ 즉 $B=A^{-1}C$로 구해진다.

예제 6.10

현장에서 골재를 체가름 시험한 결과 그림 6-2처럼, 모래 속에는 #4번 체에 남는 양(굵은골재)이 7.0%, 굵은골재 속에는 #4번 체를 통과하는 양(잔골재)이 10.0%가 있다. 다음의 배합표에 맞는 골재량을 얻으려면 현장에서 자갈과 모래의 양은 얼마로 하면 될까?

구분	단위량			
	W	C	S	G
중량(kgf)	185	440	640.2	1026.6

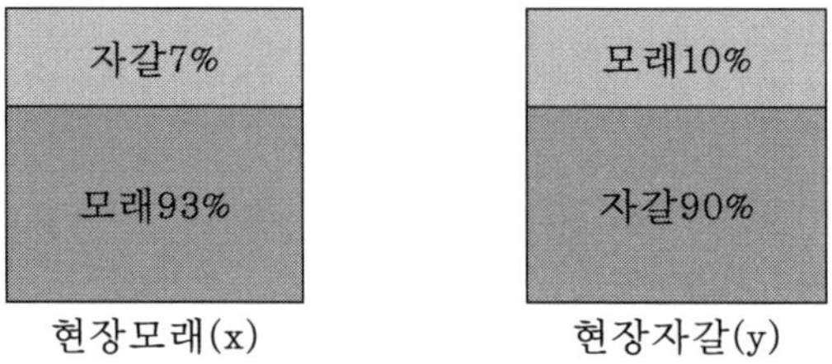

그림 6-2 현장골재의 혼합비율

▮풀이

① 행렬식을 이용하는 방법

먼저 굵은골재와 잔골재의 합은 $S+G=1667$kgf 이어야 한다. 그러나 잔골재와 굵은골재 속에는 각각 굵은골재와 잔골재가 7 %와, 10 %가 있으므로 실제 계량을 할 때는 모래의 양을 x, 자갈의 양을 y로 할 때, $x+y=1667$kgf 인 동시에 $0.07x+0.90y=1026.6$kgf 를 만족하여야 한다.

이를 다시 쓰면 아래의 2원2차 연립방정식이 된다.

$$x+y=1667\text{kgf}$$

$$0.07x+0.90y=1026.6\text{kgf}$$

이를 행렬을 이용하여 .표기하면 다음과 같다.

$$\begin{pmatrix} 1 & 1 \\ 0.07 & 0.90 \end{pmatrix}\begin{pmatrix} x \\ y \end{pmatrix}=\begin{pmatrix} 1667 \\ 1026.6 \end{pmatrix} \tag{1}$$

$$D=\begin{vmatrix} 1 & 1 \\ 0.07 & 0.9 \end{vmatrix}, \quad D_1=\begin{vmatrix} 1667 & 1 \\ 1026.6 & 0.9 \end{vmatrix}, \quad D_2=\begin{vmatrix} 1 & 1667 \\ 0.07 & 1026.6 \end{vmatrix}$$

$$\therefore x=\frac{D_1}{D}=\frac{473.7}{0.83}=571\text{kgf}, \quad \therefore y=\frac{D_2}{D}=\frac{909.91}{0.83}=1096\text{kgf}$$

② 역행렬을 이용하는 방법

(1)식을 역행렬을 이용하여 표기하면 다음과 같다.

$$\begin{pmatrix} x \\ y \end{pmatrix}=\begin{pmatrix} 1 & 1 \\ 0.07 & 0.90 \end{pmatrix}^{-1}\begin{pmatrix} 1667 \\ 1026.6 \end{pmatrix}$$

$$=\frac{1}{(1\times 0.90-1\times 0.07)}\begin{pmatrix} 0.90 & -1 \\ -0.07 & 1 \end{pmatrix}\begin{pmatrix} 1667 \\ 1026.6 \end{pmatrix}$$

$$=\begin{pmatrix} 1.084 & -1.205 \\ -0.084 & 1.205 \end{pmatrix}\begin{pmatrix} 1667 \\ 1026.6 \end{pmatrix}$$

$$=\begin{pmatrix} 570.723 \\ 1096 \end{pmatrix}$$

6.7 행렬에 의한 구조해석 예

(1) 정의

부정정구조물 해법인 처짐각법과 유사한 방법으로서 격점 변위를 1차적인 미지수로 하여 해석한 뒤에 지점 반력이나 내력을 구하는 방법이다.

(2) 탄성스프링

그림 6-3과 같이 한쪽 지점이 핀으로 연결된 탄성스프링이 있다. 이 때 이 용수철은 후크의 탄성 법칙을 만족하고 뉴튼의 법칙이 성립하는 것으로 또 변위는 하중이 작용하는 수직방향으로만 생기는 것으로 가정한다.

그림의 핀 연결 용수철을 잡아당기는 힘을 P로, 이로 인하여 발생하는 수직변위를 u 표기하면 이 때 힘과 변위의 관계는 비례상수 즉 스프링 상수에 의하여 다음 (1)식과 같이 된다.

$$P = k \cdot u \tag{1}$$

여기서 k는 용수철의 강성 또는, 단위 변위를 일으키는 데 필요한 힘을 의미한다.

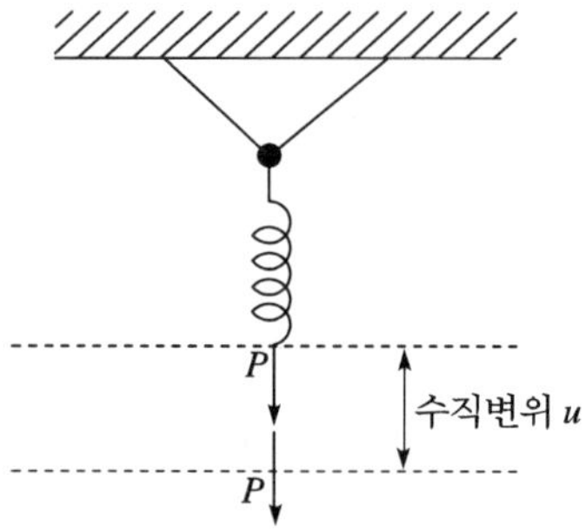

그림 6-3 스프링의 힘과 변위의 관계

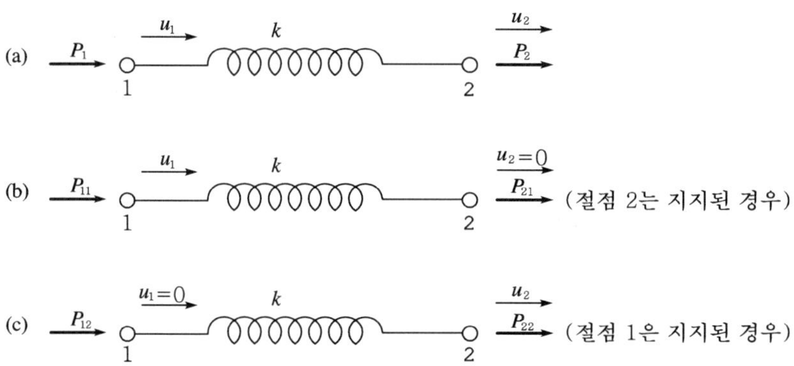

그림 6-4 스프링의 변위와 하중의 관계

이것을 일반적인 경우에 대하여 힘과 변위를 구하면 다음과 같다.

여러 개의 스프링이 연결된 경우를 가정하고 이 시스템의 힘과 변위의 관계를 구하고자 할 때 전체의 관계를 한꺼번에 생각하는 것은 매우 복잡하다. 이를 쉽게 생각하기 위하여 먼저 그 중 한 개의 스프링에 작용하는 힘과 변위의 관계를 구하고 이를 연결하면 전체의 관계를 구할 수 있다.

한 개의 스프링의 평형조건은 그림 6-4의 (a)에서 다음과 같이 구할 수 있다.

절점 1과 절점 2의 변위를 각각 u_1, u_2라하고, 각 절점에 작용된 힘을 각각 P_1, P_2라고 하면 그림 6-4의 (a)는 그림 (b)와 (c)처럼 나누어 생각할 수 있다.

이때 (b)는 절점 2가 고정된 경우이며, (c)는 절점 1이 고정된 경우이다.

그림 (b)에서 P_{11}은 식 (1)로부터 절점 1의 변위가 u_1이고 스프링 상수가 k이므로

$P_{11} = k \cdot u_1$이 된다.

또 $\sum H = 0$에서 $P_{11} + P_{21} = 0$이므로

$$P_{21} = -P_{11} = -k \cdot u_1$$

그림 (c)에서 P_{22}는 절점 2의 변위가 u_2이고, 스프링 상수가 k이므로

$P_{22} = k \cdot u_2$가 된다.

또 $\sum H = 0$에서 $P_{12} + P_{22} = 0$이므로

$$P_{12} = -k \cdot u_2$$

그런데

$$P_1 = P_{11} + P_{12}$$

$$P_2 = P_{21} + P_{22}$$

이므로 P_1과 P_2는 다음과 같다.

$$P_1 = k \cdot u_1 - k \cdot u_2 \tag{2}$$

$$P_2 = -k \cdot u_1 + k \cdot u_2 \tag{3}$$

이것을 매트릭스로 표시하면 다음과 같다.

$$(P_1 \ \ P_2) = \begin{bmatrix} k & -k \\ -k & k \end{bmatrix} \begin{pmatrix} u_1 \\ u_2 \end{pmatrix} \tag{4}$$

이것을 하나의 매트릭스 식으로 표시하면

$$[P] = \{k\}\{u\} \tag{5}$$

여기서,

$$\{p\} = \begin{pmatrix} p_1 \\ P_2 \end{pmatrix} : \text{힘 벡터}$$

$$\{u\} = \begin{pmatrix} u_1 \\ u_2 \end{pmatrix} : \text{변위 벡터},$$

$[k]=\begin{bmatrix} k & -k \\ -k & k \end{bmatrix}$: 강성 매트리스

(3) 정정구조물의 해석 예

힘의 평형 방정식의 일반형을 핀 결합 트러스를 예로 설명하여 보자.

단순한 형태의 경우에 대하여 일반식이 유도하면 이를 확장하여 어떤 구조물에도 적용할 수 있다.

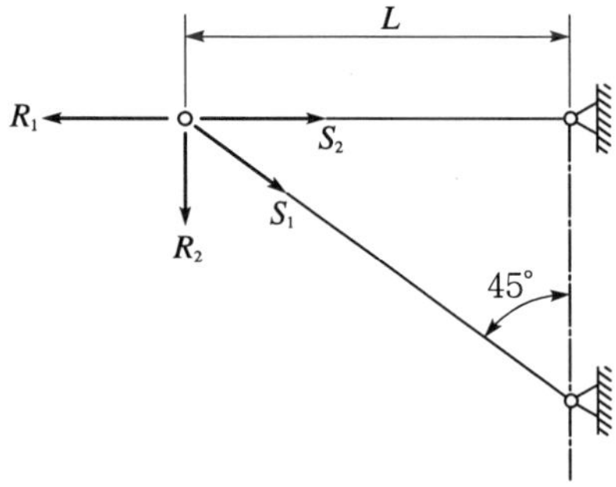

그림 6-5 정정트러스의 평형

그림 6-5에 간단한 정정트러스를 나타내었다. 외력을 R_1, R_2로 표시하였지만, 첨자는 절점과는 전형 관계가 없음을 주의하기 바란다 같이 하여 내력을 S_1, S_2, …의 기호를 사용하지만, 이때에도 첨자는 절점과는 아무런 관계가 없다. 바꾸어 말하면, 어떤 문제에 있어서도 모든 외력은 R_1, R_2, R_3, ……, R_n으로 표시하고, 모든 내력은 S_1, S_2, ……, S_m으로 표시한다. R과 S의 첨자는 상호간에 아무런 관계도 없다.

예제 6.11

앞의 그림 6-5의 트러스에 대한 힘의 평형 방정식을 구하시오.

▌풀이

수평방향 힘의 평형조건에서

$$-\frac{1}{\sqrt{2}}S_1 - S_2 + R_1 = 0$$

수직방향 힘의 평형조건에서

$$\frac{1}{\sqrt{2}}S_1 + R_2 = 0$$

으로 되고, 이것을 행렬로 표시하면

$$\begin{bmatrix} \frac{-1}{\sqrt{2}} & -1 \\ \frac{1}{\sqrt{2}} & 0 \end{bmatrix} \begin{Bmatrix} S_1 \\ S_2 \end{Bmatrix} + \begin{Bmatrix} R_1 \\ R_2 \end{Bmatrix} = \begin{Bmatrix} 0 \\ 0 \end{Bmatrix} \tag{1}$$

로 되고, 이것을 간결하게 나타내면

$$BS + R = 0 \tag{2}$$

와 같이 쓸 수 있다.

참고로 위의 예제 식 (2)에서 열행렬 S는 모든 미지의 내력을 나타내고, R은 모든 외부 하중을 나타낸다. 정정 구조물의 경우에는, B는 항상 정사각행렬로 된다. 구조물이 안정일 때에는 구하고자 하는 내력 S는 B의 역행렬을 구하면 쉽게 계산할 수 있다.

즉 양변에 B^{-1}을 곱하면

$$B^{-1}BS = -B^{-1}R$$

$B^{-1}B = I = 1$이므로

$$S = -B^{-1}R$$

로 구하여진다.

또한 변위는 힘을 구한 후 부재별 힘과 변위의 관계에서 구할 수 있다. 이처럼 정정구조물은 힘의 평형 방정식으로부터 직접 그 해를 얻을 수 있다. 이 경우, 부재의 단면적이나 탄성계수는 고려할 필요가 없다.

CHAPTER 7

미 분

7.1 미분의 여러 가지 의미들

7.2 기본적인 미분

7.3 여러 가지 함수의 미분

CHAPTER 7

미 분

자동차로 서울에서 청주까지 110km를 1시간에 도착하였다고 하자. 자동차는 얼마의 속도로 달렸을까? 속도 v는 단위시간당 이동거리이므로, 거리 s를 시간 t로 나누면 $v = \dfrac{110\text{km}}{1\text{h}} = 110\,\text{km/h}$가 될 것이다. 이때 110 km/h는 서울에서 청주에 도착할 때까지의 평균속도를 의미한다. 그러나, 이것은 자동차가 운행 중에 늘 110 km/h로 달렸다는 것은 아니다. 차량이 밀리는 구간에서는 이 속도보다 느리고 어느 구간에서는 이 속도보다 빨랐을 것이다.

이를 시간 별로 그래프로 나타내었더니 아래의 그림 7-1과 같았다.

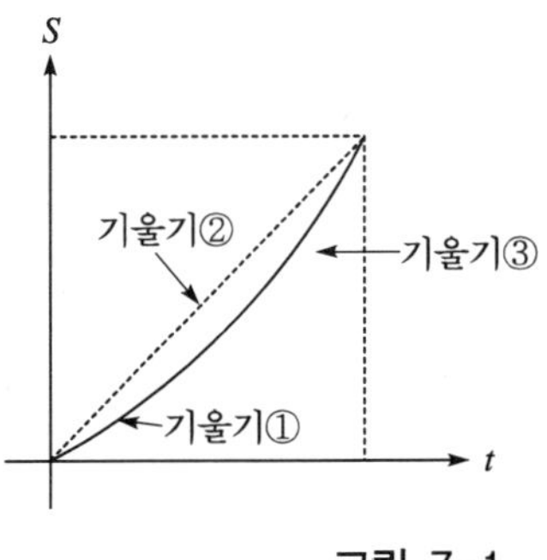

기울기①〈기울기②〈기울기③

그림 7-1 시간과 도달거리

이때 이 곡선의 기울기는 $\frac{\text{높이}}{\text{밑변}}$이며, 이는 $\frac{\text{거리}}{\text{시간}}(\frac{s}{t})$이므로 속도($v$)를 의미한다. 이 그래프에서 이 자동차의 속도는 초기에는 느린 속도로 달리다 차츰 속도가 증가한 것을 알 수 있다. 즉 기울기 ①이 기울기 ③보다 작은 것이다. 이때 기울기 ②는 이 둘의 중간으로

기울기① 〈 기울기② 〈 기울기③

이며, 서울에서 청주 사이의 평균 속도를 의미한다.

따라서, 이 자동차의 구간별 속도를 말할 때

서울 ~ 수원 구간 90 km/h

천안 ~ 청주 구간 120 km/h

등으로 구간을 좁혀서 표현한다 하더라도, 이것도 단지 서울~수원, 또는 천안~청주 구간의 평균 속도를 나타낼 뿐이다.

그렇다면 이 자동차의 진짜 속도는 얼마인가?

어떤 비교 값이 높은 정밀도를 갖기 위하여 그 분모는 작은 것이 유리한 경우가 많다. 예를 들어 자동차의 현재 속도를 나타낼 때, 속도는 평균변화율로서

$$v = \frac{S_2 - S_1}{t_2 - t_1} = \frac{\Delta x}{\Delta t}$$

로 표현된다. 따라서, 현재의 속도를 가장 정확하게 표현하려면 분모의 증분 Δt를 작게 하는 것이 유리하다. 이를 어떤 시간 t에서의 순간속도로 표현하려면 $\Delta t \rightarrow 0$가 되어야 한다.

7.1 미분의 여러 가지 의미들

일반적으로 함수 $y=f(x)$에서 x의 값이 a에서 $a+\Delta x$까지 변할 때의 평균 변화율에서 $\Delta x \rightarrow 0$일 때의 극한값

$$\lim_{\Delta x \to 0} \frac{\Delta y}{\Delta x} = \lim_{\Delta x \to 0} \frac{f(a+\Delta x)-f(a)}{\Delta x}$$

가 존재할 때, 함수 $f(x)$는 $x=a$에서 미분가능(differentiable)하다고 한다.

그리고 이때 이 극한값을 함수 $f(x)$의 $x=a$에서의 미분계수(differential coefficient) 또는 순간변화율이라 한다.

이것을 기호

$$f'(a)$$

로 나타낸다. 즉

$$f'(a)=\lim_{\Delta x \to 0}\frac{f(a+\Delta x)-f(a)}{\Delta x}$$

로 나타낸다.

또한 함수 $f(x)$가 어떤 구간 안의 모든 점에서 미분계수를 가지면, 이 함수는 그 구간에서 미분가능하다고 한다.

이 때 $a+\Delta x=x$라 하면 $\Delta x \to 0$일 때 $x \to a$이므로 다음과 같이 된다.

$$f'(a)=\lim_{\Delta x \to 0}\frac{f(a+\Delta x)-f(a)}{\Delta x}$$

주어진 구간에서 $f(x)$가 미분가능이면 이 구간에 있는 모든 x 에 대하여 $f'(x)$는 함수가 된다. 이 함수 $f'(x)$를 $f(x)$의 x에 대한 도함수(derivative)라 하고, 함수 $f(x)$의 도함수 $f'(x)$를 구하는 것을 미분한다(differ -entiate)고 하며, 이 미분하는 방법을 미분법(differentiation)이라 한다.

도함수의 기하학적 의미는, 그림 7-2에서처럼 $y=f(x)$의 그래프 위의 임의의 점 $\{x, f(x)\}$에서의 접선의 기울기를 의미한다.

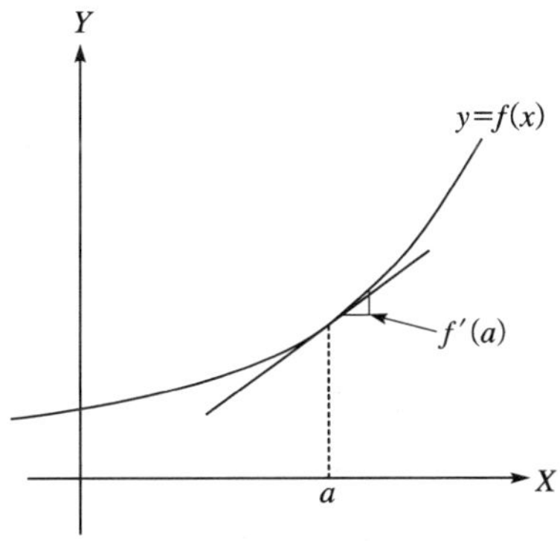

그림 7-2 도함수와 접선의 기울기

함수 $y=f(x)$의 x 에 대한 도함수를 나타내는 데에는

$$y',\ f'(x),\ \frac{dy}{dx},\ \frac{d}{dx}f(x)$$

등이 있는데

$$\frac{dy}{dx}=y'=f'(x)=\lim_{\Delta x \to 0}\frac{f(x+\Delta x)-f(x)}{\Delta x}$$

이다.

7.2 기본적인 미분

$u=u(x)$, $v=v(x)$라 할 때 c가 상수이면, 다음과 같은 미분이 가능하다.

(1) 상수의 미분

$y=c$, $c=$상수일 때

$$y'=0$$

즉 상수의 도함수는 항상 0이다.

예제 7.1

다음 3개의 축을 생각해 보자. 도르래 A의 반경을 4m, 도르래 B의 반경을 1m, 도르래 C의 반경을 2m로 하면, A가 한바퀴 돌 때 C는 몇 바퀴를 돌까?

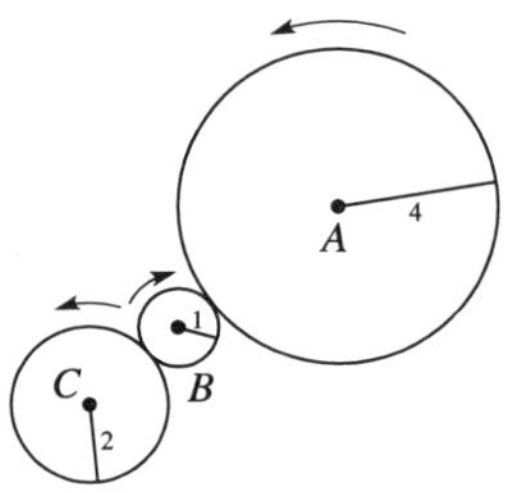

▌풀이

A의 회전수를 dA, B의 회전수를 dB, C의 회전수를 dC라 하면,
A가 한바퀴 돌 때 B는 4바퀴 돌므로 $4 \cdot dA = 1 \cdot dB$
B가 한바퀴 돌 때 C는 1/2바퀴 돌므로 $1 \cdot dB = 2 \cdot dC$
의 관계가 있다.
그렇다면 A가 한바퀴 돌 때 C는 몇 바퀴를 돌까?
즉

$$\frac{dA}{dC}=\frac{dA}{dB}\cdot\frac{dB}{dC}=\frac{1}{4}\cdot\frac{2}{1}=\frac{1}{2}$$

즉 dA가 1일 때 dC가 2가 되므로 A가 1바퀴 회전할 때 C는 2바퀴를 회전한다.

예제 7.2

$y=5$의 도함수를 구하라.

▮풀이

$$y'=0$$

(2) 지수의 미분

$y=x^n$이고, n 이 유리수 일 때, (n=−1은 제외)

$$y'=nx^{n-1}$$

예제 7.3

$y=x^3$의 도함수를 구하라.

▮풀이

$$y'=3x^2$$

(3) 상수배

$$(cu)'=c(u)'=cu'$$

예제 7.4

$y=4x^3$의 도함수를 구하라.

▮풀이

$$y'=4\times 3x^2=12x^2$$

(4) 합과 차의 미분

$$(u \pm v)' = u' \pm v'$$

예제 7.5

$y = x^2 - 4x^3$의 도함수를 구하라.

▮풀이

$$y' = 2x - 12x^2$$

---

(5) 곱의 미분

$$(uv)' = u'v + uv'$$

예제 7.6

$y = (2x)(3x^2 + 1)$

▮풀이

$$\begin{aligned} y &= u'v + uv' \\ &= (2)(3x^2+1) + (2x)(6x) \\ &= (6x^2+2) + (12x^2) \\ &= 18x^2 + 2 \end{aligned}$$

---

(6) 몫의 미분

$$\left(\frac{u}{v}\right)' = \frac{u'v - uv'}{v^2}$$

예제 7.7

$$y = \frac{2x}{3x^2 + 1}$$

▌풀이

$$y' = \frac{u'v - uv'}{v^2}$$

$$= \frac{(2)(3x^2 + 1) - (2x)(6x)}{(3x^2 + 1)^2}$$

$$= \frac{(6x^2 + 2) - (12x^2)}{(9x^4 + 6x^2 + 1)}$$

$$= \frac{-6x^2 + 2}{9x^4 + 6x^2 + 1}$$

예제 7.8

다음 함수 $y = \dfrac{x^2 + 1}{x^2 - 1}$ 를 미분하여라.

▌풀이

몫의 미분식을 적용하면

$$y' = \frac{2x \cdot (x^2 - 1) - (x^2 + 1) \cdot 2x}{(x^2 - 1)^2}$$

$$= \frac{-4x}{(x^2 - 1)^2}$$

7.3 여러 가지 함수의 미분

(1) 합성함수의 미분

y가 u의 함수이고, 또 u는 x의 함수일 때, 이 y를 합성함수라 한다. 즉, $y=y(u)$이고 또 $u=u(x)$인 경우

$$\frac{dy}{dx}=\frac{dy}{du}\cdot\frac{du}{dx}$$

가 된다.

예제 7.9

함수 $y=(x^2-3x+1)^5$를 미분하여라.

▮풀이

$y=u^5$, $u=(x^2-3x+1)$으로 표현될 수 있다.
따라서.
$\frac{dy}{du}=5u^4$이며, $\frac{du}{dx}=2x-3$이 된다.

$$\begin{aligned}\frac{dy}{dx}&=\frac{dy}{du}\cdot\frac{du}{dx}\\&=5u^4\cdot(2x-3)\\&=5(x^2-3x+1)^4\cdot(2x-3)\\&=5(2x-3)(x^2-3x+1)^4\end{aligned}$$

예제 7.10

함수$y=\sqrt{1-2x}$를 미분하여라.

▮풀이

$y=\sqrt{u}$, $u=1-2x$라 하면

$$\frac{dy}{du} = (u^{\frac{1}{2}})' = \frac{1}{2}u^{-\frac{1}{2}} = \frac{1}{2}\frac{1}{\sqrt{u}}$$

$\frac{du}{dx} = -2$ 이므로

$$\frac{dy}{dx} = \frac{dy}{du} \cdot \frac{du}{dx}$$

$$= \frac{1}{2}\frac{1}{\sqrt{u}}(-2)$$

$$= \frac{1}{2}\frac{1}{\sqrt{1-2x}}(-2)$$

$$= -\frac{1}{\sqrt{(1-2x)}}$$

---

(2) 음함수의 미분

$$x^2 + y^2 = 1$$

은 원의 방정식이다. 이처럼 두 변수 x, y를 포함하는 관계식 $f(x, y) = 0$에 의해 x의 함수 y가 정의되는 경우, y를 x의 음함수라고 한다.

음함수 $f(x,y) = 0$을 미분하기 위해서는 y를 x의 함수로 보고 이 식의 각 항을 x에 대하여 미분한다.

음함수를 미분하는데 다음의 두 가지 성질이 이용된다.

① $\frac{d}{dx}(x^n) = nx^{n-1}$

② $\frac{d}{dx}(y^n) = \frac{d}{dy} \cdot \frac{dy}{dx}(y^n)$

$$= \frac{d}{dy}(y^n)\frac{dy}{dx}$$

$$= ny^{n-1}\frac{dy}{dx}$$

예제 7.11

$x^2+y^2=1$를 미분하라.

▌풀이

음함수이므로 각 항을 독립적으로 미분한다.

즉 x^2, y^2, 1을 독립적으로 각각 미분한다고 생각한다.

따라서,

$$\frac{d}{dx}(x^2)=2x$$

$$\frac{d}{dx}(y^2)=\frac{d}{dy}\cdot\frac{dy}{dx}(y^2)=\frac{d}{dy}(y^2)\cdot\frac{dy}{dx}=2y\frac{dy}{dx}$$

$$\frac{d}{dx}(1)=0$$

이므로 각각의 미분된 값을 모두 더하면 다음과 같다.

$$2x+2y\frac{dy}{dx}=0$$

또는 $\frac{dy}{dx}=-\frac{x}{y}$

또는 $y'=-\frac{x}{y}$(단, $y\neq 0$)

예제 7.12

다음 함수를 x에 대하여 미분하여라.

$\frac{y}{x}+\frac{x}{y}=3\ \ (x\neq 0, y\neq 0)$

▌풀이

양변을 통분하여 정리하면

$$y^2+x^2=3xy$$

$$2y\frac{dy}{dx}+2x=3y+3x\frac{dy}{dx}$$

$$(2y-3x)\frac{dy}{dx}=3y-2x$$

$$\frac{dy}{dx}=\frac{3y-2x}{2y-3x}$$

---

(3) 삼각함수의 미분법

삼각함수의 미분은 다음과 같다.

① $y=\sin x$ 이면 $y'=\cos x$

② $y=\cos x$ 이면 $y'=-\sin x$

③ $y=\tan x$ 이면 $y'=\sec^2 x$

④ $y=\sec x$ 이면 $y'=\sec x\ \tan x$

⑤ $y=\mathrm{cosec}\,x$ 이면 $y'=-\mathrm{cosec}\,x\ \cot x$

⑥ $y=\cot x$ 이면 $y'=-\mathrm{cosec}^2 x$

예제 7.13

거리 S와 고도각 α를 알면 고저차 $H=S\tan\alpha$를 구할 수 있다. 이때 만일 거리 S를 측정한 결과에는 오차가 없고, 단지 고도각 α를 측정하는 데 $\pm 5''$의 오차가 생겼다면, 이 각오차로 인한 고저차 H의 오차량은 얼마가 되겠는가?

(단, 거리 $S=1{,}000\text{m}$, $\alpha=30°$ 이다.)

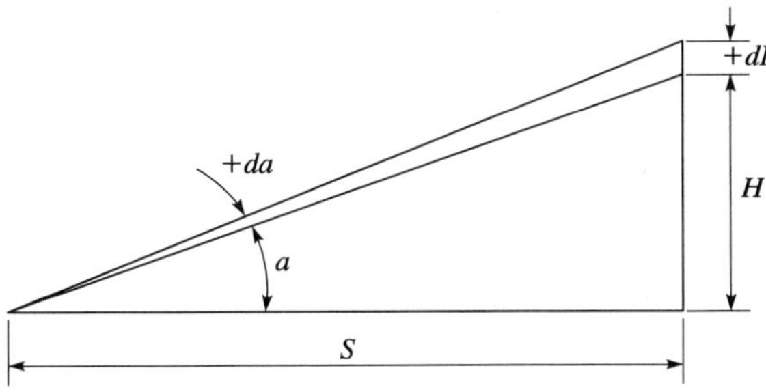

▌풀이

$H=S\tan\alpha$를 α에 대하여 미분하면, 즉 $\dfrac{dH}{d\alpha}$를 구하면 각오차에 따

른 고저차의 오차를 구할 수 있다.

$$\frac{dH}{d\alpha} = S\ \sec^2\alpha$$

$$dH = S\sec^2\alpha \cdot d\alpha$$

이 때 α는 라디안값으로 변환하여야 하므로

$$\alpha\ \frac{2\pi}{360^\circ} rad = \alpha\ \frac{2\pi}{1'' \times 360 \times 60 \times 60} rad = \frac{\alpha}{206,265''} rad$$

으로 단위를 변환할 수 있다.

따라서, 실제 최대 각오차 $d\alpha = \pm 5'' = \dfrac{\pm 5}{206,265} rad$ 이 된다.

여기에 실제 거리 $S = 1,000$m와 측정각 $\alpha = 30°$를 대입하면

$$dH = (1,000)\sec^2 30° \times \frac{\pm 5''}{206,265''} = \pm 0.032\text{m}$$

$$= \pm 3.2\text{cm}$$

를 얻는다.

예제 7.14

다음 함수 $\sin(3x+1)$ 을 미분하여라.

▌풀이

$$\{\sin(3x+1)\}' = \cos(3x+1) \cdot (3x+1)' = 3\cos(3x+1)$$

예제 7.15

다음 함수 $\left(\cos\dfrac{k}{x}\right)$를 미분하여라.

▌풀이

$$\left(\cos\frac{k}{x}\right)' = -\sin\frac{k}{x} \cdot \left(\frac{k}{x}\right)' = \frac{k}{x^2} sin\frac{k}{x}$$

예제 7.16

다음 함수 $\sin^3 x$ 를 미분하여라.

▌풀이

$$(\sin^3 x)' = 3\sin^2 x \cdot (\sin x)' = 3\sin^2 x \cdot \cos x$$

예제 7.17

다음 함수 $\tan x + \frac{1}{2}\tan^2 x$ 를 미분하라.

▌풀이

$$\left(\tan x + \frac{1}{2}\tan^2 x\right)' = \sec^2 x + \frac{1}{2} \cdot 2\tan x \cdot (\tan x)'$$

$$= (1 + \tan x)\sec^2 x$$

(4) 역삼각함수의 도함수

역삼각함수의 미분은 다음과 같다.

① $y = \sin^{-1} x$ 이면 $\quad y' = \dfrac{1}{\sqrt{1-x^2}} \left(|x| < 1, -\dfrac{\pi}{2} < y < \dfrac{\pi}{2}\right)$

② $y = \cos^{-1} x$ 이면 $\quad y' = \dfrac{-1}{\sqrt{1-x^2}} \left(|x| < 1, 0 < y < \pi\right)$

③ $y = \tan^{-1} x$ 이면 $\quad y' = \dfrac{1}{1+x^2} \left(-\infty < x < \infty, -\dfrac{\pi}{2} < y < \dfrac{\pi}{2}\right)$

④ $y = \cot^{-1} x$ 이면 $\quad y' = \dfrac{-1}{1+x^2} \left(-\infty < x < \infty, 0 < y < \pi\right)$

⑤ $y = \sec^{-1} x$ 이면 $\quad y' = \dfrac{1}{x\sqrt{x^2-1}}$

$$\left(|x| > 1, -\pi < y \leftarrow \frac{\pi}{2}, 0 < y < \frac{\pi}{2}\right)$$

⑥ $y = \mathrm{cosec}^{-1}x$ 이면 $\quad y' = \dfrac{-1}{x\sqrt{x^2-1}}$

$$(|x| > 1,\ -\pi < y \leftarrow \frac{\pi}{2},\ 0 < y < \frac{\pi}{2})$$

예제 7.18

$y = \sin^{-1}\dfrac{\sqrt{3}}{2}$ 의 값을 구하여라.

▮풀이

$y = \sin^{-1}\dfrac{\sqrt{3}}{2}$ 에서 $\sin y = \dfrac{\sqrt{3}}{2}$

한편 $-\dfrac{\pi}{2} \leqq y \leqq \dfrac{\pi}{2}$ 이므로 $y = \dfrac{\pi}{3}$ 이다.

예제 7.19

$\sin^{-1}x = \cos^{-1}x$ 를 만족하는 x를 구하여라.

▮풀이

$y = \sin^{-1}x = \cos^{-1}x$ 라 하면 $x = \sin y = \cos y\left(0 \leqq y \leqq \dfrac{\pi}{2}\right)$

$y = \dfrac{\pi}{4}$ 이므로 $x = \dfrac{1}{\sqrt{2}}$

예제 7.20

다음 함수 $y = \mathrm{cosec}^{-1}\sqrt{x}$ 를 미분하여라.

▮풀이

$$\frac{dy}{dx} = \frac{-1}{\sqrt{x}\sqrt{(\sqrt{x})^2-1}} \cdot \frac{1}{2\sqrt{x}} = \frac{-1}{2x\sqrt{x-1}}$$

예제 7.21

다음 함수 $y=\sec^{-1}(x^2-1)$를 미분하라.

▌풀이

$$\begin{aligned}\frac{dy}{dx} &= \frac{1}{(x^2-1)\sqrt{(x^2-1)^2-1}}\cdot 2x \\ &= \frac{2x}{(x^2-1)\sqrt{x^4-2x^2+1-1}} \\ &= \frac{2x}{(x^2-1)\sqrt{x^4-2x^2}} \\ &= \frac{2x}{(x^2-1)\sqrt{x^2(x^2-2)}} \\ &= \frac{2x}{(x^2-1)\sqrt{x^2}\sqrt{(x^2-2)}} \\ &= \frac{2x}{(x^2-1)x\sqrt{x^2-2}} \\ &= \frac{2}{(x^2-1)\sqrt{x^2-2}}\end{aligned}$$

(5) 지수함수

지수함수의 미분은 다음과 같다.

$y=e^x$ 이면 $y'=e^x$

$y=a^x$ 이면 $y'=a^x\ln a$ (단, $a>0$, $a\neq 1$)

예제 7.22

다음 함수 $y=e^{3x}$의 도함수를 구하여라.

▌풀이

$z=3x$라 하면 $y=e^z$

$\dfrac{dy}{dz}=e^z$, $\dfrac{dz}{dx}=3$ 이므로

$$\therefore \frac{dy}{dx} = \frac{dy}{dz} \cdot \frac{dz}{dx}$$

$$= (e^z) \cdot (3) = 3e^z = 3e^{3x}$$

---

(6) 로그함수

로그함수의 미분은 다음과 같다.

① $y = \log_a x$ 이면 $\quad y' = \dfrac{1}{x \ln a}$ (단, $a > 0$, $a \neq 1$, $x > 0$)

② $y = \ln x$ 이면 $\quad y' = \dfrac{1}{x}$ (단, $x > 0$)

③ $y = \ln|x|$ 이면 $\quad y' = \dfrac{1}{x}$

④ $y = \log_a|x|$ 이면 $\quad y' = \dfrac{1}{x \ln a}$ (단, $a > 0$, $a \neq 1$)

예제 7.23

다음 함수 $y = ln|x|$의 도함수를 구하여라.

▮풀이

① $x > 0$일 때, $y = lnx \quad \therefore y' = \dfrac{1}{x}$

② $x < 0$일 때

$-x = z(z > 0)$라 하면

$y = lnz \qquad \dfrac{dy}{dx} = \dfrac{dy}{dz} \cdot \dfrac{dz}{dx} = \dfrac{1}{z} \cdot (-1) = \dfrac{1}{-z} = \dfrac{1}{x}$

③ 즉, $\dfrac{dy}{dx} = \dfrac{d}{dx}(ln|x|) = \dfrac{1}{x}$

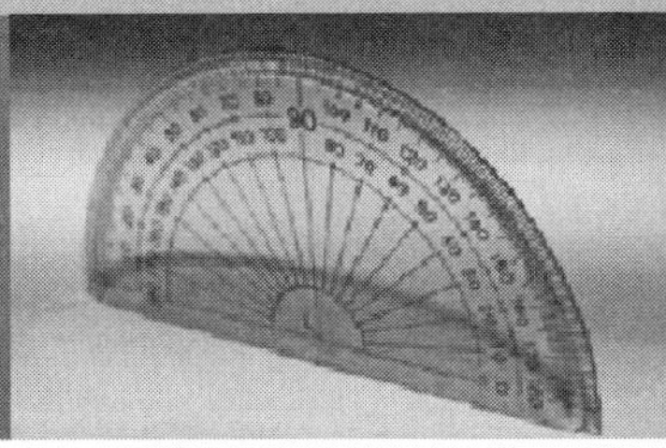

CHAPTER

8 도함수의 응용

8.1 도함수의 극대, 극소 및 임계점

8.2 편미분

8.3 편미분의 응용

8.4 미분방정식

CHAPTER 8

도함수의 응용

도함수는 기울기 또는 변화율을 의미하므로 여러 가지 공학적인 성질을 해결하는데 유용하게 사용된다. 본 장에서는 도함수의 특징을 이용한 공학적 극대극소문제의 해결과 간단하게 편미분과 미분방정식을 소개하고자 한다.

8.1 도함수의 극대, 극소 및 임계점

x가 증가할 때 함수$y=f(x)$는 증가하거나 감소하는데 이때 $f(x)$가 증가하면 증가함수, 감소하면 감소함수라 한다.

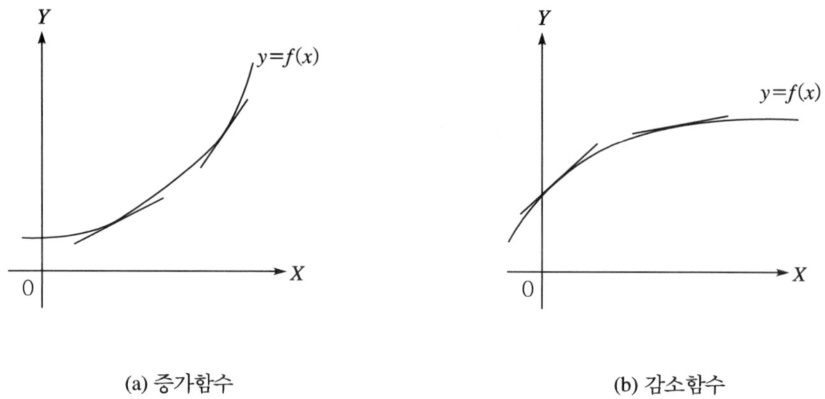

그림 8-1 증가 및 감소함수

그림 8-1(a)의 경우 기울기는 항상 0보다 크다. 즉 $f'(x) > 0$ 이다.

한편, 그림 8-1(b)의 경우 기울기는 항상 0보다 작다. 즉 $f'(x) < 0$ 이다.

이러한 성질을 이용하여 어떤 함수가 기울기가 0인 곳에서는 $f'(x) = 0$ 가 되므로 이 경우 x 가 증가할 때 기울기가 그림 8-2와 같이

① 양(+)에서 음(−)으로 바뀌면 $f(x)$ 는 극대

② 음(−)에서 양(+)으로 바뀌면 $f(x)$ 는 극소

가 된다.

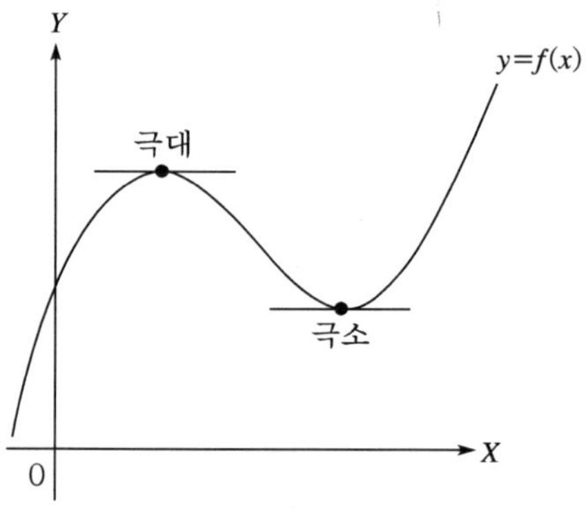

그림 8-2 극대와 극소

이러한 성질은 매우 유용하여 아래와 같은 여러 가지 공학적인 문제를 해결하는데 사용된다.

예제 8.1

지름이 d인 원형 강봉을 직사각형으로 가공하여 휨에 대한 저항에 가장 유리한 단면을 얻고자 한다. 휨저항은 단면계수 z가 클수록 유리하다. 이 때,

$$z = \frac{bh^2}{6}$$

이며, b는 단면의 폭, h는 단면의 높이를 의미한다.

▌풀이

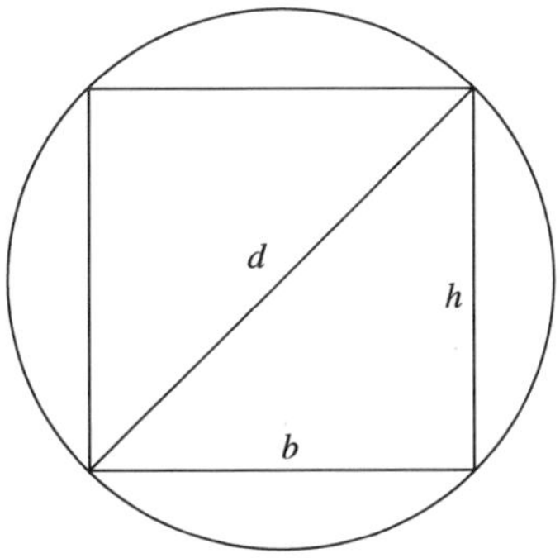

그림 8-3 원형 강봉의 절단

그림 8-3에서 $d^2 = b^2 + h^2$의 관계가 있다.
단면계수를 b만의 함수로 표현하기 위하여
$h^2 = d^2 - b^2$를 대입하면

$$z = \frac{bh^2}{6} = \frac{b(d^2 - b^2)}{6}$$

이것은 변수 b에 대한 3차식이 되며 b의 증가에 따라 z가 증가하다 감소하는 형태를 갖는다. 즉 극대치를 갖는다. 바로 이 극대치가 단면계수가 가장 큰 유리한 단면이 된다. 즉

$$\frac{dz}{db} = \frac{d^2 - 3b^2}{6}$$

이 때 $\frac{dz}{db} = 0$일 때 극대값을 가지므로

$$d^2 - 3b^2 = 0$$

가 된다. 따라서 $b = \frac{d}{\sqrt{3}}$가 된다.

또한 $h^2 = d^2 - b^2$이므로

$$\therefore h = \sqrt{d^2 - (\frac{d}{\sqrt{3}})^2} = \sqrt{\frac{2}{3}}\, d$$

가 되며, 이를 비율로 나타내면 $b : h : d = 1 : \sqrt{2} : \sqrt{3}$이 된다.

참고 앞의 예제에서 $d = 30\text{cm}$인 경우를 예로 들면, b의 변화에 따른 단면계수 z의 값을 그래프로 표시하면 그림 8-4와 같다. 여기서, z의 최대값은 $b = 17.32\text{cm}$일 때, $z = 1732.05\text{cm}^3$을 알 수 있다. 이 때 z의 값이 기울기가 양에서 음으로 변하는 것을 알 수 있다.

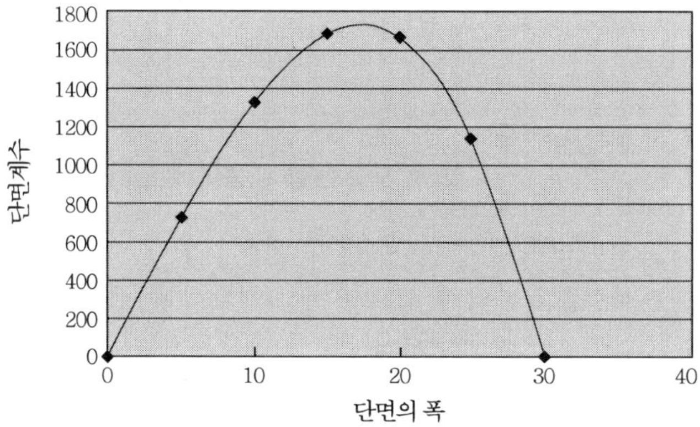

그림 8-4 단면의 폭과 단면계수의 관계

예제 8.2

다음의 그림과 같이 길이 ℓ인 단순보에 등분포하중 w가 작용할 때, 최대모멘트위치를 구하고 그때의 모멘트와 전단력의 크기를 구하시오.

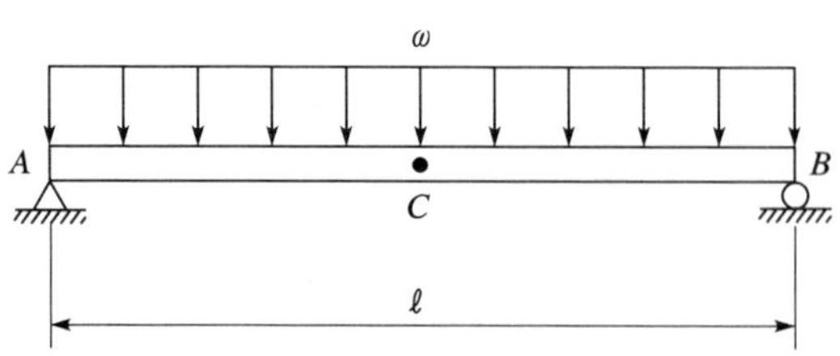

▌풀이

① 평형조건을 이용한 반력의 계산

전체 하중의 크기는 $W = wl$ 이며 A, B점의 반력을 각각 R_A, R_B 라 하면 $\sum M_B = 0 \curvearrowright +$ 이므로

$$\sum M_b = R_A \cdot l - wl \cdot \frac{l}{2} = 0$$

$$\therefore R_A = \frac{wl}{2} = R_B$$

② 휨모멘트의 일반식

이 때 A점에서 x만큼 떨어진 곳의 모멘트를 M_x 라고 하면 시계방향으로 회전하는 모멘트를 (+)로 할 때 다음과 같이 나타낼 수 있다.

$$\begin{aligned} M_x &= R_A \cdot x - w \cdot x \cdot \frac{x}{2} \\ &= \frac{wl}{2} \cdot x - \frac{w}{2} \cdot x^2 \\ &= \frac{\omega}{2} x(l - x) \end{aligned}$$

로서 포물선 형상이 된다. 즉 $M_{x=0} = M_A = 0$ 와

$M_{x=l} = M_B = 0$

조건을 갖는 x의 2차식으로 표현됨을 알 수 있다.

이를 그림으로 그리면 다음과 같다.

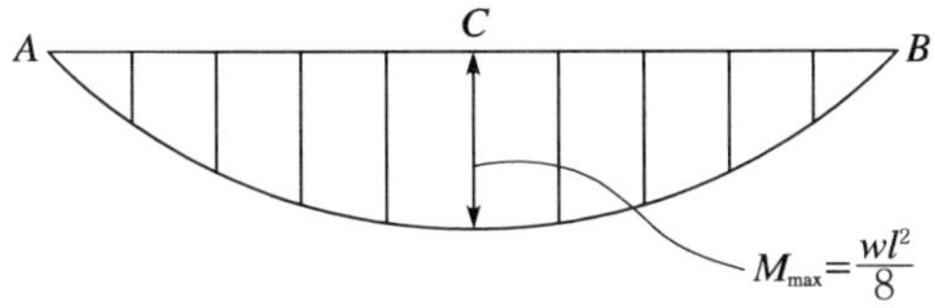

③ 전단력과 휨모멘트의 관계

모멘트를 미분하면 전단력을 얻을 수 있다.

$$S_x = \frac{dM_x}{dx} = \frac{wl}{2} - w \cdot x$$

이 때, $S_{x=0} = S_A = R_A = \dfrac{wl}{2}$

$$S_{x=l} = S_B = -R_B = -\frac{wl}{2}$$

은 반력과 같으며, 보의 중앙에서

$$S_{x=l/2}=0$$

임을 알 수 있다. S_x의 식을 그래프로 나타내면 다음과 같다.

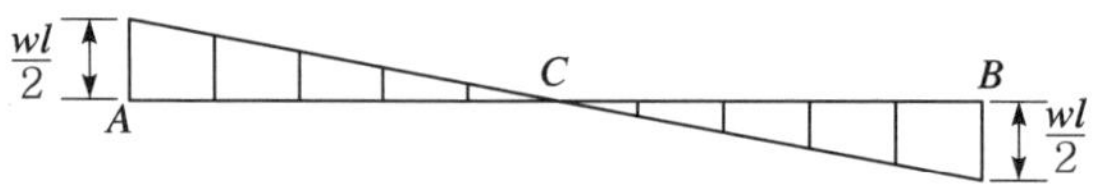

즉 $x=\frac{l}{2}$ 에서 $S_x=\frac{dM_x}{dx}=0$ 이므로, 모멘트를 미분한 값인 전단력이 0인 곳에서 극대값을 갖는다. 즉 모멘트가 최대가 되며, 그 값은 다음과 같다.

$$M_{x=\frac{l}{2}}=\frac{wl}{2}\cdot\frac{l}{2}-\frac{w}{2}\cdot\left(\frac{l}{2}\right)^2=\frac{wl^2}{8}$$

④ 전단력과 하중의 관계

S_x 를 x 에 대하여 미분하면 $\frac{dS_x}{dx}=-w$ 이 되므로 항상 일정한 등분포하중이 작용함을 알 수 있다. 즉 전단력을 미분하면 하중이 되는 것을 알 수 있다. 이때 전단력도의 구간 AC의 면적이 C점의 휨모멘트의 크기 $\frac{\omega l^2}{8}$과 같다.

예제 8.3

그림 8-5(a)에서 BOX 암거 등과 같이 지중에 건설하기 위하여 강철판으로 토류벽을 만들어 지중굴착을 행하는 경우

① 토류벽 배후에 작용하는 주동토압에 의하여 토류벽에 발생하는 최대휨모멘트 $M_{\max}$와 그 작용위치(지표면으로부터의 깊이) z_m을 구하라.

여기서, H : 지표면으로부터 굴착깊이
γ : 지반의 단위 체적의 중량
K_A : 지반의 주동토압 계수
P_Z=깊이별 토압의 크기(응력, AB의 단위길이당하중)

단, 토류벽의 휨모멘트는 토류벽 선단의 지지보 부착위치(A)와

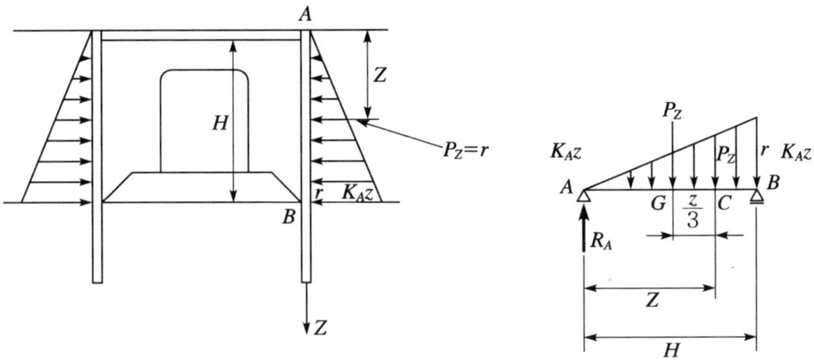

(a) 일반도 (b) AB에 작용하는 힘의 분포

그림 8-5 토류벽에 가해지는 토압 모멘트

굴착 저면(B)를 지점으로, 그림 8-5(b)처럼 토압을 하중으로 받는 단순보로 가정하여 구하라.

이때 지점 A의 반력은 $R_A = \dfrac{K_A H_2}{6}$가 작용하는 것으로 한다.

② 사질지반을 깊이 $H = 3.6\text{m}$까지 굴착하였다. 이 지반의 성질은 $\gamma = 1.8\text{tonf/m}^3$, 내부마찰각 $\phi = 30°$, $K_A = 0.33$이라 할 때, 최대 휨모멘트$M_{\max}(t-m/m)$과, 그 지표면으로부터의 작용점의 거리 $z_m(\text{m})$를 구하라.

▌풀이

① 최대 모멘트의 크기

그림 8-5(b)에서처럼 점A에서 임의의 거리의 z떨어진 점 C의 휨모멘트를 구하기 위하여 먼저 반력을 구한다.

지점 A의 반력은

$$R_A = \frac{\gamma K_A H^2}{6} \text{이다,}$$

구간 AC사이에 작용하는 하중의 합력 P_Z는

$$P_z = \frac{p_z \cdot z}{2} = \frac{\gamma K_A z \cdot z}{2} = \frac{\gamma K_A z^2}{2}$$

따라서, 점 C에 대한 회전 모멘트는(시계방향을 +로 할 때)

$$M_z = R_A \cdot z - P_z \cdot \frac{z}{3} = \frac{\gamma K_A H^2 z}{6} - \frac{\gamma K_A z^3}{6}$$

로 구해진다.

M_z의 극대치를 구하기 위하여 M_z를 z에 대하여 미분하면

$$\frac{dM_z}{dz} = \frac{\gamma K_A H^2}{6} - \frac{3\gamma K_A z^2}{6} = \frac{\gamma K_A}{6}(H^2 - 3z^2)$$

가 되며 M_z가 최대인 위치 z_m을 구하기 위하여

$$\frac{dM_z}{dz} = 0$$

인 조건을 찾으면 된다. 따라서 $H^2 - 3z^2 = 0$이어야 하므로

$z^2 = \frac{H^2}{3}$ 즉 $z_m = z = \frac{H}{\sqrt{3}}$ ($z > 0$, 이를 z_m으로 한다.)

$M_{\max} = M_z = \frac{\gamma K_A H^3}{9\sqrt{3}}$ (이것이 $M_{\max}$이다)

이때, d^2M_z/dz^2 의 부호를 살피면 그 M_z의 최대값 여부가 판정된다. 이는 아래의 표에 나타난 바와 같이 최대치임을 알 수 있다.

z의 범위	$z < z_m$	$z = z_m$	$z > z_m$
$\frac{dM_z}{d_z}$	+	0	−
M_z	↗	$M_{\max}$	↘

② 주어진 값을 z_m과 $M_{\max}$의 식에 대입하면

$$z_m = 2.08\text{m}$$

$$M_{\max} = 1.78\text{tonf} \cdot \text{m} = 1.78 \times 10^3 \text{kgf} \cdot \text{m}$$

8.2 편미분

(1) 편미분의 정의

2개의 독립된 변수 x, y로 표시되는 함수 $z=f(x, y)$는 x가 변해도 y가 변해도 그 값이 변한다. 즉 x와 y에 대해 두 개의 미분이 가능하게 된다.

이 때 만일 y는 변하지 않는 상수처럼 생각하고 z를 x에 대하여 미분하면 이를 기호로 $\dfrac{\partial z}{\partial x}$로 쓰고 이를 함수 z의 x에 대한 편미분이라고 한다.

마찬가지로 $\dfrac{\partial z}{\partial y}$는 함수 z의 y에 대한 편미분이라고 한다.

예제 8.4

$z=x^3y^2$를 편미분하라.

▌풀이

먼저 y^2를 상수 C로 생각하고, $\dfrac{\partial z}{\partial x}$를 구하면

$\dfrac{\partial z}{\partial x}=(Cx^3)'=C(x^3)'=C(3x^2)=3x^2y^2$

마찬가지로 x^3를 상수 C로 생각하고, $\dfrac{\partial z}{\partial y}$를 구하면

$$\frac{\partial z}{\partial y}=x^3(2y)=2x^3y$$

(2) 근사값과 전미분

예를 들어 그림 8-6과 같이 어떤 사각형의 면적을 계산하는데 면적 $A=xy$가 된다. 이 때 x를 측정하는데 오차가 Δx, y를 측정하는데 Δy만큼 생겼다면 실제 면적은 얼마큼 차이가 날까?

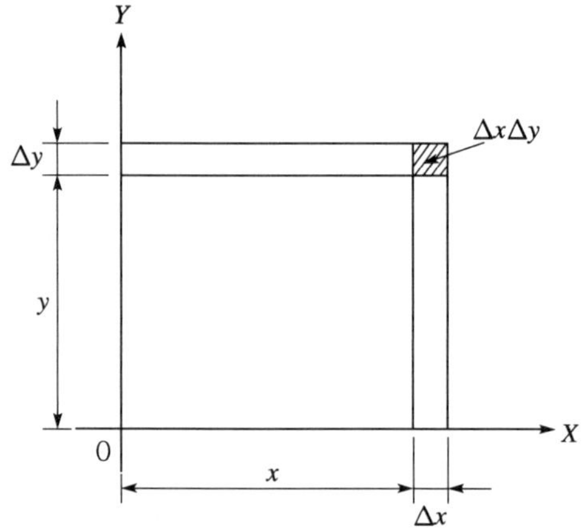

그림 8-6 면적측량의 오차

그림 8-6에서 면적 A의 차이 $\Delta A = x\Delta y + y\Delta x + \Delta x\Delta y$만큼 생긴 것을 알 수 있다. 그러나 이 때 실제 $\Delta x\Delta y$의 값은 미소값에 다시 미소값을 곱한 것이므로 의미가 없으므로 그 오차는 근사적으로

$$\Delta A \fallingdotseq dA = x\Delta y + y\Delta x \tag{1}$$

라고 쓴다.

(1)식을 편미분을 이용하여 표현하면 다음과 같다.

$A = f(x, y)$라 하면

$$\frac{\partial A}{\partial x} = y$$

$$\frac{\partial A}{\partial y} = x$$

따라서,

$$dA = \frac{\partial A}{\partial x}\Delta x + \frac{\partial A}{\partial y}\Delta y \tag{2}$$

가 된다. (2)식처럼 함수 $f(x, y)$의 1차편미분만으로 표시된 식은 ΔA의 근사식, 이러한 dA를 전미분이라고 한다.

($cf.$ 이 식은 Taylor의 정리에서 2차 이상의 고차도함수를 무시한 것과 같다.)

예제 8.5

어떤 사각형의 실제 길이가 폭 $x = 2\text{m}$, 길이 $y = 3\text{m}$라고 하자. 그 사각형의 길이를 재는 중 $x = 2.02\text{m}$로 잘못 재어 $\Delta x = 2\text{cm}$의 오차가 생기고, $y = 3.04\text{m}$로 잘못 재어 $\Delta y = 4\text{cm}$ 만큼 크게 측정되어졌다면, 실제 면적계산에서 발생하는 오차를 ① 전미분하여 근사적으로 얻은 값과 ② 기하적으로 얻은 값을 비교하라.

▌풀이

① 전미분을 이용한 경우

위에서 구한 $dA = \frac{\partial A}{\partial x}\Delta x + \frac{\partial A}{\partial y}\Delta y$에

$\frac{\partial A}{\partial x} = y = 3\text{m}$, $\frac{\partial A}{\partial y} = x = 2\text{m}$, $\Delta x = 2\text{cm}$, $\Delta y = 4\text{cm}$를 대입하면

$$dA = (3)(0.02) + (2)(0.04) = 0.14m^2$$

② 기하적으로 구한 경우

$$\Delta A = (x + \Delta x)\cdot(y + \Delta y) - (x)(y)$$

$$\Delta A = (2 + 0.02)(3 + 0.04) - (2)(3)$$

$$= 6.1408 - 6.0 = 0.1408(\text{m}^2)$$

③ 따라서, ①과 ②의 방법으로 구한 근사적인 dA와 실제 ΔA의 차는 $0.0008(\text{m}^2)$로서 $\Delta x \Delta y$의 크기와 같다. 즉 전미분에 의한 값은 Δx와 Δy가 충분히 작을 때 얼마든지 0에 가까워지는 값임을 알 수 있다.

8.3 편미분의 응용

편미분을 이용하면 복잡한 물리현상을 간편하게 일대일의 대응관계로 이해하는데 큰 도움을 준다. 여러 가지 예를 통하여 편미분의 응용 예를 알아보자.

(1) 유체의 흐름

예제 8.6

유체의 흐름에서 유속을 v, 시간을 t, 거리를 l 또 압력을 p라고 할 때 시간에 따라 그 특성이 바뀌지 않는 정상류로, 특히 유적이 변하지 않는 경우를 등류로 정의한다. 이러한 특성을 편미분으로 표현하라.

▮풀이

속도는 시간, 거리, 수압 등에 의하여 변하는 함수라 할 수 있다. 즉

$$v = f(t, l, p)$$

로 나타낼 수 있다. 이 때 시간 t가 변하여도 그 흐름에 변화가 없다는 것은 다음과 같이 나타낼 수 있다.

$$\frac{\partial v}{\partial t} = 0$$

또한 거리에 따른 흐름의 변화 즉 유적의 변화가 없다는 것은 다음과 같이 나타낼 수 있다.

$$\frac{\partial v}{\partial l} = 0$$

---

(2) 에너지(카스틸리아노의 정리)

예제 8.7

만일 어떤 구조물에 그림 8-7과 같이 하중 P_1, P_2가 작용하여 한 일이 U라고 하자. P_1의 작용점에서 생기는 P_1방향의 변위를 δ_1, P_2의 작용점에서 생기는 P_2방향의 변위를 δ_2라고 하면 임을 증명하라.

$$P_1 = \frac{\partial U}{\partial \delta_1}, \quad P_2 = \frac{\partial U}{\partial \delta_2}$$

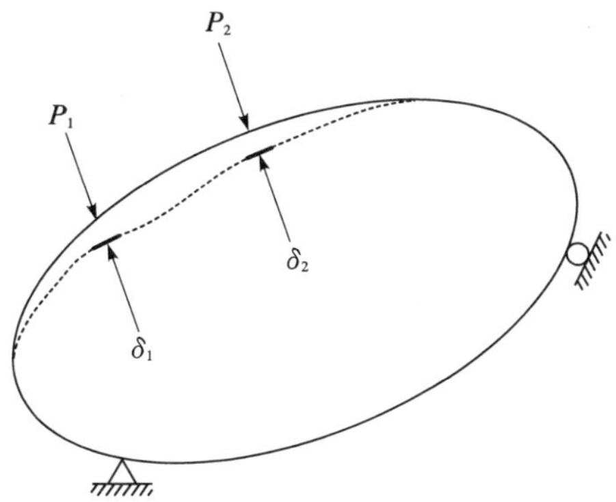

그림 8-7 일과 내부변형에너지

▌풀이

외적일 = 내부 저장에너지인 것을 이용하면 쉽게 유도할 수 있다.

① 내적일

에너지 U는 P_1이 변위 δ_1만큼 P_2가 변위 δ_2만큼 이동하면서 생긴 내부에너지와 같다. 즉

$$U(P_1, P_2)$$

는 P_1, P_2의 함수이다.

만일 δ_2는 변하지 않고, δ_1만 $d\delta_1$만큼 변할 때 생기는 내부에너지의 가율은 편미분이 이용하여 간단히

$$\frac{\partial U}{\partial \delta_1}$$

로 표현될 수 있다.

따라서 미소변형 $d\delta_1$에 의한 에너지의 증가량 dU는

$$dU = \frac{\partial U}{\partial \delta_1} d\delta_1 \qquad (1)$$

이 된다.

② 외적일

만일 δ_2는 변하지 않고, δ_1만 $d\delta_1$만큼 변할 때 생기는 외적일의 변화는 P_1이 $d\delta_1$만큼 이동하며 한 일이므로

$$dU = P_1\, d\delta_1 \qquad (2)$$

가 된다.

③ 카스틸리아노의 제1정리

(1)식과 (2)식에서 다음 식을 얻을 수 있다.

$$P_1\ d\delta_1 = \frac{\partial U}{\partial \delta_1} d\delta_1 \tag{3}$$

$$P_1 = \frac{\partial U}{\partial \delta_1} \tag{4}$$

마찬가지로

$$P_2 = \frac{\partial U}{\partial \delta_2} \tag{5}$$

즉 일반적인 표현으로 바꾸면

$$P_i = \frac{\partial U}{\partial \delta_i} \tag{6}$$

이것의 물리적 의미는 "만일 변형에너지가 변위 δ_1, δ_2, … 등의 함수로 표현된다면, 어떤 변위 δ_i에 대한 변형에너지의 편도함수는 이에 대응하는 하중 P_i의 크기와 같다."는 것이다.

이는 1879년 이탈리아의 엔지니어인 Castigliano가 처음 유도한 식으로서 그의 이름을 따서 카스틸리아노의 제1정리라고 한다.

---

(3) 오차의 영향

예제 8.8

허용응력이 $\sigma = \sigma_a$인 재료로 만든 보의 폭이 b이고 높이가 h일 때 보의 응력은 $\sigma = \frac{M}{I}y$로 구할 수 있다. 이 때 저항할 수 있는 모멘트의 크기는 보의 크기가 변하면 증감을 하게 된다. 그 영향을 구하라.

▮풀이

두 개 이상의 변수가 있으므로 편미분을 한다.

$\sigma = \frac{M}{I}y = \frac{M}{\frac{bh^3}{12}} \cdot \frac{h}{2} = \frac{6M}{bh^2}$로 쓸 수 있으며,

여기에 $\sigma = \sigma_a$를 대입하면

$$M = \frac{bh^2 \sigma_a}{6}$$

이를 전미분식으로 표현하면

$$\Delta M = \frac{\partial M}{\partial b}\Delta b + \frac{\partial M}{\partial h}\Delta h$$

이므로, 먼저 편미분 $\frac{\partial M}{\partial b}, \frac{\partial M}{\partial h}$를 구한다.

$$\frac{\partial M}{\partial b} = \frac{h^2 \sigma_a}{6}$$

$$\frac{\partial M}{\partial h} = \frac{bh}{3}\sigma_a$$

을 대입하면, b와 h의 제작오차에 따른 저항모멘트의 변화량 ΔM은

$$\Delta M = \frac{h^2 \sigma_a}{6}\Delta b + \frac{bh\sigma_a}{3}\Delta h$$

가 된다.

예제 8.9

위의 예제에서 실제로 폭 $b = 10\,\text{cm}$, 높이 $h = 20\,\text{cm}$인 보가 휨모멘트 $M = 40000\,\text{kgf}-\text{cm}$를 받을 수 있다고 할 때, 만일 보의 제작오차가 $\Delta b = 0.5\,\text{cm}$, $\Delta h = 1\,\text{cm}$만큼 감소하였다면 얼마의 저항모멘트 감소가 생기겠는가?

풀이

$$\begin{aligned}\Delta M &= \frac{h^2 \sigma_a}{6}\Delta b + \frac{bh\sigma_a}{3}\Delta h \\ &= \frac{bh^2 \sigma_a}{6} \cdot \frac{\Delta b}{b} + \frac{bh^2 \sigma_a}{6} \cdot \frac{2\Delta h}{h} \\ &= M \cdot \frac{\Delta b}{b} + M \cdot \frac{2\Delta h}{h}\end{aligned}$$

$$= 40000 \times \frac{0.5}{10} + 40000 \times \frac{2 \times 1}{20}$$
$$= 6000\text{kg} \cdot \text{cm}$$

(4) 선형변형(압축 또는 인장변형)

변화율은 기울기와 같은 의미가 있다. 길이 또는 속도의 변화율을 표현하는 방법을 살펴보자.

그림 8-8(a)와 같이 길이의 변화율은 변형율이라 하여

$$\frac{\text{늘어난길이}}{\text{원래의길이}} = \frac{\delta}{L} = \epsilon_x$$

로 표기한다.

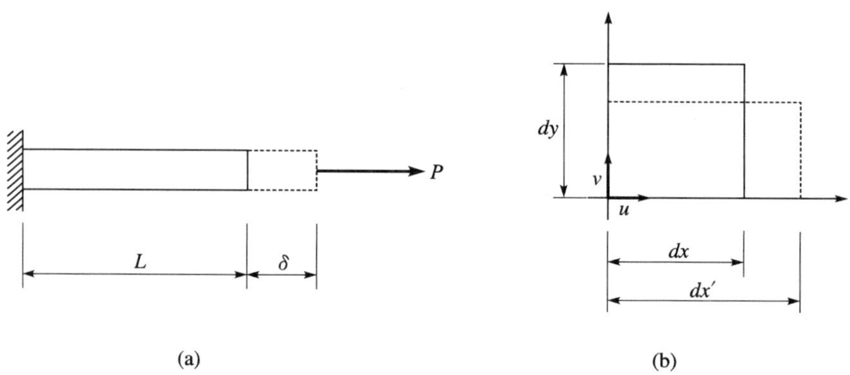

그림 8-8 선형변형

만일 그림 8-8(b)처럼 고체 대신 유체에 대하여 적용하면, 변의 길이가 d_x, d_y인 미소사변형의 길이가 dx'으로 늘어난 것은 속도, 즉 유속이 증가한 것과 같다. 이때 X방향의 유속을 u라 하면, 유속의 변화율 즉 신장속도변화율 ϵ_x는

$$\frac{du}{dx}$$

가 된다.

(5) 각 변형(또는 전단변형)

먼저 고체에 대해 생각해 보자.

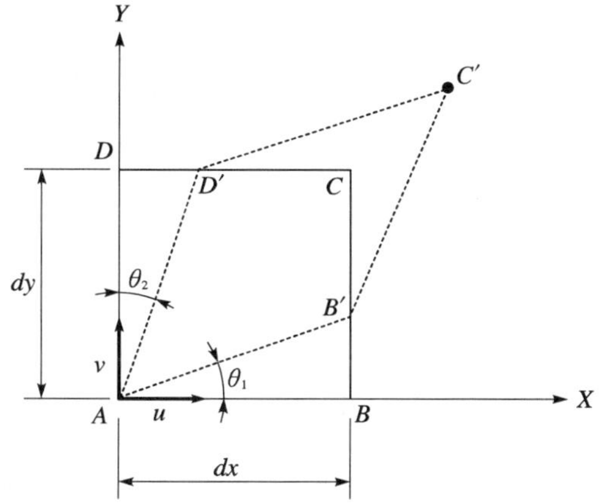

그림 8-9 각변형

그림 8-9와 같이 미소 단면적 d_x, d_y에서 각변형의 크기를 γ_{xy}라 하면

$$\gamma_{x\,y} = \theta_1 + \theta_2$$

이고 이때 라디안 값으로 d_x , d_y에 대하여 각각 $BB^{'}$,$DD^{'}$만큼 이동한 것이므로 x의 변화에 따른 y의 변화율과 같다. 즉,

$$\theta_1 = \frac{BB^{'}}{AB} = \frac{\partial y}{\partial x}$$

이 된다.

마찬가지로

$$\theta_2 = \frac{\partial x}{\partial y}$$

이므로

$$\gamma_{xy} = \frac{\partial y}{\partial x} + \frac{\partial x}{\partial y}$$

가 된다.

동일한 내용을 유체에서는 어떻게 표현할 수 있을까.

x방향의 유속을 u, y방향의 유속을 v라 하자. θ_1은 x의 변화에 따른 y방향 유속 v의 변화와 같다. 즉

$$\theta_1 = \frac{\partial v}{\partial x}$$

이 된다.

마찬가지로

$$\theta_2 = \frac{\partial u}{\partial y}$$

$$\therefore \gamma_{xy} = \frac{\partial v}{\partial x} + \frac{\partial u}{\partial y}$$

(6) 회전(rotation)과 와도(vorticity, 와류)

미소면적 d_x, d_y가 서로 반대 방향으로 θ_1, θ_2만큼 회전하였으므로, 실제 $\theta_1 - \theta_2$ 만큼의 회전이 이루어진 것과 같다.

일반적으로 어떤 유체의 z축에 대한 회전각속도 w_z는 θ_1과 θ_2의 평균치로 정의한다.

즉

$$w_z = \frac{\theta_1 - \theta_2}{2} = \frac{1}{2}\left(\frac{d_v}{d_x} - \frac{d_u}{d_y}\right)$$

이때 θ_2는 반대방향이므로 (−)부호를 갖는다.

한편 회전각속도의 2배를 와도라 하며, 예를 들어 수직으로 z축에 대하여 발생하는 소용돌이는 z축에 대한 와도로써 ζ로 정의한다. 즉

$$\zeta = \frac{d_v}{d_x} - \frac{d_u}{d_y}$$

가 된다.

8.4 미분방정식

(1) 미분방정식의 정의

$\frac{dy}{dx}=x^2+3x+2$와 같은 일반적으로 미분 또는 도함수를 포함하는 방정식을 미분방정식이라 한다.

편도함수를 포함하는 미분방정식을 편미분방정식이라 하고, 그렇지 않은 것을 상미분방정식이라 한다.

(2) 미분방정식의 해

주어진 미분방정식을 만족시키며 미분을 포함하지 않는 관계식을 그 미분방정식의 해 또는 적분(원시함수)라 하고, 해가 나타내는 곡선을 해곡선 또는 적분곡선이라 한다. 가장 일반적인 해를 구하는 일을 그 미분방정식을 푼다고 한다.

일반으로 n계 미분방정식은 n개의 임의상수를 포함하는 해를 가진다. 이것을 일반해라 한다. 대개의 공학적인 문제는 어떤 조건(boundary condition)에 대하여 맞는 특정한 해를 구할 때가 있다.

이때의 조건을 초기조건이라 한다. 또 이처럼 일반해의 임의 상수들에 특수한 값을 주어서 얻어지는 해를 특수해라 한다. 또 일반해에 들어 있는 임의의 상수에 어떤 값을 대입하여도 얻을 수 없는 해가 있으면 이를 특이해라 한다.

예제 8.10

$\frac{dy}{dx}=xe^{-x}$인 미분 방정식의 일반해와 특수해를 구하여라.
단 $y(0)=0$이다.

▮풀이

① 일반해를 구하는 과정은 다음과 같다.
양변을 적분하면

$$y=\int xe^{-x}dx+c$$

부분 적분법에 의하여

$$y = -xe^{-x} + \int e^{-x}dx + c$$

$\therefore\ y = -xe^{-x} - e^{-x} + c$ (1)

이 때 식 (1)의 식을 이 미분방정식의 일반해라 한다.

② 경계조건을 이용한 특수해를 구하는 과정

(1)식에 초기조건 $y(0) = 0$을 적용시키면

$$0 = 0 - 1 + c$$

$c = 1$ (2)

(2)식을 식(1)에 대입하면

$y = -xe^{-x} - e^{-x} + 1$ (3)

이 때 식 (3)을 이 미분방정식의 특수해라 한다.

예제 8.11

그림 8-10에서 양단이 핀으로 연결된 기둥의 좌굴하중을 구하시오.

이 때 그림과 같이 곡률 k는 처짐곡선 y의 미분값인 기울기의 변화율로서 기울기의 미분값과 같으며, 모멘트 M에 비례하고 휨강성 EI에 반비례하므로

$$\kappa = -\frac{d^2y}{dx^2} = \frac{M}{EI}$$

로 정의된다.

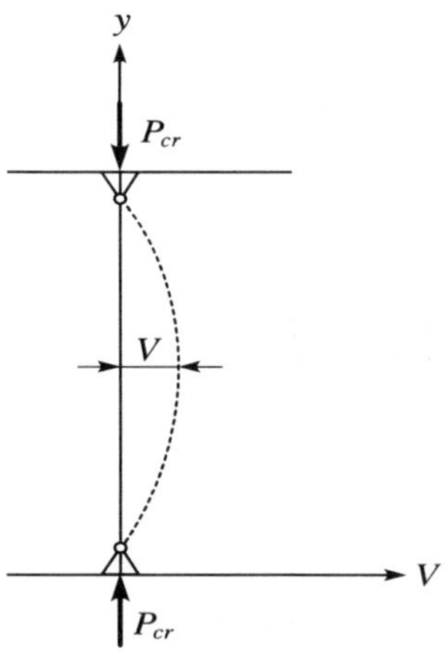

그림 8-10 기둥의 좌굴하중

▌풀이

① $v'' = d^2\dfrac{y}{dx^2}$ 으로 놓으면

$$EIv'' = -M$$

가 된다. 또한 기둥의 휨에 의하여 변위가 생기고 이로 인하여 모멘트가 생기므로 모멘트는 다음과 같이 정의된다.

$$M = Pv$$

$$EIv'' = -Pv$$

$$v'' + \frac{P}{EI}v = 0$$

$k^2 = \dfrac{P}{EI}$로 정의하면 다음과 같이 간단히 표현된다.

$$v'' + k^2 v = 0$$

② 이러한 미분방정식의 일반해는 다음과 같다

$$v = C_1 \sin kx + C_2 \cos kx$$

경계조건을 이용하여 상수 C_1과 C_2를 구하면

$x = 0$일 때, $v = 0$이므로

$$C_2 \cos(0) = 0$$

이어야 한다.

따라서,

$$C_2 = 0$$

가 된다.

$x = l$일 때 $v = 0$이므로

$$C_1 \sin kl = 0$$

이 된다.

이 때 $C_1 = 0$이 되면 식이 성립하지 않으므로 $\sin kl = 0$이 되어야 한다.

③ 이 조건을 만족하는 값은 아래와 같다.

$$kl = 0, \quad kl = \pi, \quad kl = 2\pi, \quad kl = 3\pi, \quad \cdots$$

그러나 $kl = 0$이 되면 구조물로 성립되지 않기 때문에 $kl = 0$은 불가능하므로 제외된다.

$$\therefore\ k = \frac{\pi}{l},\ k = \frac{2\pi}{l},\ k = \frac{3\pi}{l},\ \cdots$$

이를 일반식으로 표현하면 다음과 같다.

$$k = n\frac{\pi}{l} \qquad n = 1,\ 2,\ 3, \cdots$$

④ 이를 하중과의 관계로 표시하기 위하여 양변을 제곱하고 $k^2 = \frac{P}{EI}$ 에 대입하면 다음과 같다.

$$k^2 = n^2\frac{\pi^2}{l^2} \qquad n = 1,\ 2,\ 3, \cdots$$

$$k^2 = n^2\frac{\pi^2}{l^2} = \frac{P}{EI} \qquad n = 1,\ 2,\ 3, \cdots$$

기둥의 좌굴하중을 일반식으로 쓰면

$$P = \frac{n^2\pi^2 EI}{l^2} \qquad n = 1,\ 2,\ 3, \cdots$$

가 된다.

⑤ 실제 일어날 수 있는 파괴는 가장 작은 하중일 때이므로 $n = 1$ 일 때가 된다. 따라서,

$$P_{cr} = \frac{\pi^2 EI}{L^2}$$

가 된다.

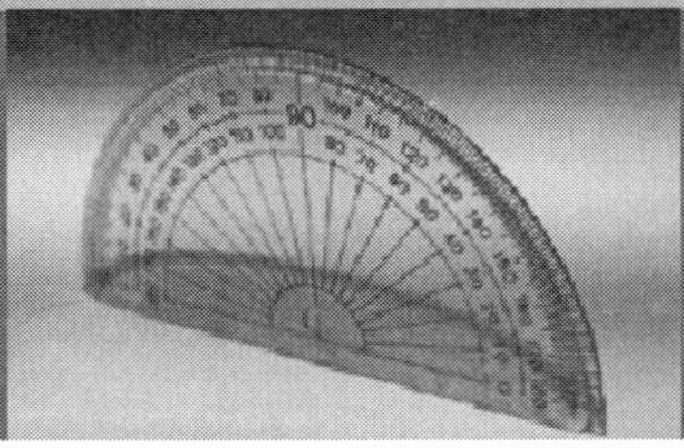

CHAPTER

9 부정적분

9.1 부정적분
9.2 치환적분법
9.3 부분적분법

CHAPTER 9

부정적분

적분은 쉽게 생각해서 미분했던 것을 역으로 돌리는 것과 같다. 본 장에서는 면적을 구하는 기하적 의미를 적분의 성질로 설명하고 복잡한 적분을 치환하는 방법 등을 알아보고자 한다.

9.1 부정적분

(1) 적분의 기하적 의미

그림 9-1에서처럼 어떤 함수가 x축과 이루는 면적을 x가 2에서 6일 때까지에 대하여 구해보라.

직사각형으로 분할하여 근사적으로 구한다면 어느 경우가 실제면적에 가까워질까? 그림 9-1(a)의 경우처럼 좀더 조밀하게 분할하는 경우가 더 실제 면적에 가까워질 것이다. 이처럼 미소구간으로 분할하여 면적을 구하는 것을 적분이라고 한다.

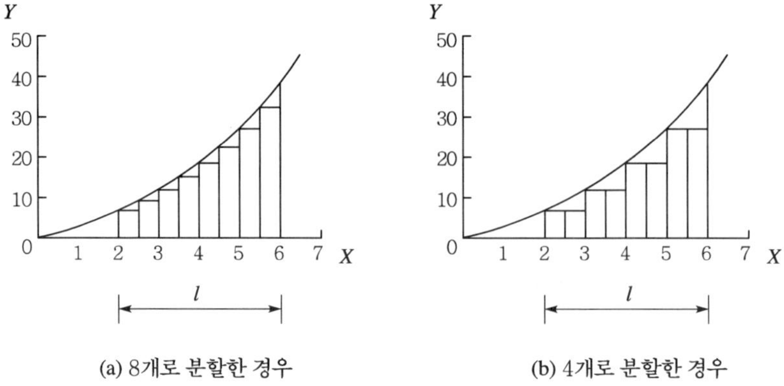

그림 9-1 적분의 의미

(2) 원시함수

아래의 두 함수를 미분하여 보자.

함수 $F(x)=ax^2$ 와 $G(x)=ax^2+10$ 을 각각 미분하면 $F'(x)=2ax$ 와 $G'(x)=2ax$ 를 얻는다. 여기서 함수 $f(x)=2ax$ 는 $F(x)$ 와 $G(x)$ 의 공통된 미분값임을 알 수 있다. 즉 $f(x)=F'(x)=G'(x)=2ax$ 가 된다.

따라서, 함수 $f(x)=2ax$ 가 어떤 함수를 미분하여 얻어진 함수인가를 표현하려면 한가지 함수만으로는 표현할 수 없고 일반적으로 $F(x)=ax^2+c$ 를 미분 한 것이라고 표현할 수밖에 없다.

이처럼 함수 $f(x)$에 대하여 $F'(x)=f(x)$이 성립하는 $F(x)$를 $f(x)$의 원시함수(primitive)라 한다. 또한 일반적으로 표현한 원래의 함수 $F(x)+C$는 함수 $f(x)$의 부정적분(indefinite integral)이라 하고 기호는

$$\int f(x)dx=F(x)+C$$

로 나타낸다.

이때, 상수 C를 적분상수, $f(x)$를 피적분함수, 변수 x를 적분변수라 한다. 그리고 어떤 함수의 부정적분을 구하는 것을 적분한다(integrate)고 하고, 그 계산 방법을 적분법(integration)이라 한다.

(3) 미분의 역이 적분

적분하는 계산은 미분하는 것과 반대의 의미이므로, 미분의 기본공식을 이

용하여 구할 수 있다.

① $\int \alpha\, dx = \alpha \int dx = \alpha x + C$

② $\int x^{\alpha} dx = \dfrac{x^{\alpha+1}}{\alpha+1} + C\ (\alpha \neq -1)$

③ $\int \dfrac{1}{x} dx = ln \mid x \mid + C$

④ $\int e^{x} dx = e^{x} + C$

⑤ $\int \sin x\, dx = -\cos x + C$

⑥ $\int \cos x\, dx = \sin x + C$

⑦ $\int \sec^2 x\, dx = \tan x + C$

⑧ $\int \mathrm{cosec}^2 x\, dx = -\cot x + C$

⑨ $\int \sec x \tan x\, dx = \sec x + C$

⑩ $\int \mathrm{cosec} x \cot x\, dx = -\mathrm{cosec} x + C$

⑪ $\int \dfrac{1}{\sqrt{1-x^2}} dx = \sin^{-1} x + C$

또는 $\int \dfrac{1}{\sqrt{1-x^2}} dx = -\cos^{-1} x + C$

⑬ $\int \dfrac{1}{1+x^2} dx = \tan^{-1} x + C$

또는 $\int \dfrac{1}{1+x^2} dx = -\cot^{-1} x + C$

예제 9.1

다음 $\int x(x - \dfrac{1}{x})^3 dx$ 의 부정적분을 구하여라.

▌풀이

$$\int x(x-\frac{1}{x})^3 dx = \int (x^4 - 3x^2 + 3 - \frac{1}{x^2})dx$$
$$= \frac{1}{5}x^5 - x^3 + 3x + \frac{1}{x} + C$$

9.2 치환적분법

앞의 공식을 이용하면 아래의 적분정도는 쉽게 할 수 있다.

$$\int x^2 dx = \frac{1}{3}x^3 + C\,(\alpha \neq -1) \tag{1}$$

그런데 만일 문제가 다음과 같다면 조금 생각이 복잡해질 수 밖에 없다.

$$F(x) = \int (3x+5)^2 dx \tag{2}$$

이를 간단한 형태로 바꾸기 위하여 $(3x+5)=t$ 로 치환하면 그 형태는 아래와 같이 변한다.

$$F(x) = \int t^2 dx \tag{3}$$

그런데 dx 로 표현된 것을 dt 의 형태로 바꾸어야 적분이 될 수 있으므로 $(3x+5)=t$ 를 $x=g(t)$ 의 꼴로 바꾸어 미분하여야 한다.

즉,

$$x = \frac{1}{3}(t-5)$$

$$\frac{dx}{dt} = \frac{1}{3}$$

$$dx = \frac{1}{3}dt \tag{4}$$

따라서, 식 (4)를 식 (3)에 대입하면 다음과 같이 구해진다.

$$F(x) = \int t^2 (\frac{1}{3})dt \ = \frac{1}{9}t^3 + C = \frac{1}{9}(3x+5)^3 + C$$

로 구해진다.

이와 같은 적분 방법을 치환적분법이라고 한다.

즉, 함수 $x = g(t)$ 가 미분가능하면

$$\int f(x)dx = \int f\{g(t)\}g'(t)dt$$

예제 9.2

$\int \frac{x^2}{\sqrt{2-3x}}dx$ 를 구하라.

▮풀이

$\sqrt{2-3x} = z$ 로 놓으면

$x = \frac{2}{3} - \frac{1}{3}z^2,\ dx = -\frac{2}{3}zdz$ 이므로

$$\int \frac{x^2}{\sqrt{2-3x}}dx = \int \frac{(\frac{2}{3} - \frac{z^2}{3})^2}{z}(-\frac{2}{3}z)dz$$

$$= -\frac{2}{3}\int (\frac{4}{9} - \frac{4}{9}z^2 + \frac{1}{9}z^4)dz$$

$$= -\frac{2}{3}\ [\frac{4}{9}z - \frac{4}{27}z^3 + \frac{1}{45}z^5]\ + C$$

$$= -\frac{2}{27}\ [4\sqrt{2-3x} - \frac{4}{3}(2-3x)^{\frac{3}{2}} + \frac{1}{5}(2-3x)^{\frac{5}{2}}]\ + C$$

예제 9.3

다음 $\int \sin x \cos^2 x dx$ 부정적분을 구하여라.

▮풀이

$u = \cos x$ 라 하면 $du = -\sin x dx$

$$\int \sin x\cos^2 x dx = -\int u^2 du = -\frac{1}{3}u^3 + C = -\frac{1}{3}\cos^3 x + C$$

예제 9.4

$\int \frac{xdx}{(4-x^2)^{\frac{3}{2}}}$ 를 구하라.

풀이

$x = 2\sin\theta$로 놓고, θ를 예각이라 하면

$$\sqrt{4-x^2} = \sqrt{4-4\sin^2\theta} = 2\sqrt{1-\sin^2\theta} = 2\sqrt{\cos^2\theta} = 2\cos\theta$$

$$\int \frac{x\,dx}{(4-x^2)^{\frac{3}{2}}} = \int \frac{2\sin\theta \cdot 2\cos\theta}{2\cos\theta} d\theta$$

$$= \frac{1}{2}\int \frac{1}{\cos\theta} \cdot \frac{\sin\theta}{\cos\theta} d\theta$$

$$= \frac{1}{2}\int \sec\theta \cdot \tan\theta\, d\theta$$

$$= \frac{1}{2} sec\theta + C$$

9.3 부분적분법

앞서 배운 곱의 미분에서 u, v 의 곱을 미분하면,

$$(uv)' = u'v + uv'$$

또는 다시 바꾸어 표현하면

$$\frac{d}{dx}(uv) = \frac{du}{dx}v + u\frac{dv}{dx}$$

이제 이를 다음과 같이 변화를 주자

$$u\frac{dv}{dx}=\frac{d}{dx}(uv)-\frac{du}{dx}v$$

그리고 이 식의 양변을 적분하면,

$$\int u\frac{dv}{dx}dx=uv-\int v\frac{du}{dx}dx$$

즉,

$$\int udv=uv-\int vdu$$

와 같이 되어 곱의 형식으로 복잡한 형태의 적분을 쉽게 할 수 있게 된다.

이 때 어떤 것을 u 또는 v'으로 할 것인가를 잘 판단하여야 쉽게 적분이 가능한 형태로 바꿀 수 있다.

① u의 형태에 유리한 경우

1, x, x^2, x^3 등과 같이 수식

② v' 등에 유리한 경우

$\sin x$, $\cos x$, e^x 등과 같은 비교적 적분이 쉬운 수식

예제 9.5

$\int x\cos x\ dx$를 구하여라.

▮풀이

$\int udv=uv-\int vdu$로 부분적분을 이용하기로 하자.

$u=x$, $dv=\cos x\ dx$로 놓으면

$$du=dx,\quad v=\sin x$$

따라서,

$$\int x\cos x dx=x\sin x-\int \sin x dx$$
$$=x\sin x+\cos x+C$$

예제 9.6

$\int x^2 \ln x\ dx$를 구하여라.

▮풀이

$\int udv = uv - \int vdu$로 부분적분을 이용하기로 하자.

$u = \ln x$, $v' = x^2$ 또는 $dv = x^2 dx$로 놓으면

$\frac{du}{dx} = \frac{1}{x}$, 또는 $du = \frac{1}{x}dx$, $v = \frac{1}{3}x^3$

따라서,

$$\begin{aligned}\int (\ln x)(x^2)dx &= (\ln x)(\frac{1}{3}x^3) - \int (\frac{1}{3}x^3)(\frac{1}{x})dx \\ &= (\frac{1}{3}x^3)(\ln x) - \frac{1}{3}\int x^2 dx \\ &= \frac{1}{3}x^3 \ln x - \frac{1}{9}x^3 + C\end{aligned}$$

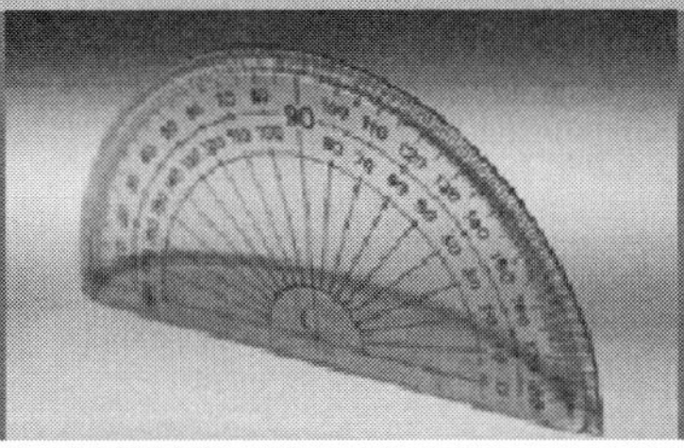

CHAPTER

10

정적분

10.1 정적분
10.2 정적분의 응용
10.3 정적분의 근사계산

CHAPTER 10

정적분

10.1 정적분

정적분은 함수 $y=f(x)$가 $a \le x \le b$ 내에서의 면적이 된다. 이는 그림 10-1에서 처럼

$$A=\lim_{n\to\infty}\sum_{k=1}^{n} f(x_k)\Delta x, \ (\text{ 단 } \Delta x=\frac{b-a}{n}, \ x_k=a+k\Delta x \ )$$

가 된다.

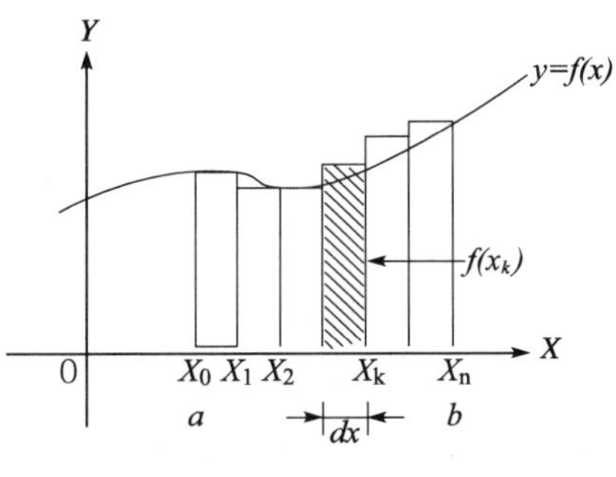

그림 10-1 정적분

이를 $f(x)$의 a에서 b까지의 정적분이라 하며, 기호로

$$\int_a^b f(x)dx$$

처럼 나타낸다.

이 때 a를 아래 끝, b를 위 끝이라 한다.

또 이 면적 $f(x)$의 부정적분 중 1개를 $F(x)$라 하면,

$$\int_a^b f(x)dx = [F(x)]_a^b = F(b) - F(a)$$

이다.

정적분의 성질을 정리하면 다음과 같다.

① $\int_a^a f(x)dx = 0$

② $\int_a^b cf(x)dx = c\int_a^b f(x)dx$ (단 c는 상수이다)

③ $\int_a^b f(x)dx = -\int_b^a f(x)dx$

④ $\int_a^b \{f(x) \pm g(x)\}dx = \int_a^b f(x)dx \pm \int_a^b g(x)dx$ (복부호 동순)

⑤ $\int_a^b f(x)dx = \int_a^c f(x)dx + \int_c^b f(x)dx$

10.2 정적분의 응용

(1) 도심

힘을 무게로 바꾸어 생각하고 평면에서는 이를 단순히 면적과 같은 의미로 생각하면 다음과 같은 표현이 가능하다. 위의 그림 10-2에서 미소 면적dA가 축 x에 대하여 일으키는 모멘트를 단면1차모멘트 G_x라 정의한다.

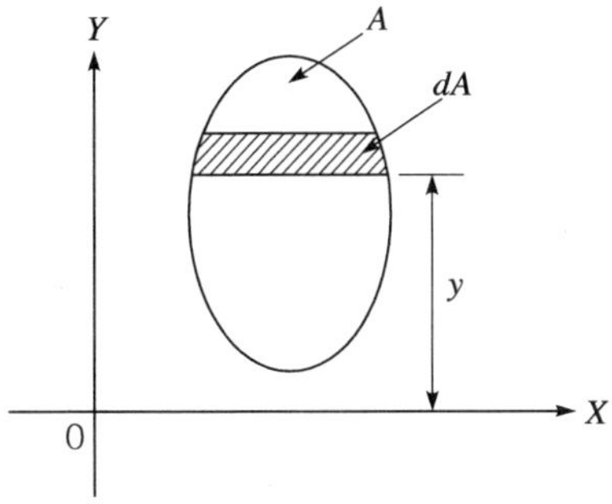

그림 10-2 단면의 모멘트

$$G_x = \int_A y \, dA$$

여기서, $\int_A$ 는 적분을 전체 면적 A 에 대하여 행한다는 뜻이다.

또한 미소면적 dA 에 거리의 제곱을 곱하여 적분한 것을 단면2차모멘트 I_x 로 표현된다.

즉

$$I_x = \int_A y^2 \, dA$$

바리논의 정리는 합력의 위치를 구하는데 유용하게 사용되는 정리이다. 이것은 동일한 원리로 도심의 위치를 구하는 데 사용될 수 있다. 즉

"각각의 면적이 어떤 축에 대하여 일으키는 단면1차모멘트는 전체 단면이 그 축에 대하여 갖는 단면1차모멘트의 크기와 같다."

이를 적분을 이용하여 표현하여 보자. 생각하는 축 x 에서 미소면적 dA 까지의 거리를 y 라고 하면

$$A\overline{y} = \int_A y \, dA$$

따라서,

$$\overline{y} = \frac{\int_A y \, dA}{A} = \frac{G_x}{A}$$

로서 구해진다.

예제 10.1

다음 포물선에서 도심의 거리 $\bar{x}$를 구하여라.

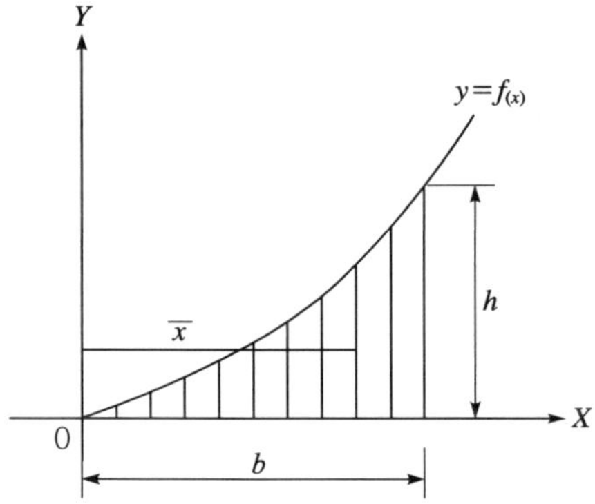

▌풀이

① 포물선의 식

$y = a \cdot x^2$이라고 하면 $x = b$일 때, $y = h$이므로

$$h = a \cdot b^2 \text{ 또는 } a = \frac{h}{b^2}$$

$$y = \frac{h}{b^2}x^2$$

② 단면적 A

$$A = \int_A dA = \int_0^b y \cdot dx$$

$$= \int_0^b \frac{h}{b^2} \cdot x^2 \cdot dx = \frac{h}{b^2}\left[\frac{x^3}{3}\right]_0^b$$

$$= b \cdot \frac{h}{3}$$

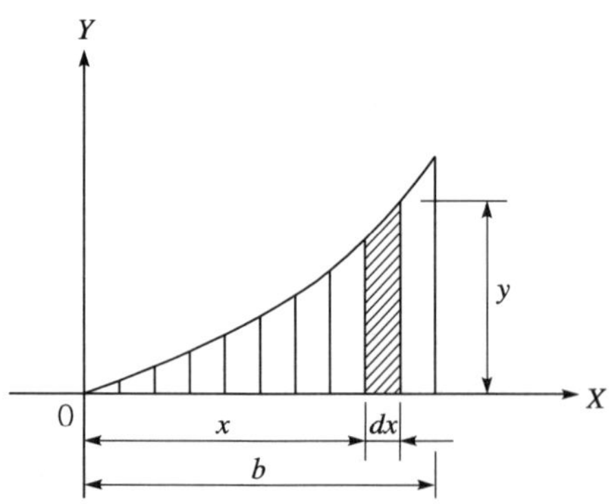

③ y축에 대한 단면1차모멘트 G_y

$$G_y = \int_A x\, dA = \int_0^b x \cdot y \cdot dx$$

$$= \int_0^b x \cdot \frac{x^2}{b^2} h \cdot dx = \frac{h}{b^2}\left[\frac{x^4}{4}\right]_0^b$$

$$= h \cdot \frac{b^2}{4}$$

④ 도심 $\bar{x}$

$$\bar{x} = \frac{G_y}{A} = \frac{\frac{hb^2}{4}}{\frac{bh}{3}}$$

$$= \frac{3}{4}b$$

예제 10.2

그림과 같은 직사각형 단면의 도심축 $X-X$에 대한 단면2차모멘트 I_{X-X}와 밑변을 지나는 축 $x-x$ 축에 대한 단면2차모멘트 I_{x-x}를 구하여라.

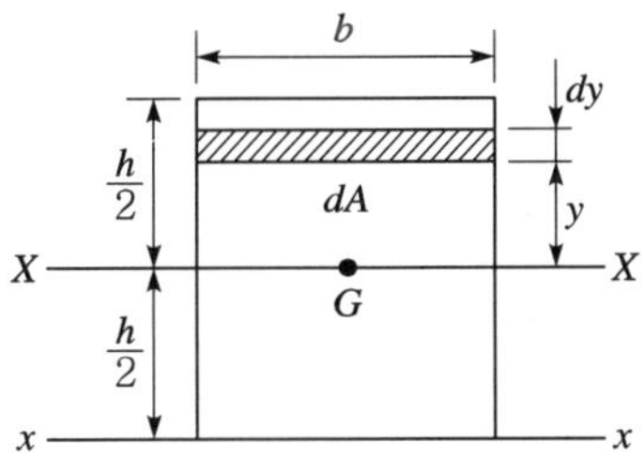

▌풀이

① 도심에 대한 단면2차모멘트

X축에 평행한 미소면적 dA를 생각하면 $dA = bdy$이므로,

$$I_{X-X} = \int_A y^2 dA = \int_{-\frac{h}{2}}^{\frac{h}{2}} y^2 bdy$$

$$= b\left[\frac{1}{3}y^3\right]_{-\frac{h}{2}}^{\frac{h}{2}}$$

$$= \frac{bh^3}{12}$$

② 밑면에 대한 단면2차모멘트(평행축이동의 정리를 이용하는 경우)

$$I_{x-x} = I_o + Ad^2$$

$$= \frac{bh^3}{12} + (\frac{h}{2})^2 bh = \frac{4}{12} bh^3$$

$$= \frac{1}{3} bh^3$$

③ 밑면에 대한 단면2차모멘트(직접적분하여 구하는 경우)

단면2차모멘트의 정의에 의하여 $x-x$ 축에 대하여

$$I_{x-x} = \int_0^h y^2 b dy = b[\frac{y^3}{3}]_0^h = \frac{bh^3}{3}$$

예제 10.3

일정한 수심에 잠겨 있는 수문에 작용하는 수압은 사다리꼴의 수압분포를 갖는다. 이 때의 수압의 작용점은

$$h_c = h_G + \frac{I_O}{h_G A}$$

가 되는 것을 구하시오.

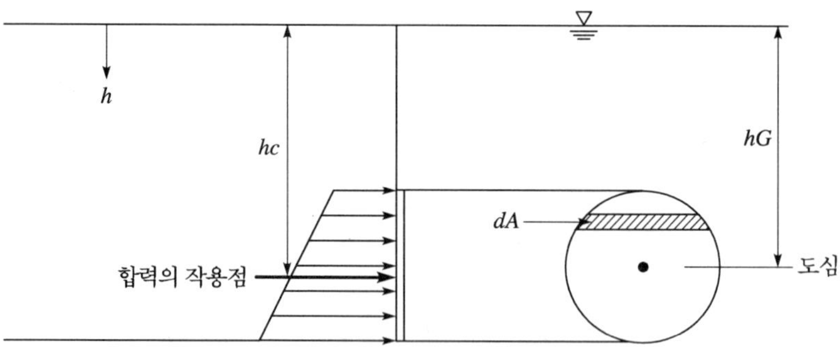

그림 10-3 수문에 작용하는 정수압

▮풀이

① 전수압의 크기

h_C = 수면에서 합력이 작용하는 위치까지의 거리

h_G = 수면에서 수문의 도심까지의 거리라 놓자.

미소면적에 작용하는 수압은 $dP = wh\,dA$ 이며,

전수압은 $P = \int_A dP = \int_A wh\,dA = w\int_A h\,dA = wA\,h_G$이다.

② 수압에 의한 모멘트

바리논의 정리에 의하여 전수압 P가 수면에 대하여 일으키는 모멘트의 크기는 각각의 미소면적 dA에 작용하는 수압 dP가 일으키는 모멘트의 합과 같으므로 다음과 같이 쓸 수 있다.

$$Ph_C = \int h\,dP = \int_A h(wh\,dA) = w\int_A h^2\,dA$$

이 때 $\int_A h^2\,dA$는 수문이 수면에 대하여 갖는 단면2차모멘트 I_y와 같으므로

$$Ph_C = w\,I_y$$

가 된다. 이 때 평행축 이동의 정리에 의하여 다시 윗 식은 $I_y = I_o + Ah_G^2$를 대입하면

$$Ph_C = w(I_o + Ah_G^2)$$

$$= wAh_G\left(\frac{I_o}{Ah_G} + h_G\right)$$

$$= P\left(h_G + \frac{I_o}{h_G A}\right)$$

$$\therefore\ hc = h_G + \frac{I_o}{h_G A}$$

예제 10.4

다음 그림과 같이 높이 4m,폭 4m 되는 수문이 있다. 상류수심 5m에서 하류로 물이 흐를 때 이 수문에 작용하는 전 수압의 작용점 위치를 수면에서부터 구한 값은 얼마인가?

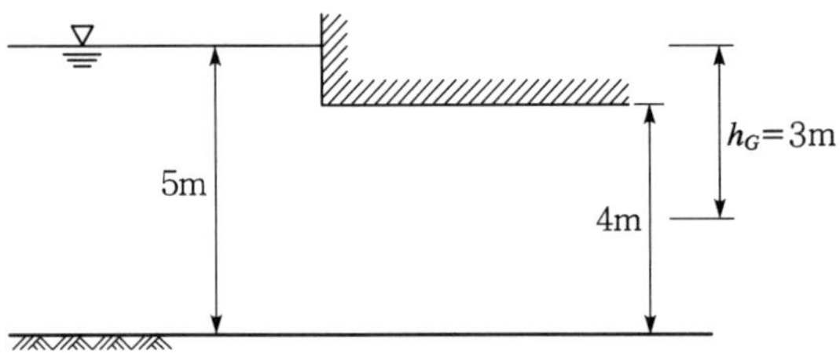

▌풀이

$$A = 4 \times 4 = 16\text{m}^2$$

$$I_0 = \frac{bh^3}{12} = \frac{4 \times 4^3}{12}$$

$$h_c = h_G + \frac{I_0}{h_G A}$$

$$= 3 + \frac{\frac{4^4}{12}}{3 \times 4^2} = 3 + \frac{4}{9} = 3.44\text{m}$$

(2) 에너지

구조물에 외력이 가해질 때 생긴 구조물의 변형은 탄성범위 내에서 외력이 제거되면 원상태로 돌아온다. 즉 에너지 형태로 저장되었다가 복원될 수 있다. 이렇게 저장된 에너지를 내부변형에너지 W로 표기하며 그 크기는 힘과 그 힘이 축방향으로 이동한 거리에 비례한다. 만일, 힘 P상태에서 δ만큼 이동하면 저장된 에너지는 그림 10-4(a)에서처럼 $P\delta$가 되며 이는 빗금친 면적의 값과 동일하다. 마찬가지로 힘이 O에 P로 점진적으로 증가하며 변형이 δ까지 발생하였다면 저장된 에너지는 그림 10-4(b)처럼 $\frac{P\delta}{2}$이며, 이는 빗금친 면적과 동일하다.

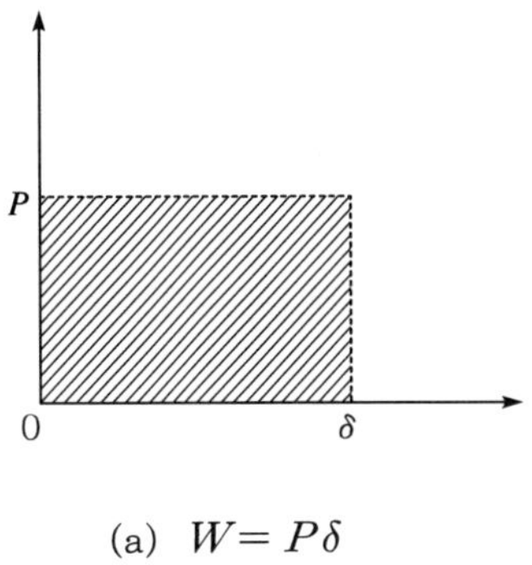

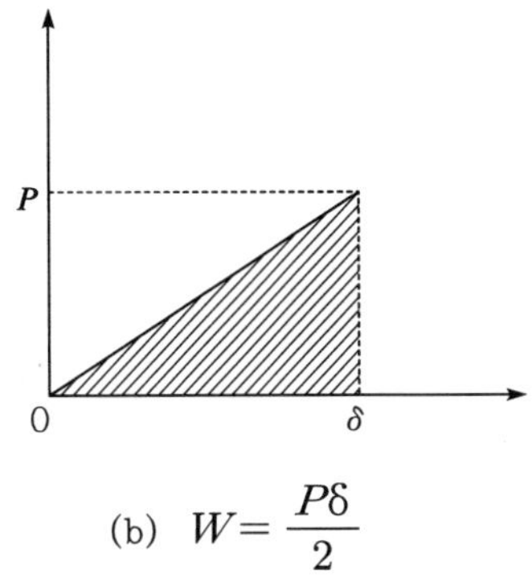

그림 10-4 변형에너지의 크기

즉, U(외부에서 한일) = W(내부에서 한 일)

이며 그 크기는 $P-\delta$선도의 적분값과 동일하다.

예제 10.5

길이 l, 지름 d인 원형단면 봉이 인장하중을 받고 있다. 응력이 단면에 균일하게 분포한다고 가정할 때, 이 봉에 저장되는 변형에너지는 얼마인가? 단, 힘에 의한 에너지는 힘 ×이동한 거리로 구해진다.

▮풀이

그림 10-5(a)처럼 힘은 변위가 0에서 δ까지 변하는 동안 그 크기에 비례하여 0에서 P까지 증가하므로, 변위가 x일 때의 힘의 크기 P_x는 다음과 같다.

$$P_x = P\frac{x}{\delta}$$

한편, 외력이 0에서 P까지 변하는 동안 하는 일의 크기는 그림 10-5(b)의 빗금친 면적과 같으므로 다음과 같다.

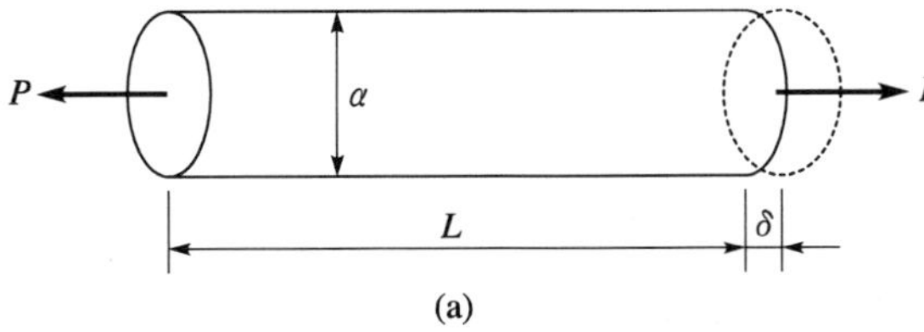

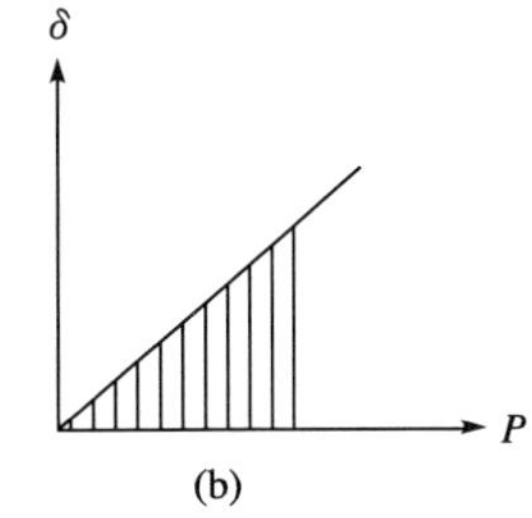

그림 10-5 봉의 변형에너지

$$U = W_e = \int_0^\delta P_x \cdot dx$$

$$= \int_0^\delta P \frac{x \cdot dx}{\delta}$$

$$= \frac{1}{2} P\delta$$

한편 $\sigma = \frac{P}{A}$, $\epsilon = \frac{\delta}{l}$ 이며, $\sigma = E\epsilon$이므로

$\delta = \frac{Pl}{EA}$가 되므로 이를 U에 대입하면

$$U = \frac{1}{2} P\delta = \frac{1}{2} P \frac{Pl}{EA} = \frac{P^2 l}{2EA}$$

$$= \frac{P^2 l}{2E\frac{\pi d^2}{4}}$$

$$= \frac{2P^2 l}{\pi d^2 E}$$

예제 10.6

압력 P와 체적 V는 반비례의 관계가 있다. 즉 $P \propto \frac{1}{V}$이므로 이를 수식으로 쓰면 어떤 상수 C에 대하여 $PV = C$가 된다. 만일 공기의 부피가 V_1에서 V_2로 변하였다면, 이때의 평균압력 P_o는 얼마인가?

▮풀이

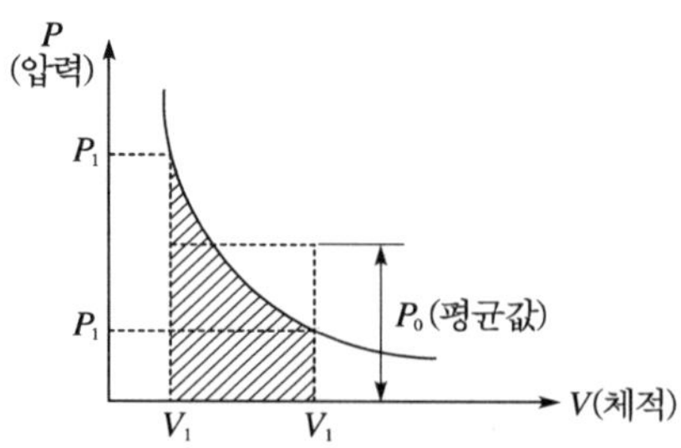

평균압력을 그림에서 전체 면적을 사각형으로 나타냈을 때 그 높이와 같으므로 전체 빗금친 면적을 정적분으로 구하여 밑변의 길이 $V_2 - V_1$ 으로 나누면 된다.

$A = \int_{V_1}^{V_2} f(V)dV$이며, $f(V) = P = \frac{C}{V}$를 대입하면

$$\begin{aligned} A &= \int_{V_1}^{V_2} \frac{C}{V} dV \\ &= C[\ln V]_{V_1}^{V_2} \\ &= C(\ln|V_2| - \ln|V_1|) \\ &= C\ln\left|\frac{V_2}{V_1}\right| \end{aligned}$$

$$\begin{aligned} P_o &= \frac{A}{V_2 - V_1} \\ &= \frac{C}{V_2 - V_1} ln\left|\frac{V_2}{V_1}\right| \end{aligned}$$

---

(3) 투수계수

예제 10.7

그림 10-6은 변수위 투수시험의 예이다. 유량은 단위시간당 어느 면적에 통과하는 물의 양을 말한다. Darcy의 법칙은 이러한 유량 q는 투수계수 k와 동수경사 i 또한 단면적 A에 비례하는 것이다. 즉

$$q = kiA$$

을 이용하여 변수위투수시험에 의한 투수계수의 식을 유도하라 이 때 동수경사 i는 단위길이당 수위차이므로 수위차 h를 시료의 길이 L로 나눈 것과 같다. 즉 $i = \frac{h}{L}$이다.

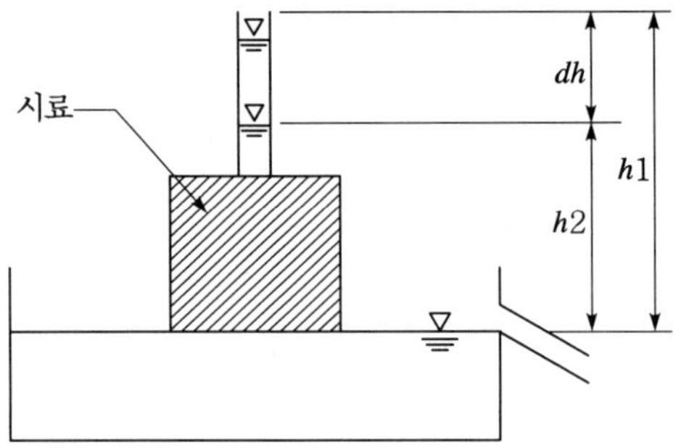

그림 10-6 변수위 투수시험

▌풀이

① 단위시간당 스탠드파이프의 감소유량

감소유량 δq는 단위시간당 스탠드파이프의 변위량 $\dfrac{dh}{dt}$에 넓이 a를 곱한 체적과 같다

$$\delta q = -a\frac{dh}{dt} \tag{1}$$

(−)부호는 높이가 감소하는 것을 의미한다.

② 단위시간당 유출유량

Darcy의 법칙 $q = kiA$에서

$$dq = k\frac{h}{L}A \tag{2}$$

③ (1)에서의 감소량과 (2)에서의 유출량은 같으므로

$$-a\frac{dh}{dt} = k\frac{h}{L}A \tag{3}$$

이를 적분이 가능하도록 식 (4)와 같이 변형시킨다.

$$-a\frac{dh}{h} = k\frac{A}{L}dt \tag{4}$$

양변을 적분하면

$$-a\int_{h_1}^{h_2}\frac{dh}{h} = k\frac{A}{L}\int_{t_1}^{t_2}dt$$

$$-a[\ln h]_{h_1}^{h_2} = k\frac{A}{L}[t]_{t_2}^{t_1}$$

$$a(\ln h_1 - \ln h_2) = k\frac{A}{L}(t_{2-}t_1)$$

$$a\ln\frac{h_1}{h_2} = k\frac{A}{L}(t_2 - t_1)$$

$$\therefore\ k = \frac{aL}{A}\frac{1}{t_2 - t_1}ln\frac{h_1}{h_2}$$

예제 10.8

현장에서의 투수계수는 아래의 그림과 같이 먼저 시험정을 투수층까지 파고, 우물 속의 수위가 일정할 때까지 천천히 퍼 올린다. 시험정 근처에 그림과 같이 관측정을 파서 수위를 기록한다. 이 때 시험정으로 들어오는 유량이 다음과 같을 때 이를 적분하여 투수계수를 구하시오.

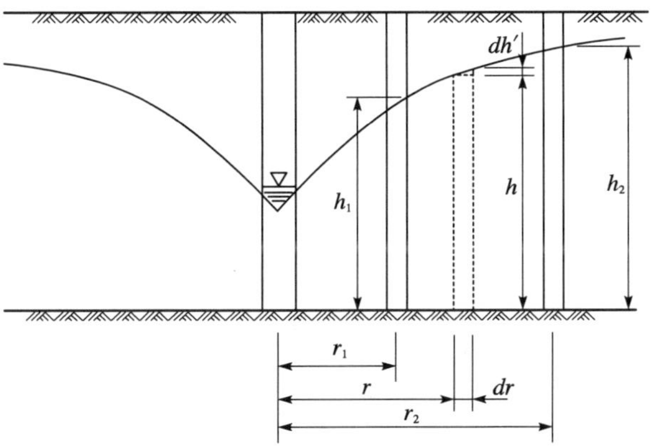

이 때 $i = \frac{h}{L} = \frac{dh}{dr}$, $A = 2\pi rh$이므로

$$q = kiA = k \cdot \frac{dh}{dr} \cdot 2\pi rh$$

▮ 풀이

$q = k\frac{dh}{dr}2\pi rh$를 적분이 가능하도록 다음과 같이 변형시킨다.

$$\frac{dr}{r} = \frac{2\pi khdh}{q}$$

$$\int_{r_1}^{r_2}\frac{dr}{r} = \int_{h_1}^{h_2}\frac{2\pi\, kh\, dh}{q}$$

$$[\ln r]\ _{r_1}^{r_2} = \frac{2\pi k}{q}(\frac{h_2^2}{2} - \frac{h_1^2}{2})$$

$$k = \frac{q\ln\frac{r_2}{r_1}}{\pi(h_2^2 - h_1^2)}$$

10.3 정적분의 근사계산

정적분은 근사적으로 구간별 값을 정하여 구할 수 있다. 예를 들면

$$\int_0^{\frac{\pi}{2}} \sin x\, dx$$

를 6구간으로 나누어 x값이 각각 $0 \sim 90°$까지 15°간격으로 $\sin x$값을 구하고 이를 높이로 하는 사다리꼴로 생각하여 근사적인 면적을 구하는 방법 등을 근사적분이라 한다.

이러한 근사적분은 실제로 지표의 형상과 같이 함수로 표현이 불가능하거나, 적분이 어려운 함수로 표현된 정적분의 값을 근사적으로 구하는 방법이다. 이러한 방법에는 사다리꼴공식과 심프슨 제1법칙 및 심프슨 제2법칙이 있다.

(1) 사다리꼴 공식

경계선의 굴곡이 비교적 심하지 않은 경우 유용한 방법으로서 각 경계선을 직선으로 생각하고 구할 면적을 몇 개의 사다리꼴로 구분하여 면적을 구한다.

그림 10-7에서 넓이를 A라고 하면

$$A = \frac{1}{2}\{(y_0 + y_1)d_1 + (y_1 + y_2)d_2 + ... + (y_{n-1} + y_n)d_n\}$$

$$= \frac{1}{2}\{d_1 y_0 + (d_1 + d_2) y_1 + \cdots + (d_{n-1} + d_n) y_{n-1} + d_n y_n\} \qquad (1)$$

이 된다. 이 때 $d_1 = d_2 = \cdots = d_n = d$ 라면 (1)식은

$$A = d\left\{ \frac{y_0 + y_n}{2} + y_1 + y_2 + \cdots + y_{n-1} \right\}$$

$$= d\left(\frac{y_0 + y_n}{2} + \sum_{i=1}^{n-1} y_i\right) \qquad (2)$$

이 되며 이를 사다리꼴 공식(trapezoidal formula)이라 한다.

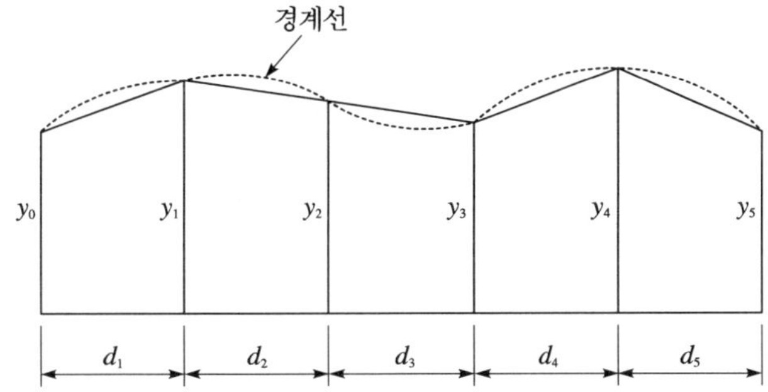

그림 10-7 근사적분의 사다리꼴 공식

(2) 심프슨의 제1법칙

심프슨의 제1법칙의 특징은 앞의 사다리꼴 공식이 경계를 직선으로 가정한 것이 오차가 큰 단점을 보완하기 위하여 경계선을 3점을 포물선으로 연결하여 근사적으로 면적을 구한 것이다. 먼저 단면을 일정 간격 d로 n개의 등간격으로 나누면 그림 10-8(b)와 같이 나타낼 수 있다.

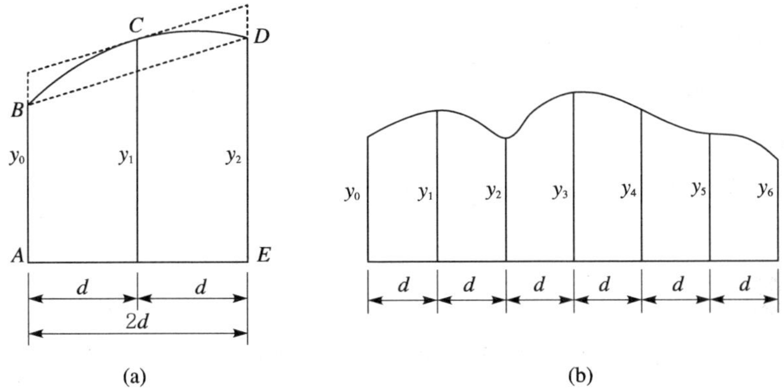

그림 10-8 심프슨의 제 1 법칙

그림 10-8(a)에서 면적은 (사다리꼴 면적 $ABDE$)와 근사적으로 3점을 연결한 (포물선으로 둘러싸인 면적 BCD)의 합과 같다.

이 때 (사다리꼴 면적 $ABDE$)$= 2d\dfrac{y_0+y_2}{2}$ 이다

또 (포물선으로 둘러싸인 면적 BCD)$= \dfrac{2}{3}$(포물선의밑변)(포물선의높이)

$$= \frac{2}{3}(2d)(y_1 - \frac{y_0+y_2}{2})$$

가 된다.

즉 면적 $A_1 = 2d\dfrac{y_0+y_2}{2} + \dfrac{2}{3}(2d)(y_1 - \dfrac{y_0+y_2}{2})$

$$= \frac{d}{3}(y_0 + 4y_1 + y_2)$$

이를 다음 면적 A_2, A_3, …순으로 더하면 전체 면적 A를 구할 수 있다. 즉

$$A = \frac{d}{3}(y_2 + 4y_3 + y_4) + \frac{d}{3}(y_1 + 4y_2 + y_3) + \ldots + \frac{d}{3}(y_{2m-2} + 4y_{2m-1} + y_{2m})$$

$$= \frac{d}{3}\{(y_0 + y_{2m}) + 4(y_1 + y_3 + \ldots + y_{2m-1}) + 2(y_2 + y_4 + \ldots + y_{2m-2})\}$$

$$= \frac{d}{3}(1 \times y_0 + 4 \times y_1 + 2 \times y_2 + \ldots + 2 \times y_{n-2} + 4 \times y_{n-1} + 1 \times y_n)$$

이를 심프슨 제1법칙이라 한다.

심프슨 제1법칙의 적용순서는 다음과 같다.

① 도형을 짝수의 등간격으로 나눈다(이때 간격은 d로 한다)

② 각 높이 y에 1, 4, 2, ,…, 4, 2, 4, 1의 가중치를 곱하여 더한다. 즉 양단의 높이에는 각각 1을 곱하고 4와 2를 번갈아 곱하고 끝에서 2번째는 4를 곱한다.

③ ②에서 구한 값에 $d/3$을 곱한 값이 면적 A이다.

예제 10.9

다음 그림과 같은 절개지에 잔디를 식재하려고 한다. 식재면적 S를 구하시오.

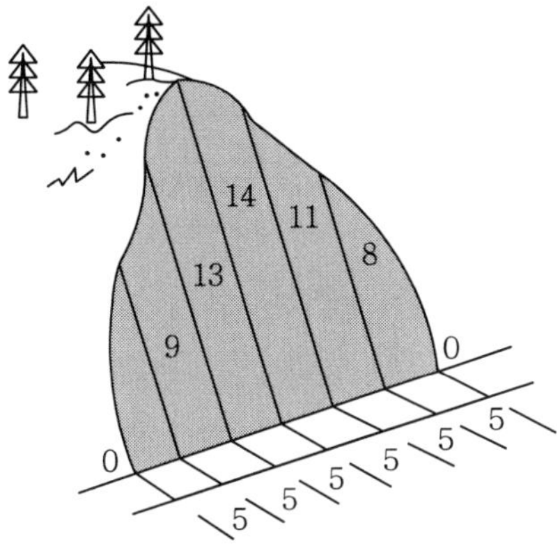

▮풀이

$$S = \frac{d}{3}(y_0 + 4y_1 + 2y_2 + 4y_3 + 2y_{4+}4y_{5+}y_6)$$

$$= \frac{1}{3} \times 5 \times (1 \times 0 + 4 \times 9 + 2 \times 13 + 4 \times 14 + 2 \times 11 + 4 \times 8 + 1 \times 0)$$

$$= 286.7[\mathrm{m}^2]$$

---

(3) 심프슨 제2법칙

그림 10-9에서 3구간을 1조로 한 도형 ABCDEFG 의 면적을 A_1을 구하면,

$$A_1 = (\text{대형}\,ABDE) + (\text{포물선}\,BCD)$$

$$= \left(3d \times \frac{y_0 + y_3}{2}\right) + \frac{3}{4}\left(\frac{y_1 + y_2}{2} - \frac{y_0 + y_3}{2}\right) \times 3d$$

$$= \frac{3}{8}d(y_0 + 3y_1 + 3y_2 + y_3)$$

가 되며, 일반적인 경우

$$A_2 = \frac{3}{8}d(y_3 + 3y_4 + 3y_5 + y_6)$$

$$A_3 = \frac{3}{8}d(y_6 + 3y_7 + 3y_8 + y_9)$$

. . . .

$$A_n = \frac{3}{8}d(y_{3n-3} + 3y_{3n-2} + 3y_{3n-1} + y_{3n})$$

으로 되어 있어, 전면적 A는 다음 식으로 표시된다.

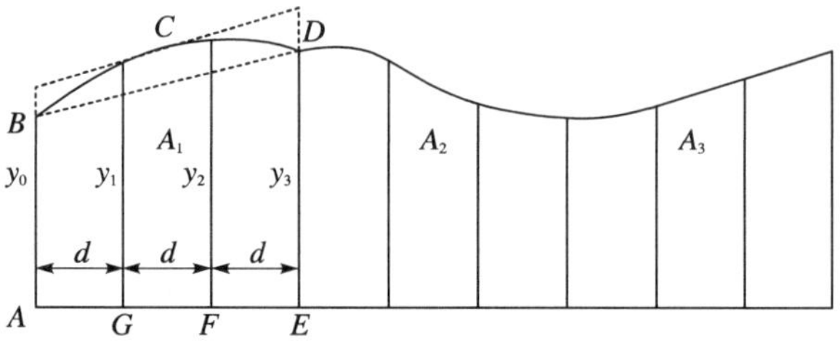

그림 10-9 심프슨 제2법칙에 의한 면적계산

$$A = \frac{3}{8}d\{y_0 + y_n + 2(y_3 + y_6 + \cdots + y_{n-3}) + 3(y_1 + y_2 + y_4 + \cdots + y_{n-2} + y_{n-1})\}$$

$$= \frac{3}{8}d\{y_0 + y_n + 2\Sigma_{y3배수} + 3\Sigma_{나머지수}\}$$

예제 10.10

다음 그림의 결과를 심프슨 제2법칙으로 면적을 구하라. 단, 지거의 간격은 1m로 일정하다.

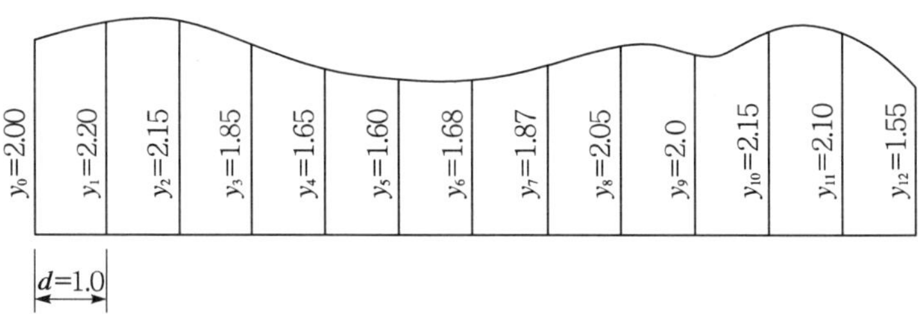

▮ 풀이

심프슨 제2법칙의 식 (7-9)를 이용하여

① $y_0 = 2.00\text{m}$, $y_{12} = 1.55\text{m}$, $d = 1.0\text{m}$

② $y_3 = 1.85\text{m}$, $y_6 = 1.68\text{m}$, $y_9 = 2.00\text{m}$

$\therefore\ (y_3 + y_6 + y_9) = 5.53\text{m}$

③ $y_1 + y_2 + y_4 + y_5 + y_7 + y_8 + y_{10} + y_{11}$

$= 2.20 + 2.15 + 1.65 + 1.60 + 1.87 + 2.05 + 2.15 + 2.10$
$= 15.77\text{m}$
가 되므로, 구하는 면적은

$$\therefore A = \frac{3}{8} \times 1.0 \times (2.00 + 1.55 + 3 \times 15.77 + 2 \times 5.53) = \frac{3}{8} \times 61.92$$
$$= 23.22\ \text{m}^2$$

이 된다.

(4) 하천의 유량

하천과 관로의 횡단면을 단위시간에 통과하는 유체의 양을 유량이라고 한다. 그림 10-9(a)는 어떤 하천의 횡단면의 예로서 미소부분으로 분할하여 그 면적을 dA, 또 그 부분의 유속을 v라 한다. v는 단편적으로 미소 적분의 따라 다르다. 따라서 횡단면 전체의 유량 Q는 $Q = \int_A v\,dA$로 구해진다. 이러한 적분을 횡단면 전체에 대하여 행한다.

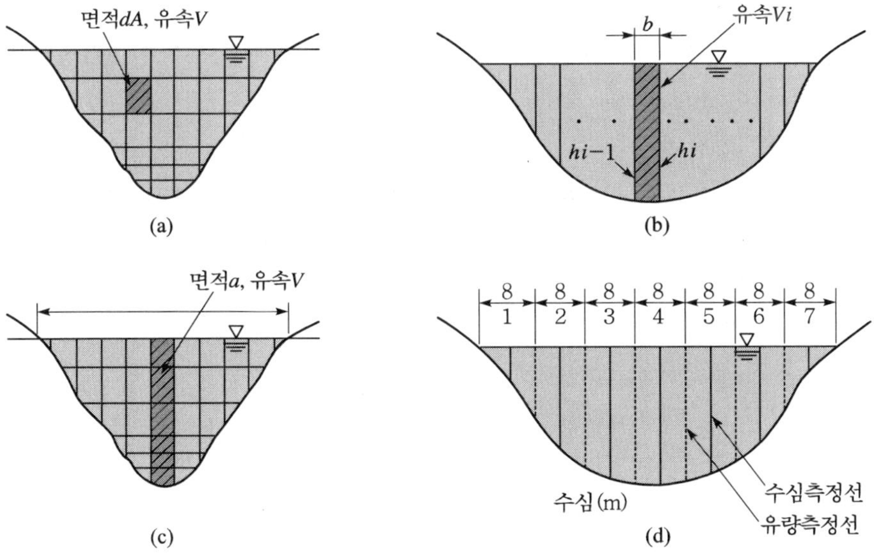

그림 10-9 유량의 계산

부재의 적분은 수치적분을 한다. 그 방법은 다음과 같다.

① 그림 10-9(a)처럼 횡단면을 작은 면적 a로 나눈다. 각 눈금 내의 유속 v를 측정하여, 유량 Av를 구한다. 이렇게 종방향의 한 면적에 대하여 수치적분을 하여 빗금친 면적 전체의 유량을 산출한다.
횡방향으로 같은 방법으로 수치적분을 계속하여 전체유량을 구한다.
이러한 방법은 수치적분으로 유량을 산출하는 기본적인 방법이나, 유속의 변화가 큰 경우 실용적이지 못하다.

② 횡단면을 그림 10-9(c)처럼 종방향으로 n개의 구간으로 나눈다. i번째 구간의 유량 Q_i는 구간의 평균 유속 v_i와 면적 A_i의 곱, 즉 $Q_i = v_i A_i$으로 구해진다. A_i는 구간 양단의 수심 h_{i-1}, h_i 과 구간의 폭 b_i가 이루는 사다리꼴의 면적으로 구한다. 즉,

$$A_i = \frac{1}{2} b_i (h_{i-1} + h_i)$$

따라서 전 유량 Q는 다음과 같다.

$$Q = v_1 A_1 + v_2 A_2 + \ldots + v_n A_n$$

이 때 평균유속의 결정은 아래와 같은 방법으로 한다.
(수심 H인 경우)

① 구간중심선상에, $0.6H$일 때의 유속을 평균유속으로 한다(1점법).

② 동시에 $0.2H$ 및 $0.8H$의 깊이의 유속의 평균을 평균유속으로 하는 방법 (2점법).

③ 동시에 $0.2H$, $0.6H$, $0.8H$의 깊이의 유속 $V_{0.2}$, $V_{0.6}$, $V_{0.8}$을 측정, $V = (V_{0.2} + 2V_{0.6} + V_{0.8})/4$ 를 평균유속으로 하는 방법(3점법).

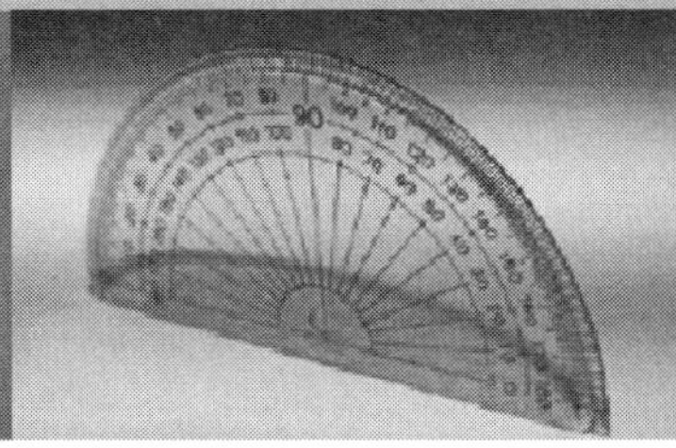

CHAPTER

11

측정치의 정리

11.1 측정치의 오차
11.2 계통오차의 처리
11.3 측정치의 처리
11.4 분산과 표준편차
11.5 정규분포
11.6 자료의 관리

CHAPTER 11

측정치의 정리

자연의 현상이나 건설현장에서 얻어지는 사전조사의 각종 측정자료, 시공 중의 관측값, 강도 등의 품질관리 및 침하량 관리자료 등의 정리를 통하여 그 영향인자와의 연관성 또는 관리상의 문제를 도출하는 것이 필요하다. 본 장에서는 이를 위한 통계처리 방법과 순서를 설명하고자 한다.

11.1 측정치의 오차

측정치에는 여러 가지 원인의 오차가 있으며, 크게 3가지로 나눌 수 있다.

(1) 계통오차(정오차, 누적오차)

계통오차의 특징은 다음과 같다.

① 줄자의 온도에 따른 오차, 저울 등 계기의 영점오차, 광파거리계의 광속이 대기상태에 따라 변하는 오차 또는 측정자의 개인오차 등
② 오차의 발생원인이 확실하여 일정한 크기와 방향으로 발생하는 오차
③ 측정기의 보정 등을 통해서 수정 또는 보정할 수 있다.

예로서 줄자의 온도보정, 장력보정 등…

④ 계통오차는 측정횟수에 비례한다

즉 계통오차 $= n\delta$

$n =$ 측정횟수

$\delta =$ 1회 관측시의 누적오차

예제 11.1

20m 줄자로 어떤 거리를 측정하였더니 200m이었다. 그런데 이 테이프의 검정결과 표준척보다 2cm 더 길었다면 실제길이는 얼마인가?

풀이

측정기의 결함에 의한 오차는 누적오차이므로 관측횟수에 비례한다.

즉 누적오차 $= n\delta$이므로

관측횟수 $n = \dfrac{200\,\mathrm{m}}{20\,\mathrm{m}} = 10\,(\text{회})$

누적오차 $= n\delta = 10 \times 2 = 20\mathrm{cm} = 0.2\mathrm{m}$

그러므로 실제의 거리 $l_o = l + 0.2 = 200 + 0.2\,(\mathrm{m})$가 된다.

---

(2) 우연오차(부정오차)

우연오차의 특징은 다음과 같다.

① 오차의 발생원인이 명확하지 않다.

② 오차의 크기와 방향(부호)이 일정하지 않다.

③ 정오차와 과실을 제거하고 남는 오차이다.

④ 관측횟수를 늘리면 정규분포를 이루므로 최소자승법으로 보정한다.

③ 우연오차의 크기는 측정횟수의 제곱근에 비례한다.

즉 우연오차 $= \pm\delta\sqrt{n}$

예제 11.2

50m 의 줄자로 길이 200m 를 측정할 때 줄자에 의한 길이 측정오차를 50m ± 2cm 라고 하면 이때 발생하는 오차는 얼마인가?

▌풀이

우연오차의 크기는 측정횟수의 제곱근에 비례하므로 먼저 총 길이를 측정하는데 필요한 관측횟수 n을 구한다.

$$n = \frac{200\,\mathrm{m}}{50\,\mathrm{m}} = 4\,(\text{회})$$

즉 우연오차 $= \pm\,\delta\sqrt{n} = \pm\,2.0\sqrt{4} = \pm\,4.0(\mathrm{cm})$가 된다.

(3) 과실(착오)

과실의 정의 및 특징은 다음과 같다.

① 측정자의 부주의에 의해 발생하는 오차

② 기록 및 계산의 착오, 측정횟수의 오차, 눈금 또는 계기상의 수치 판독 오류 등

(4) 선택효과

선택효과의 정의 및 특징은 다음과 같다.

① 설문조사 등과 같이 미리 알고 있는 특정 그룹을 통하여 데이터를 얻을 때 그 결과는 어떤 그룹을 선택하는 지에 따라 결과가 다르게 나온다. 이를 선택효과라 한다.

② 측량에서 기준점의 선택에 따라 그 신뢰도가 차이가 나는 것도 그 예라 하겠다.

③ 따라서 데이터를 어디를 통해서 또는 어디를 기준으로 획득할 것인 가는 매우 중요한 일이다.

11.2 계통오차의 처리

(1) 계통오차의 전파

어떤 값 u가 x, y, …의 함수라 하자.
x의 오차를 dx, y의 오차를 dy, … 로
또 u의 오차를 du라 하면,

$$du = \frac{\partial u}{\partial x}dx + \frac{\partial u}{\partial y}dy + \cdots \tag{1}$$

이 때 만일 u가 x만의 함수라면

$$du = \frac{\partial u}{\partial x}dx$$

가 된다.

(2) 상대오차

예로서 2개의 측정치에서 동일한 오차 $dx = 100\text{gf}$가 발생하면 x가 1kgf 인 경우에 비하여 x가 10kgf인 경우의 정도가 양호하다고 할 수 있다. 이처럼

$$\text{상대오차} = \frac{\text{오차}}{\text{측정치}} = \frac{dx}{x}$$

라 하며 식 (1)에서 상대오차는 무차원량으로서 오차의 비교에 유용하다.

(3) 계통오차의 처리

아래의 식

$$|ab| = |a| \cdot |b|$$

$$|a+b+\cdots| \leq |a| + |b| + \cdots$$

을 이용하면 식 (1)은 다음과 같이 변형될 수 있다.

$$|du| \leq \left|\frac{\partial u}{\partial x}\right| |dx| + \left|\frac{\partial u}{\partial y}\right| |dy| + \cdots$$

만일, u가 x만의 함수이면

$$|du| \leqq \left|\frac{\partial u}{\partial x}\right| |dx|$$

예제 11.3

어떤 지점의 효력 가속도 g가 추의 길이가 L인 자유 진동자의 진동주기 T를 측정하여 다음의 관계가 있다. (진폭이 작다고 가정)

$$g = 4\pi^2 \frac{L}{T^2}$$

L의 오차를 dL, T의 오차를 dT, g의 오차를 dg라 할 때, 어떤 값이 T의 정도에 미치는 영향이 더 큰가?

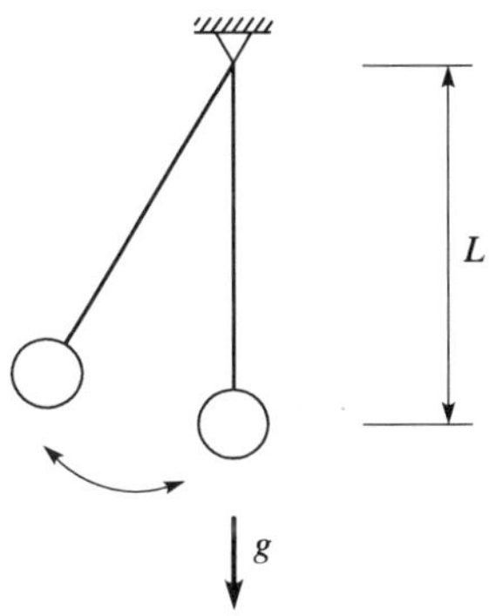

그림 11-1 진자의 진동

▌풀이

$$\frac{\partial g}{\partial L} = \frac{4\pi^2}{T^2}$$
$$\frac{\partial g}{\partial T} = -\frac{8\pi^2 L}{T^3}$$

따라서, 이 값을 식 (1)에 대입하면

$$dg = \frac{\partial g}{\partial L} dL + \frac{\partial g}{\partial T} dT = \frac{4\pi^2}{T^2} dL - \frac{8\pi^2 L}{T^3} dT$$

를 얻는다. 이를 상대오차로 표기하기 위하여 양변을 g값으로 나누면

중력가속도의 상대오차 $\frac{dg}{g}$로 표시하면

$$\frac{dg}{g}=\frac{\frac{4\pi^2}{T^2}}{\frac{4\pi^2 L}{T^2}}dL-\frac{\frac{8\pi^2 L}{T^3}}{\frac{4\pi^2 L}{T^2}}dT=\frac{dL}{L}-2\frac{dT}{T}$$

따라서 T의 상대오차가 L의 상대오차보다 정도에 미치는 영향이 2배 크다.

11.3 측정치의 처리

선택효과에 유의하여 얻어진 데이터는 먼저 계통오차를 보정한 후에 우연오차를 고려하여 최확치와 신뢰도를 구하게 된다.

(1) 직접측정자료의 오차처리 방법(경중률이 같은 경우)

직접측정이란 어떤 거리를 5회 측정하여 각각 125.34m, 125.35m, 125.34m, 125.36m, 125.33m 등과 같은 결과를 얻는 것을 말한다. 이러한 경우의 최확치는 다음과 같이 구한다.

그림 11-1에서 5회 측정한 데이터의 최확값을 $\overline{x}$라고 하면 각 데이터가 이 최확값에서 떨어진 값을 잔차 v_i라 하면

$$v_i = x_i - \overline{x}$$

가 된다.

따라서, 이들의 값을 제곱을 하여 더하면

$$Q=\sum_{i=1}^{n} v_i^2=\sum_{i=1}^{n}(x_i-\overline{x})^2$$

가 된다.

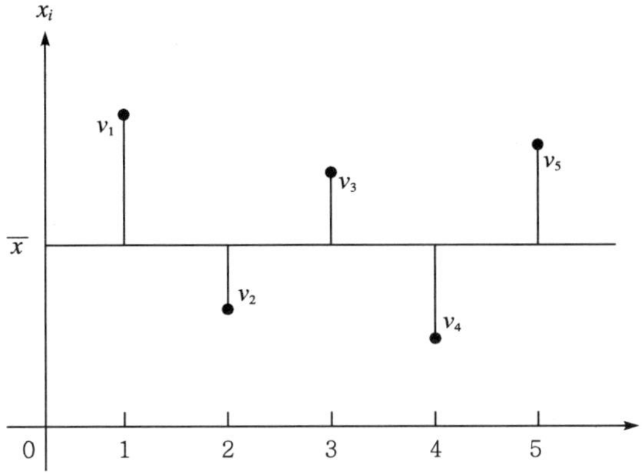

그림 11-2 평균의 개념

따라서, Q가 최소인 때의 $\bar{x}$를 찾기 위하여 $\dfrac{dQ}{d\bar{x}}=0$을 만족하는 $\bar{x}$를 찾으면 된다.

$$\frac{dQ}{d\bar{x}} = -2\sum_{i=1}^{n}(x_i - \bar{x})$$

$$= -2\sum_{i=1}^{n}x_i + 2n\bar{x} = 0$$

즉

$$\bar{x} = \frac{\sum_{i=1}^{n}x_i}{n}$$

가 된다. 이것은 x_i의 산술평균과 같으며, 평균치 = 최확치가 된다.

(2) 직접측정자료의 오차처리 방법(경중률이 다른 경우)

경중률이란 예를 들어 측량의 관측값에 있어, 관측방법, 관측횟수, 관측거리, 관측기계의 종류 등이 다른 경우 각 관측값의 가중치를 말한다.
이러한 경우 각각의 관측값 x_i에 대응하는 경중률을 P_i라 하면 최확치 $\bar{x}$는

$$\bar{x} = \frac{P_1x_1 + P_2x_2 + P_3x_3 + \cdots + P_nx_n}{P_1 + P_2 + P_3 + \cdots + P_n}$$

가 된다.

예제 11.4

어떤 측선의 길이를 관측하여 아래의 표와 같은 결과를 얻었다. 경중률을 고려하여 측선의 길이를 결정하라.

관측군	관측값(m)	관측횟수
1	12,534	3
2	12,532	4
3	12,533	5

▌풀이

관측횟수가 다르므로 경중률을 고려하여야 한다. 이 경우 관측횟수가 경중률과 비례하므로 각 관측군의 경중률을 w_1, w_2, w_3로 하면

$w_1 : w_2 : w_3 = 3 : 4 : 5$ 이다.

따라서,

$$l_o = \frac{l_1 w_1 + l_1 w_2 + l_1 w_3}{w_1 + w_2 + w_3}$$

$$= 12,530 + \frac{4 \times 3 + 2 \times 4 + 3 \times 5}{3 + 4 + 5}$$

$$= 12,532.92(\mathrm{m})$$

(3) 2개의 변수의 상관관계를 구하는 경우(상관분석)

상관분석은 두 변수간의 선형관계의 정도를 측정하는 방법으로 일반적으로 결정계수와 상관계수를 사용하여 이를 측정한다.

이들의 관계가 1차 해석의 관계에 있다고 가정하면 이 1차식을 $y = ax + b$라고 할 때 앞의 최소자승법을 이용하면 a, b의 최확치를 구할 수 있다.

측정치가 최확값에서 벌어진 편차 $v_i = ax_i + by_i$라고 하면

$$Q = \sum_{i=1}^{n} (ax_i + b - y_i)^2$$

이때

$$v_i^2 = a^2 x_i^2 + y_i^2 + b^2 + 2(abx_i - ax_i y_i - by_i) \tag{2}$$

이며, 이를 식 (2)에 대입할 때 식을 간단히 표현하기 위하여 $\sum_{i=1}^{n}$ 을 [ ]로 표기하기로 하자.

즉

$$\sum_{i=0}^{n} x_i = [x], \sum_{i=0}^{n} x_i yi = [xy],$$

$$\sum_{i=1}^{n} \xi^{2=} [x^2].[1] = n$$

등으로 표기한다.

(단 $[x^2] \neq [x]^2$이므로 주의를 요한다)

(*)식을 다시 쓰면

$$[v^2] = a^2[x^2] + [y^2] + nb^2 + 2(ab[x] - a[xy] - b[y])$$

이때 $[v^2]$를 최소로 하는 a, b를 구하려면

$$\frac{\partial [v^2]}{\partial a} = 0, \frac{\partial [v^2]}{\partial b} = 0$$

인 조건의 a, b를 구하면 되므로

$$\frac{\partial [v^2]}{\partial a} = 2a[x^2] + 2b[x] - 2[xy] = 0$$

$$\therefore [x^2]a + [x]b = [xy] \tag{1}$$

$$\frac{\partial [v^2]}{\partial b} = 2nb + 2a[x] - 2[y] = 0$$

$$\therefore [x]a + nb = [y] \tag{2}$$

①, ②식을 연립하면

$$[x^2]a + [x]b = [xy]$$

$$[x]a + n[b] = [y]$$

크레이머룰에 의하여

$$a = \frac{n[xy]-[x][y]}{n[x^2]-[x]^2}, \quad b = \frac{[x^2][y]-[xy][x]}{n[x^2]-[x]^2}.$$

가 된다.

예제 11.5

배합설계를 할 때 물-시멘트비와 콘크리트의 압축강도 사이의 상관관계를 구하여 설계를 하게 된다.

실험결과 아래의 표와 같은 결과를 얻었다면, 설계강도가 270kgf/cm^{2}인 콘크리트를 얻기 위하여 배합강도를 315kgf/cm^{2}로 정하였다면 물-시멘트 비는 얼마로 하여야 하는가 정해 보자.

물-시멘트비(%)	압축강도(kgf/cm^2)
40	345
45	294
50	257

▮풀이

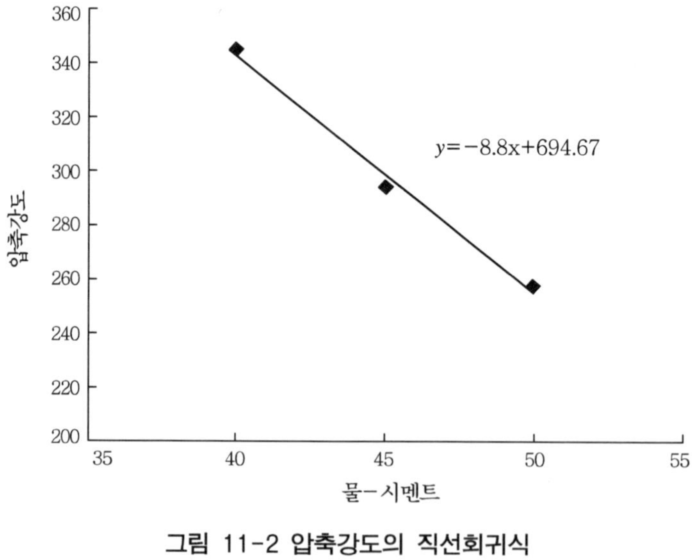

그림 11-2 압축강도의 직선회귀식

11.4 분산과 표준편차

현장에서 옹벽을 타설하려고 한다. 이 때 만일 인근의 2개 레미콘공장에서 콘크리트를 납품이 가능한 경우를 생각해 보자. 가능한 한 양질의 콘크리트를 공급받기 위하여, 현장의 관리자는 이 두 곳에서 그 동안 납품하였던 240kgf/ cm^2의 설계강도를 갖는 콘크리트의 강도실험결과를 비교하기로 하였다.

표 11-1 콘크리트 강도실험결과 (kgf/cm^2)

	1	2	3	4	5	6	7	8	9	평균
A레미콘	230	230	240	240	240	240	240	250	250	240.00
B레미콘	210	220	220	240	240	240	260	260	270	240.00

표 11-3에서 A, B 각 레미콘회사의 평균값은 240kgf/ cm^2로 동일하였다. 따라서 콘크리트강도의 평균값만으로 평가하면, 어느 회사의 콘크리트를 사용하여도 동일한 것처럼 나타나는 것을 의미한다. 그러나 자료를 조금이라도 관심 있게 관찰한 사람이라면, A레미콘의 경우는 강도의 범위가 230~250kgf/ cm^2인데 비하여, B레미콘의 경우는 강도의 범위가 210~270kgf/ cm^2로, A레미콘회사의 것보다 변동폭이 큰 것으로 나타났다. 따라서 A회사의 콘크리트가 B회사의 경우보다, 강도에서 편차가 적고 품질관리가 잘 이루어진 것을 알 수 있다.

위의 예에서 우리는 어떤 자료를 분석하는데, 평균값만으로는 충분하지 않다는 것을 알 수 있다. 바로 각각의 측정치, 즉 각각의 변량이 흩어져 있는 정도를 아는 것이 더 중요하다. 이 경우 가장 많이 쓰이는 것이 표준편차이다.

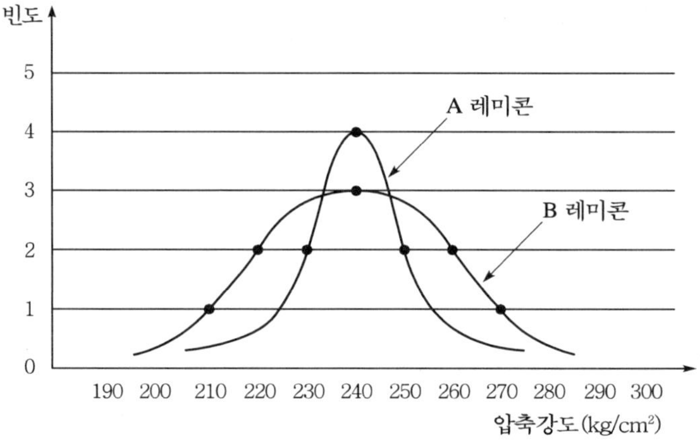

그림 11-3 밀도함수의 예

표 11-2 밀도함수의 특징

구 분	A의 경우	B의 경우
정 도	높다	낮다
형 상	뾰족한 종모양	넓게 퍼진 모양
평 균	240kgf/cm^2	240kgf/cm^2
표준편차	σ=7.07	σ=20.61

각 변량 x_i에서 평균 $\overline{x}$를 뺀 편차 $x_i - \overline{x}$의 각각을 제곱한 후 구한 평균값을 σ^2으로 나타내며 이를 분산이라고 한다. 그리고 분산의 제곱근을 표준편차라고 한다.

그러므로 변량 $x_1, x_2, x_3, \ldots, x_n$의 분산 σ^2과 표준편차 σ는 각각

$$\sigma^2 = \frac{(x_1 - \overline{x})^2 + (x_2 - \overline{x})^2 + \ldots + (x_n - \overline{x})^2}{n}$$

$$\sigma = \sqrt{\frac{(x_1 - \overline{x})^2 + (x_2 - \overline{x})^2 + \ldots + (x_n - \overline{x})^2}{n}}$$

로 나타낼 수 있다.

이 때 모집단의 표준편차의 추정값은 자유도 (n−1)로 나눈 값을 사용한다.

따라서,

$$\sigma^2 = \frac{(x_1 - \overline{x})^2 + (x_2 - \overline{x})^2 + \ldots + (x_n - \overline{x})^2}{(n-1)}$$

$$\sigma = \sqrt{\frac{(x_1 - \overline{x})^2 + (x_2 - \overline{x})^2 + \ldots + (x_n - \overline{x})^2}{(n-1)}}$$

로 나타낼 수 있다.

여러 분야의 관측값에서 반복관측을 하여도 참값은 알 수 없으며 다만 참값에 근접할 뿐이다. 이때 평균값을 최확값(most probable value)으로 하였을 때

$$\text{최확값}x - \text{관측치}l_i = \text{잔차}v_i$$

가 되며 대부분의 공학적 자료의 경우처럼, 모집단을 추정하는 경우 n-1로 나눈 값을 사용한다. 즉 표본관측값의 수 n으로 나눠주면 모집단의 분산정도를 실제보다 작게 나타나게 되므로 과소평가되는 경향을 갖는다.

표 11-3 σ_n과 σ_{n-1}의 비교

구 분	σ_n	σ_{n-1}
data의 갯수	n값이 매우 큰 경우 (통상 불가능)	n 값이 일반적인 경우 (측량data의 경우 통상 20개미만)
오차의 크기	$\sigma_n < \sigma_{n-1}$	
참값의 유무	참값을 알 때	참값을 모를 때 (대부분의 공학적 개념)
측정값의 종류	갯수 등	physical measurements 몸무게, 거리, 각

11.5 정규분포

위와 같이 원인이 밝혀진 변동이 제거되고, 순수한 우연오차에 의한 변동만이 발생한 경우, 다음의 기본가정에 의하여 나타나는 곡선을 정규분포곡선이라 한다.

① 큰 오차가 생기는 경우는, 작은 오차가 생기는 경우에 비하여 매우 적다

② 정(+) · 부(−) 오차는 거의 같은 양이 생긴다.

③ 매우 큰 오차는 거의 생기지 않는다.

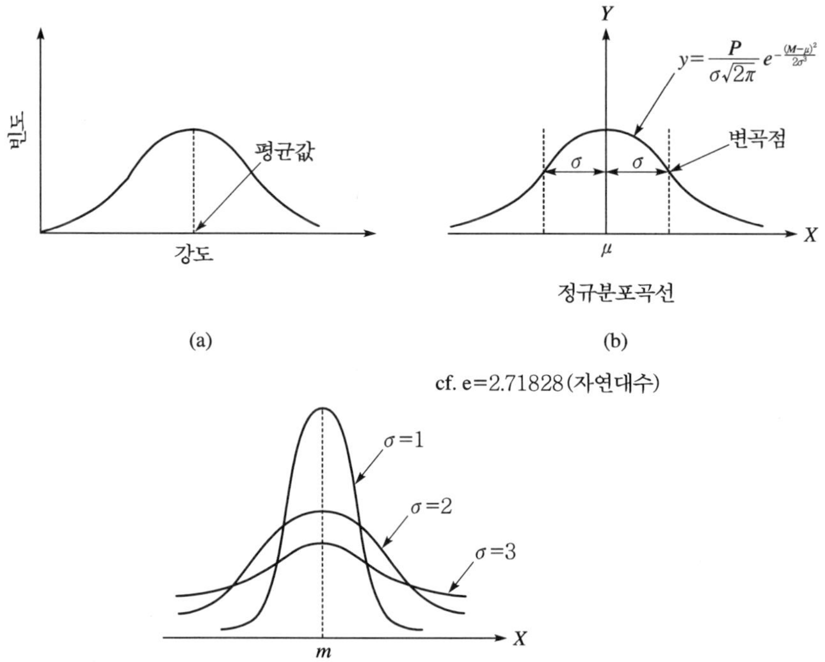

그림 11-4 정규분포의 비교그림 정규분포의 도수분포곡선

정규분포는 $N(m, \sigma^2)$으로 표시한다. 이때 m은 평균을, σ는 표준편차를 의미한다. 만일 이 정규분포의 면적이 1이 되면 평균이 0이고 편차가 1인 곡선을 얻게 되는데 이를 표준정규분포라 하고, 정규분포를 표준정규분포로 바꾸는 것을 표준화 또는 규준화라고 한다.

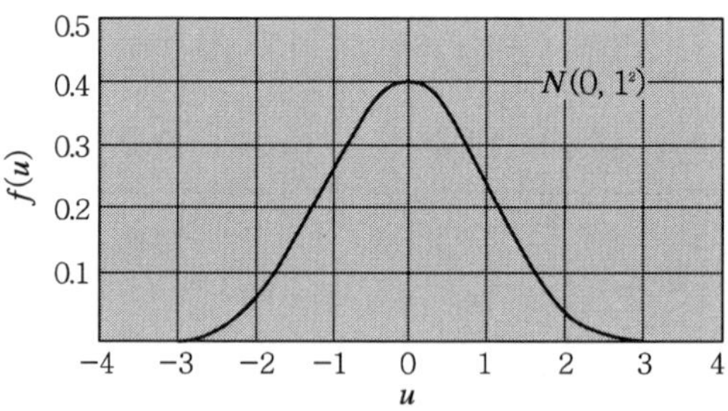

그림 11-5 $N(0,\ 1^2)$**의 분포**

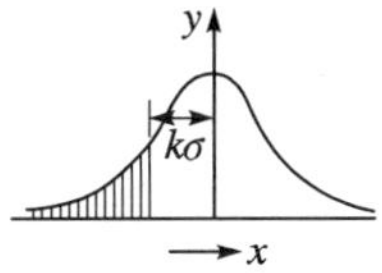

표 11-4 불량률과 표준편차(정규분포곡선)

평균값에서의 편차 $w = k\sigma$	0	0.432σ	0.67σ	0.842σ	0.966σ	σ	1.282σ
편측하부의 면적	0.500 1/2	0.333 1/3	0.250 1/4	0.200 1/5	0.167 1/6	0.159 1/6.3	0.100 1/10

평균값에서의 편차 $w = k\sigma$	0	0.432σ	0.67σ	0.842σ	0.966σ	σ	1.282σ
편측하부의 면적	0.500 1/2	0.333 1/3	0.250 1/4	0.200 1/5	0.167 1/6	0.159 1/6.3	0.100 1/10

11.6 자료의 관리

건설현장의 계측자료 및 각종 측정 data 등과 재료의 품질 시험자료 시험 등을 정리하고, 그로부터 data의 경향, 품질의 특성, 관리방향 등을 결정하기 위하여 히스토그램이나 관리도를 작성한다.

(1) 히스토그램(막대그래프)

가로축에는 측정값의 크기(예를 들면 콘크리트의 압축강도)를 구간별로 나타내고 세로축에는 각 구간에 대응하는 도수(frequency : 빈도) 또는 상대도수(관측값의 개수) 등을 나타내는 것을 히스토그램(막대그래프)라고 한다.

작성방법은 다음과 같다.

① 측정값을 가능한 한 여러 개 얻는다.

② 측정값의 최대치와 최소치를 구하여 변동의 폭을 가늠한다.

③ 전체 측정값을 몇 개의 군으로 분할하여, 각 그룹의 도수(빈도)를 구한다.

④ 가로축을 특성치, 세로축을 도수로 하여 그래프를 작성한다.

이러한 히스토그램을 통하여 다음과 같은 측정값의 특징을 살펴볼 수 있다.

① 측정값의 분포는 어디를 중심으로 하는가

② 측정값의 분포는 선형성을 갖는가?

③ 측정값의 분포는 대칭성을 갖는가?

④ 측정값을 크게 편차가 있는 값도 있는가.

⑤ 측정값의 분포정도는 어떠한가.

$cf.$ 측정값이 총수×각 구간의 폭 그림의 예에서는 20(측정값의 총수)×20 (각 구간의 폭)=400으로 나누면 확률밀도 함수(=면적의 합이 1인)를 구할 수 있다.

(2) 관리도 ($\overline{x}-R$ 관리도)

관리도는 계측관리 및, 품질 관리에 매우 중요한 자료로서, 품질 또는 계측 자료의 산포가 우연원인에 의한 것인지, 또는 이상원인에 의한 것인지를 판정하는 분석을 가능케 한다. 관리도는 보통 평균적 경향을 의미하는 중심선(CL CENTER LINE)과 품질에 허용되는 편차의 폭을 나타내는 관리한계를 상. 하에 두어 각각 관리 상한선 (UCL, UPPER CONTROL LINE)과 관리하한선 (LCL LOWER CONTROL LINE)을 두어 이상유무를 판단하고 한계치를 벗어나는 경향 등이 쉽게 발견 될 수 있도록 한다.

$\overline{x}-R$ 관리도란 $\overline{x}$ 관리도와 R 관리도를 나란히 그린 것으로 $\overline{x}$ 관리도는 평균값을 날짜별, 시료별로 이어 기록하여 관리하는 것이, R관리도는 관측치의 편차의 범위를 관리하는 것이다.

보통 관리도에서 1개의 관측치를 이루고 sample의 갯수는 $n=3\sim5$개가 적당하다.

길이, 중량 강도, 성분분석, 압력, 슬럼프, 공기량, 생산량 등의 데이터는 계획 값의 특성상 정규분포를 이루며 이들의 관리에는 $\overline{x}-R$ 관리도가 적합하다.

$\overline{x}-R$ 관리도의 작성방법은 다음과 같다.

1) 최초계산

(1) 3~5개의 데이터를 1조로 하여 측정값을 구한다.

(2) 데이터의 평균값을 구한다.

(3) 데이터의 최대치와 최소치의 차, 즉 $R = x_{\max} - x_{\min}$을 구한다.

2) 2회차 이상의 계산

(1) 총평균($\overline{\overline{x}}$)을 구한다.

$$\overline{\overline{x}} = \frac{\overline{x}_1 + \overline{x}_2 + \cdots + \overline{x}_k}{k}$$, k : 횟수

(2) 평균범위($\overline{R}$)를 구한다.

$$\overline{R} = \frac{R_1 + R_2 + \cdots + R_k}{k}$$, k : 횟수

(3) 관리선의 계산

· $\overline{x}$ 관리도

중심선 $CL = \overline{\overline{x}}$

상한관리선 $UCL = \overline{\overline{x}} + A_2 \cdot \overline{R}$

상한관리선 $LCL = \overline{\overline{x}} - A_2 \cdot \overline{R}$

· R 관리도

중심선 $CL = \overline{R}$

상한관리선 $UCL = D_4 \cdot \overline{R}$

상한관리선 $LCL = D_3 \cdot \overline{R}$

이 때 A_2, D_3, D_4는 $\overline{x}$, R의 이론적 분포가 정규분포로 가정하고 상하한치가 평균값으로부터 표준편차의 3배가 되도록 정한 계수들이다.

즉 $UCL = \mu + 3\sigma$, $UCL = \mu - 3\sigma$가 되도록 한 것이다.

1조의 data의 수(n)	A_2	D_3	D_4
3	1.023	-	2.575
4	0.729	-	2.282
5	0.577	-	2.115

n 〈6 인 경우 R관리도의 LCL은 관리하지 않으므로 D_3값은 표기하지 않았다. 즉 $R = 0$인 축이 관리선이 된다는 것을 의미한다.

예제 11.6

댐 공사시 콘크리트의 압축강도를 하루에 3회씩 15일 간 계측하여 결과를 얻었다. 이를 이용하여 $\overline{x}-R$관리도를 작성하여 보자.

일	측정치(kgf/cm^2)			일	측정치(kgf/cm^2)		
1	200	230	240	9	230	241	245
2	242	240	220	10	241	245	250
3	250	245	240	11	243	240	248
4	230	235	225	12	242	249	243
5	231	241	238	13	235	240	247
6	242	245	250	14	232	241	237
7	239	227	238	15	238	235	240
8	225	230	239				

▌풀이

측정치를 5일 단위로 정리하면 다음과 같다.

최초 5일까지의 결과로부터

$$\overline{\overline{x}}=\frac{223+234+245+230+237}{5}=233.8\ (CL),\ K=5$$

$$\overline{R}=\frac{92}{5}=18.4\ (CL)$$

$$\overline{\overline{x}}\pm A_2\cdot\overline{R}=233.8\pm1.023\times18.4=252.6\ (UCL)\sim215.0\ (LCL)$$

$$D_4\cdot\overline{R}=2.575\times18.4=47.4(UCL)$$

$$D_3=0\ (LCL)$$

최초 10일까지의 누계 결과로부터

$$\overline{\overline{x}}=\frac{223+234+...+231+239+245}{10}=236.6\ (CL),K=10$$

$$\overline{R}=\frac{150}{10}=15.0\ (CL)$$

$$\overline{\overline{x}}\pm A_2\cdot\overline{R}=236.6\pm1.023\times15=251.9\ (UCL)\sim221.3\ (LCL)$$

$$D_4\cdot\overline{R}=2.575\times15.0=38.6(UCL)$$

$$D_3=0\ (LCL)$$

최초 15일까지의 누계 결과로부터

$$\overline{\overline{x}}=\frac{223+234+...+241+237+238}{15}=238.1\ (CL),\ K=15$$

일	x_1	x_2	x_3	$\sum x$	$\overline{x}$	R	비고
1	200	230	240	670	223	40	
2	242	240	220	702	234	22	
3	250	245	240	735	245	10	
4	230	235	225	690	230	10	
5	231	241	238	710	237	10	
				(3507)		92	
6	242	245	250	737	247	8	
7	239	227	238	704	235	12	
8	225	230	239	694	231	14	
9	230	241	245	716	239	15	
10	241	245	250	736	245	9	
				(7094)			
11	243	240	248	731	244	8	
12	242	249	243	734	245	7	
13	235	240	247	722	241	12	
14	232	241	237	710	237	9	
15	238	235	240	713	238	5	
				(10,704)		191	

$$\overline{R}=\frac{191}{15}=12.7\ (CL)$$

$$\overline{\overline{x}}\pm A_2\cdot\overline{R}=238.1\pm1.023\times12.7=251.1\ (UCL)\sim225.1\ (LCL)$$

$$D_4\cdot\overline{R}=2.575\times12.7=32.7\,(UCL)$$

$$D_3=0\ (LCL)$$

이를 통해 $\overline{x}-R$ 관리도를 그리면 다음과 같다.

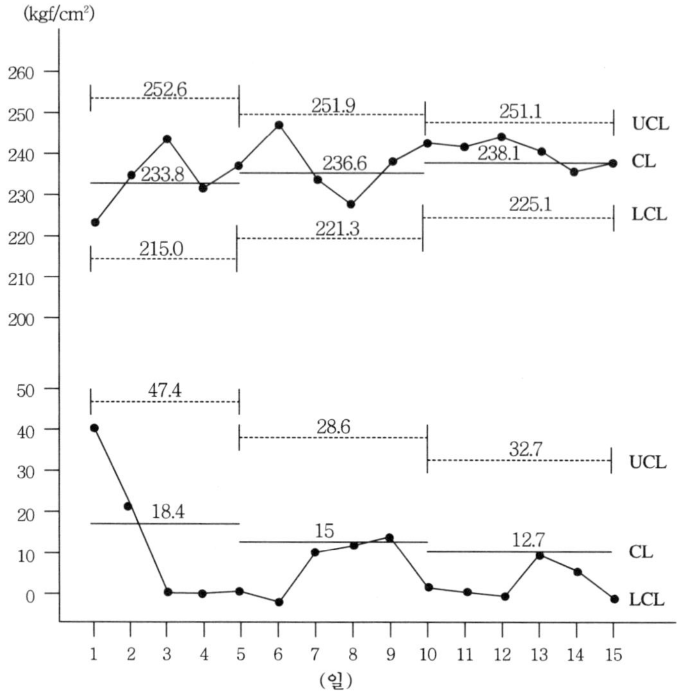
(kgf/cm²)
260
250
240
230
220
210
200
50
40
30
20
10
0
252.6
251.9
251.1
UCL
233.8
236.6
238.1
CL
225.1
LCL
221.3
215.0
47.4
28.6
32.7
UCL
18.4
15
12.7
CL
LCL
1 2 3 4 5 6 7 8 9 10 11 12 13 14 15
(일)

그림 11-6 관리도의 예

연습문제

1 5개의 콘크리트 시편의 압축 강도시험을 하여 다음과 같이 DATA를 얻었다. 데이터값 57, 63, 54, 59, 60의 표준편차(σ)는 얼마인가?

▮풀이

분산(σ^2) : 각 측정값을 평균에서 뺀 편차를 각각 제곱한 후 더해서 평균한 값

$$\sigma^2 = \frac{(x_1 - \overline{x})^2 + (x_2 - \overline{x_2})^2 + \cdots + (x_n - \overline{x_x})^2}{n}$$

표준편차(σ) : 정규분포상에서 각각의 측정값의 흩어져 있는 정도

$\sigma = \sqrt{\sigma^2}$: 분산의 제곱근

따라서,

$$\sigma = \sqrt{\frac{\sum_{i=1}^{n}(x_i - \overline{x})^2}{(n-1)}}$$

$$= \sqrt{\frac{(57-58.6)^2 + (63-58.6)^2 + \cdots + (60-58.6)^2}{5-1}}$$

$$= \sqrt{\frac{45.2}{4}} = 3.36$$

이때 n이 아니라 n−1로 나누는 이유는 p. 209에 설명한 것과 같이 5개의 측정값 중 참값을 모르기 때문에 5개중 1개를 최적값으로 사용하고 4개에 대해서 평균 분산을 구한 것으로 이해하여 n−1로 나누는 것을 의미한다.

그러므로

$$\sigma^2 = \frac{S}{n-1} = \frac{45.2}{5-1} = 11.3$$

$$\sigma = \sqrt{\frac{S}{n-1}} = \sqrt{V} = \sqrt{11.3} = 3.36$$

2 트래버스 측량을 한 전체 연장이 2.5km이고 위거오차가 +0.48m, 경거오차가 −0.36m였다면 폐합비는 약 얼마인가?

▮풀이

폐합비 $R = \dfrac{e}{\Sigma l}$에서

폐합오차

$e = \sqrt{(\text{위거오차})^2 + (\text{경거오차})^2} = \sqrt{(0.48)^2 + (-0.36)^2} = 0.6\ m$

$\therefore\ R = \frac{0.6}{2500} = \frac{1}{4167}$

3 축척 1:50000인 지도상의 4cm^2는 지상에서의 실제 면적 얼마를 나타내는가?

▌풀이

축척은 길이의 비를 의미하므로 도면의 비는 축척의 제곱에 비례하게 된다.
따라서,

$(\text{축척})2 = \frac{\text{도상면적}}{\text{실제면적}}$ 이므로

$(\frac{1}{50000})^2 = \frac{4 \times 10^{-10}}{\text{실제면적}}$ $\therefore$ 실제면적 $= 1\text{km}^2$이 된다.

4 축척 1:1000에서의 면적을 측정하였더니 도상면적이 3cm^3이었다. 그런데 도면 전체가 1% 수축되었다면 실제면적은 얼마인가?

▌풀이

$A0 = A(1 \pm \epsilon)2$에서, 도면이 축소되었으므로 실제면적은 더 커야 하므로 $A0 = A(1+\epsilon)2$ 이다.

도면상의 실제면적 A를 구하면 $(\text{축척})2 = \frac{\text{도상면적}}{\text{실제면적}}$ 이므로,

$(\frac{1}{1000})^2 = \frac{3 \times 10^{-4}}{A}$, $A = 300\text{m}^2$

$\therefore\ A_0 = A(1+\epsilon)^2 = 300(1+0.01)^2 = 306.03\text{m}^2$

5 동일 조건으로 기선측정을 하여 다음과 같은 결과를 얻었다. 최확값은 얼마인가? (단, 100.521±0.030m, 100.526±0.015m, 100.532±0.045m이다)

▌풀이

경중률은 중등오차의 제곱에 반비례 하므로

$P_1 : P_2 : P_3 : = \frac{1}{30^2} : \frac{1}{15^2} : \frac{1}{45^2} = \frac{1}{900} : \frac{1}{225} : \frac{1}{2025} = 4 : 1 : 9$

최확값 $L_0 = \dfrac{\sum P_i li}{\sum P_i} = \dfrac{4\times100.521+1\times100.526+9\times100.532}{4+1+9} = 100.528\,\text{m}$

6 갑과 을이 AB간 거리를 다수 관측하여 다음과 같은 결과를 얻었다. 이 결과로부터의 AB간 최확거리는 얼마인가?
(단, 갑 : 48.994±0.008m, 을 : 49.003±0.004m)

▌풀이

경중률은 중등오차의 제곱에 반비례하므로

$P_1 : P_2 = \dfrac{1}{8^2} : \dfrac{1}{4^2} = \dfrac{1}{64} : \dfrac{1}{16} = 1:4$

따라서,

최확값 $L_0 = \dfrac{\sum P_i l_i}{\sum P_i} = \dfrac{1\times48.994+4\times49.003}{1+4} = 49.001\text{m}$

7 다각측량에서 거리의 총합이 1250m일 때, 폐합오차를 0.26m로 하려고 한다. 위거 또는 경거의 오차를 얼마로 하여야 하는가? (단, 위거 및 경거오차는 같은 것으로 가정한다.)

▌풀이

폐합오차 $e = \sqrt{(\text{위거오차})^2+(\text{경거오차})^2}$

위거오차 = 경거오차 이므로

$0.26 = \sqrt{2\times(\text{위·경거오차})^2}$

$0.26^2 = 2\times(\text{위·경거오차})^2$

따라서, 위·경거 오차는

$\sqrt{\dfrac{0.26^2}{2}} = 0.18\text{m}$

8 설계기준강도(f_{ck})는 재령 28일에서 압축강도 28MPa이고, 목표 슬럼프는 120±15mm이며, 공기량은 4.5±0.5%이다. 굵은 골재의 최대치수는 25mm의 부순돌을 사용하였을 때 설계기준강도(f_{ck}) 확보에 필요한 콘크리트의 배합강도(f_{cr})를 주어진 조건을 이용하여 계산하시오.(단, 이때 예상되는 표준편차(s)는 3.2MPa이며, 압축강도의 시험횟수는 30회 이상으로 한다.)

▌풀이

$f_{cr} = f_{ck} + 1.34s = 28 + 1.34 \times 3.2 = 32.3\text{MPa}$

$f_{cr} = (f_{ck} - 3.5) + 2.33s = (28 - 3.5) + 2.33 \times 3.2 = 32\text{MPa}$

따라서, 배합강도 f_{cr}은 두 값 중 큰 값인 32.3MPa로 정한다.

참고 (1) 구조물에 사용된 콘크리트의 압축강도가 설계기준 강도보다 작아지지 않도록 현장 콘크리트의 품질변동을 고려하여 콘크리트의 배합강도(f_{cr})를 설계기준 강도(f_{cr})보다 충분히 크게 정해야 한다.

(2) 콘크리트 배합강도는 다음의 두 식에 의한 값 중 큰 값으로 정한다.

$f_{cr} = f_{ck} + 1.34s(\text{MPa})$

$f_{cr} = (f_{ck} - 3.5) + 2.33s(\text{MPa})$

여기서, s: 압축강도의 표준편차(MPa)

(3) 콘크리트 압축강도의 표준편차는 실제 사용한 콘크리트의 30회 이상의 실험 실적으로부터 결정한다. 다만,압축강도의 시험횟수가 29회 이하이고 14회 이하인 경우는 그것으로 계산한 표준편차에 표 3.8의 보정계수를 곱한 값을 표준편차로 사용한다.

(4) 콘크리트 압축강도의 표준편차를 알지 못할 때 또는 압축강도의 시험횟수가 14회 이하인 경우,콘크리트의 배합강도는 표 3.9와 같이 정한다.

표 3.8 시험횟수가 29회 이하일 때 표준편차의 보정계수

시험횟수	표준편차의 보정계수
15	1.16
20	1.08
25	1.03
30 이상	1.00

(주) 위 표에 명시되지 않은 시험횟수에 대해서는 직선 보간한다.

표 3.9 압축강도의 시험횟수가 14회 이하이거나 기록이 없는 경우의 배합강도

설계기준강도(f_{ck})(MPa)	배합강도(f_{cr})
21 미만	f_{ck}+ 7
21 이상 35 이하	f_{ck}+ 8.5
35 초과	f_{ck}+ 10

V_s의 계산

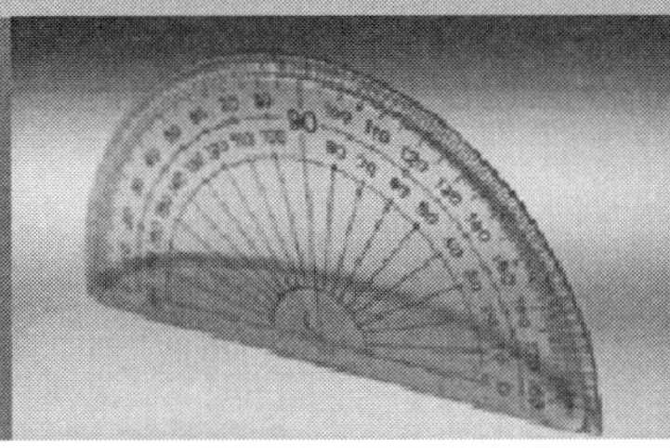

CHAPTER

12

유효숫자와 차원

12.1 유효숫자와 오차
12.2 유효숫자의 계산법
12.3 물리량의 특성
12.4 차원
12.5 단위
12.6 차원의 변환

CHAPTER 12

유효숫자와 차원

모든 공학적 자료는 수치로 표시된다. 이를 어느 정도의 정확도로 표기하는가, 또는 어느 정도 의미를 부여하여야 좋은가의 문제가 생긴다. 또한 모든 물리량의 차원을 국제단위계에 맞추어 표현하는 추세이므로 이를 알아보고자 한다.

12.1 유효숫자와 오차

(1) 유효숫자의 의미

물리량의 수치는 반드시 오차를 포함한다. 따라서 우리는 어떠한 계산을 하고 난 뒤, 수치를 표현할 때, 이러한 오차를 최소로 하도록 하여야 한다.

어떤 수치에서 제일 끝자리의 숫자는 오차를, 엄밀히 말하면 오차의 한계를 지닌다.

구조물을 설계하는 경우라면, 내력 > 외력의 조건을 계산하는 경우라면, 내력의 끝자리는 끝자리내림을, 외력의 끝자리는 끝자리올림을 하여야 안전한 설계가 된다는 점도 하나의 공학적인 판단의 문제라 하겠다.

데이터를 유효 행에서 정리하는 것을 끝마무리(rounding off)라 한다. 이러한 방법에는 다음의 3가지 방법이 있다.

① 사사오입(四捨五入)

② 끝자리 올림

③ 끝자리 내림

이중 가장 널리 사용되는 방법이 사사오입이라 할 수 있다.

사사오입을 한 어떤 숫자는 얼마의 오차를 갖는가?

예를 들어 사사오입에 의하여 12.54m의 수량을 구하였을 때, 이 숫자는 12.535보다는 크고 12.545보다는 작은 범위에 있으므로 12.54 ± 0.05라고 할 수 있다. 이때 0.05는 위의 측정치의 오차의 한계를 의미한다

소수점 (n+1)이하를 사사오입한 경우라면 n자리까지를 구한 경우이므로 그 오차의 한계는 0.5×10^{-n}이 된다.

(2) 유효숫자의 자리수

공학계산에서 중요한 점은 모든 수치의 상대적 정확도이다. 예를 들어 어떤 기둥에 작용하는 축력이 $P = 12.679$ton이라 하자. 즉 12ton이 넘는 힘을 표현하는데 0.001ton까지의 근사치를 계산하고 있다.

이는 대략 1/12,000정도의 정확도와 0.001ton정도의 정도를 의미하나, 기둥의 축력 산정 등에는 그 어느 쪽도 무의미한 것이 된다.

구조계산에서 요구되는 수준의 정확도는 1/100, 또는 1/1,000정도 이상은 의미가 없으며, 따라서 이 경우 0.1ton의 자리까지 또는 0.01ton의 자리까지만 기록하는 것이 근사치로서 충분하여, $P = 12.7$ton, 또는 $P = 12.68$ton 정도로 표현할 수 있다.

12.2 유효숫자의 계산법

(1) 유효숫자의 표현법

예제 12.1

1999, 4328을 10의 거듭제곱으로 나타내어라.

▌풀이

측정값 17951을 십의 자리에서 반올림하면

$$179\dot{5}1 \rightarrow \dot{1}\dot{8}\dot{0}00 \qquad (1)$$

또, 백의 자리에서 반올림하면

$$17\dot{9}51 \rightarrow \dot{1}\dot{8}000 \qquad (2)$$

즉, 측정값 17951을 각각 십과 백의 자리에서 반올림한 결과는 똑같이 18000이다.
이와 같이, 근사값만으로는 반올림한 자리를 확실히 알 수 없는 경우가 있다. 이 때 근사값에서 반올림하지 않은 부분이나 측정하여 얻은 믿을 수 있는 숫자를 유효숫자라고 한다.
이를테면, 위의 근사값 18000에 대하여
(1)에서는 반올림하지 않은 부분이 1, 8, 0이므로 유효숫자는 1, 8, 0이다.
(2)에서는 반올림하지 않은 부분이 1, 8이므로 유효숫자는 1, 8이다.

측정값 4.0m에서 유효숫자는 4.0이지만, 이것을 1cm 단위로 고쳐서 400cm라 하면, 끝에 있는 1개의 0은 유효숫자가 아니다.

측정값 0.0710kgf에서 처음 2개의 0은 유효숫자가 아니고, 뒤의 7, 1, 0은 유효숫자이다.

(2) 지수를 이용한 유효숫자의 표현

근사값의 유효숫자를 분명히 밝히기 위하여, 다음과 같은 방법으로 근사값을 나타낸다.

근사값	반올림한 자리	유효숫자	근사값의 표시
370000	천의 자리	3, 7	3.7×10^5
370000	백의 자리	3, 7, 0	3.70×10^5
370000	십의 자리	3, 7, 0, 0	3.700×10^5
0.056	소수 넷째 자리	5, 6	$5.6\times 1/10^2$
0.0560	소수 다섯째 자리	5, 7, 0	$5.60\times 1/10^2$

즉, 근사값의 유효숫자를 분명히 밝히기 위하여 유효숫자들로 된 정수 부분이 한 자리인 수를 a라 할 때, 다음과 같은 모양으로 근사값을 타낸다.

$$a\times 10^n \text{ 또는 } a\times\frac{1}{10^n}$$

여기서, $1\leq a$ 〈10이고, n은 자연수이다.

이러한 방법은 입력할 수 있는 자릿수가 제한된 계측기 등의 수치 입력에 널리 사용된다.

예를 들어 실수부 4자리와 지수부2자리를 입력 가능한 계측기에 데이터를 입력할 때 0.9745를 입력하려면 0.974로 입력할 수밖에 없다. 그러나 이를 9.745×10^{-1}으로 표시하면 유효숫자가 1자리 증가하므로 정도를 높일 수 있다.

(2) 덧셈과 뺄셈의 경우

① 각 항의 유효숫자의 끝자리 위치가 동일한 경우, 계산 후의 유효숫자의 끝자리는 동일하다.

$$12.23 + 2.56 = 14.79$$

② 끝자리의 위치가 서로 다른 경우, 자릿수가 적은 쪽의 자릿수를 따라 계산한다.

예제 12.2

24.7 + 12.123을 계산하라

▮풀이

$$\begin{array}{r} 24.7 \\ \underline{+12.1} \\ 36.8 \end{array}$$

(3) 곱셈 · 나눗셈

① 유효숫자 n행인 수의 곱셈과 나눗셈은, n행 또는 (n+1)행의 수까지 표시한다.

② m<n인 경우, 유효숫자 m행과 n행인 숫자의 곱셈과 나눗셈은, 작은 숫자인 m 또는 (m+1)인의 자릿수까지 표현한다.

예제 12.3

3.42×2.7을 계산하라.

▮풀이

3.42는 유효숫자가 소수 둘째 자리까지이고, 2.7은 유효숫자가 소수 첫째 자리까지이므로, 9.234와 같은 곱셈의 결과에서 소수 둘째 자리 이하의 수는 아무런 뜻이 없다. 그러므로, 근사값의 곱셈에서는 유효숫자의 개수가 작은 쪽인 2개로 맞추어 반올림한 3.4와 2.7을 계산한 다음, 그 결과의 유효숫자도 역시 2개가 되도록 반올림한다.
따라서, $3.42 \times 2.7 \fallingdotseq 9.2$가 된다.(예제) $43.59 \times 6.148 = 268.0$

$$(4.359 \times 10^2) \times (6.148 \times 10^{-3}) = 2.679\ 9$$

$$8.51 \div 23.492 = 0.362$$

12.3 물리량의 특성

공학에서 취급하는 물리량은 계산과정에서 주의하여야 할 다음의 특성을 갖는다.

① 물리량의 값은 오차를 갖는다.

② 불필요한 계산은 피한다

③ 계산결과 오차를 최소화하여야 한다

④ 수량의 차원과 단위에 유의하여야 한다.
물리량은 수치와 단위가 결합된 것을 의미한다.
만일 우리가 7이라고 말한다면 그것이 7cm인지 7m인지 또는 길이가 아니고 7kgf인지 알 수가 없다. 즉 수량은 수치(숫자)에 단위가 더해져야 그 의미를 갖는다.

(수량) = (수치) + (단위)

12.4 차원

(1) 차원의 정의

예를 들어 같은 부피의 철근과 콘크리트의 무게는 서로 비교할 수 있다. 그러나 철근의 길이와 콘크리트의 무게처럼 서로 다른 단위의 크기를 비교하거나 더하고 뺄 수 없다. 마찬가지로 $1m^3$과 15km 등은 비교할 수 없다. 이처럼 물리량이 서로 다른 것으로는 길이, 면적, 질량 등이 있다. 물리량은 일반적으로 차원을 갖는다.

(2) 차원의 법칙

물리량의 연산에는 근본적인 다음과 같은 법칙이 존재한다.

① 방정식과 부등식의 경우, 양변은 항상 같은 차원이어야 한다. 즉 서로 같다는 의미와 대소를 비교한다는 것은 항상 같은 차원에 대해서만 가능하다.

② 양의 덧셈과 뺄셈은 같은 차원끼리만 가능하다.
③ 양의 곱셈과 나눗셈은 다른 차원끼리도 가능하다.

(3) 차원의 응용

차원을 이해하면 다음과 같은 점에서 응용이 가능하다.
① 식을 세웠을 때, 식의 검산이 가능하다.
② 어떤 결과가 얻어졌을 때, 그 값의 물리적인 의미를 이해할 수 있다.
③ 미지의 자연법칙을 발견할 수 있다.
따라서, 항상 어떤 계산을 하였거나, 식을 세웠을 때 차원과 단위의 검산이 중요하다.

12.5 단위

공학에서는 기본적으로 국제단위계 즉 SI Unit (Le Systeme International d'Unites= Internation System of Unites)를 사용한다. 아직은 편의상 종래의 단위계를 일부 병용하나 앞으로는 점차 국제단위계로 통일될 것에 대비하여 익숙해질 필요가 있다.

(1) 기본단위와 보충단위

SI단위계는 기본단위계 7가지와 보충단위계 2가지로 되어 있으며 이들은 서로 독립된 차원을 갖는다.

(2) 유도단위

자연의 현상은 기본단위와 보충단위를 조합하여 표현된다. 예를 들어 넓이를 표현하려면 m^2, 속도를 표현하려면 m/s 의 단위가 필요하다. 이때 힘과 같이 그 단위가 $kg \cdot m \cdot s^{-2}$로 복잡한 경우에는, N (뉴튼)과 같이 고유한 명칭을 따로 부여하게 된다. 주요 유도단위는 표 12-2와 같다.

한편 현재 관습적으로 우리의 일상에서 SI단위와 더불어 널리 사용되는 단위는 표 12-3과 같다.

표 12-1 기본단위와 보충단위

구 분	양	단위명칭	단위기호
기본단위	길 이	미터	m
	질 량	킬로그램	kg
	시 간	초	s
	전 류	암페어	A
	열역학온도	켈빈	K
	물 질 량	몰	mol
	광 도	칸델라	cd
보충단위	평 면 각	라디안	rad
	입 체 각	스테라디안	sr

표 12-2 주요유도단위

구분	양	기호	명 칭	단 위 기 호		
				고유명칭을 가진 단위	기본단위·보충단위에 의한 표시방법	다른 단위에 의한 표시방법
공간·시간	넓이	A	제곱미터		m^2	
	부피	V	세제곱미터		m^3	
	속도	v	미터/초		$m \cdot s^{-1}$	
	가속도	α	미터/초제곱		$m \cdot s^{-2}$	
	각속도	ω	라디안/초		$rad \cdot s^{-1}$	
주기현상	주파수	f	헤르츠	Hz	s^{-1}	
	회전속도	n	회/분			rpm
역학	밀도	ρ	킬로그램/세제곱미터		$kg \cdot m^{-3}$	
	역량(힘)	$F.P.W$	뉴턴	N	$m \cdot kg \cdot s^{-2}$	
	힘의 모멘트	M	뉴턴미터			N · m
	압력	P	파스칼	Pa	$m^{-1} \cdot kg \cdot s^{-2}$	N/m^2
	압축(인장) 강도	σ	파스칼	Pa	$m^{-1} \cdot kg \cdot s^{-2}$	N/m^2
	점도	η	파스칼초		$m^{-1} \cdot kg \cdot s^{-1}$	Pa · s
	동점도	v	제곱미터/초		$m^2 \cdot s^{-1}$	
	표면장력	σ	뉴턴/미터		$kg \cdot s^{-2}$	$N \cdot m^{-1}$
열	섭씨온도	t	섭씨도	°C		
	열량	Q	줄	J	$m^2 \cdot kg \cdot s^2$	N · m
	열전도율	K	와트/미터켈빈		$m^2 \cdot kg \cdot s^{-3} \cdot K^{-1}$	$W \cdot m^{-1} \cdot K^{-1}$
기타	기자력	I	암페어		A	
	전기량	Q	쿨롬	C	$s \cdot A$	A · s
	전압	V	볼트	V	$m^2 \cdot kg \cdot s^{-3} \cdot A^{-1}$	$W \cdot A^{-1}$
	전기저항	R	옴	Ω	$m^2 \cdot kg \cdot s^{-3} \cdot A^{-1}$	$V \cdot A^{-1}$
	농도	c	몰/세제곱미터		$mol \cdot m^{-3}$	

표 12-3 SI단위와 더불어 사용되는 비SI단위

양	명 칭	기 호	비 고
시간	분 시 일	min h d	1min=60s 1h=60min=3 600s 1d=24h=86 400s
평면각	도 분 초	° ′ ″	1°=(π/180)rad 1′=(1/60)°=(π/10,800)rad 1″=(1/60)′=(π/648,000)rad
부피	리터	l, L	$1l = 1 \quad dm^3 = 10^{-3}m^3$
질량	톤	t	$1t = 10^3 kg = 1Mg$

(3) 고쳐야 할 단위계

현재 널리 사용되고 있으나 SI단위로 고쳐야 할 단위로서는 표 12-4와 같은 단위들이 있다.

한편 기존에 사용하던 SI단위도 그 표기법이 표 12-5와 같이 변한 것은 이에 맞추어 사용하도록 한다.

표 12-4 SI단위로 바뀌는 과정에 있는 비SI단위

양	명 칭	기 호	SI단위로의 환산
속도	노트		1해리/h=0.514m/s
면적	아르	a	$1a = 100m^2$
	헥타아르	ha	$1ha = 10,000m^2$
압력	바	bar	1 bar=$10^5 Pa$
	표준대기압	atm	1 atm=1012.5hpa
중력가속도	갈	Gal	1 Gal= $10^{-2}m/s^2$

표 12-5 수정된 표기법

양	재래의 단위	SI시대의 단위
시 간	sec	s(초)
	hr	h(시간)
	day	d(일)
길 이	μ	㎛(마이크로미터)
각 도	radian	rad(라디안)
온 도	。K	K(켈빈)
부 피	cc(또는 c.c.)	cm^3(세제곱센티미터)
질 량	gr	g(그램)
	KG(킬로그램)	kg(킬로그램)
중 량	g(그램)	gf(그램힘)
	kg(킬로그램)	kgf(킬로그램힘)
	t(톤)	tf(톤힘)

12.6 차원의 변환

(1) 주요 유도단위의 계산

힘, 압력 등은 기본단위계를 이용하여 계산할 수 있다.

① 힘 :

newton, N : $m \cdot kg \cdot s^{-2}$

② 압력

pascal, Pa : $m^{-1} \cdot kg \cdot s^{-2}$ (N/m^2)

③ 일 또는 에너지

joule, J : $m^2 \cdot kg \cdot s^{-3}(= N \cdot m)$

④ 일률

watt, W, $m^2 \cdot kg \cdot s^{-3}$

(2) 단위의 환산

같은 물리량도 단위가 변하면 그 값이 변한다. 몇 가지 예를 통하여 단위의 변환을 설명하면 다음과 같다.

예제 12.4

시속 60km/h는 초속 몇 m인가?

풀이

1km = 1000m 이고, $1h = 3600s$ 이므로

$$60\frac{km}{h} = 60\frac{km}{h} \cdot \frac{1000m}{1km} \cdot \frac{1h}{3600s} = 16.67m/s$$ 가 된다.

예제 12.5

체중이 70kgf인 사람은 몇 N이 되는가?

풀이

1kgf = 9.80665N 이므로

$$70\,kgf = 70\,kgf \cdot \frac{9.80665N}{1kgf} = 686N$$ 이 된다.

예제 12.6

어떤 댐의 방류량이 $1000m^3/h$ 라면 분당 방류량으로 얼마인가? 또 물의 밀도가 $1g \cdot cm^{-3}$ 이라면 분당 몇 ton의 물이 방류되는 것인가?

풀이

① $1h = 60min$ 이므로

$$1000\frac{m^3}{h} = 1000\frac{m^3}{h} \cdot \frac{1h}{60\,min} = 16.67m^3/min$$

② 물의 밀도 즉 부피와 질량의 관계는

$1\dfrac{\text{g}}{\text{cm}^3} = 1\dfrac{10^{-6}\text{ton}}{(10^{-2})^3\text{m}^3} = 1\text{ton}/\text{m}^3$이므로

$16.67\text{m}^3/\text{min} = 16.67\dfrac{\text{m}^3}{\text{min}} \cdot \dfrac{1\text{ton}}{\text{m}^3} = 16.67\text{ton}/\text{m}^3$이 된다.

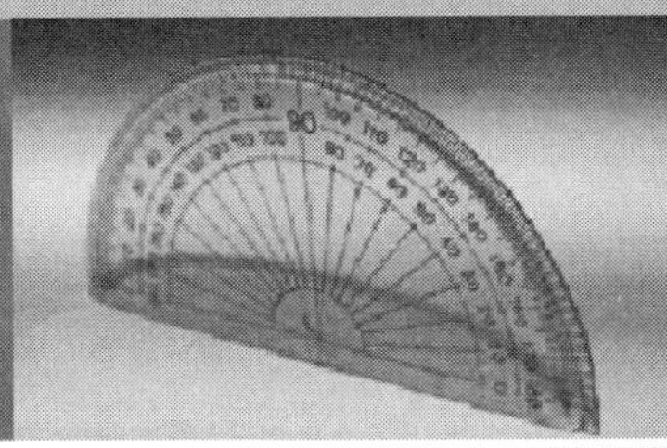

CHAPTER

부 록

A.1 단위를 나타내는 접미사

A.2 그리스 문자

A.3 도형의 성질(면적과 도심)

A.1 단위를 나타내는 접미사

크 기	지 수	접미사	기 호	비 고
1 000 000 000 000	10^{12}	tera	T	천억
1 000 000 000	10^{9}	giga	G	십억
1 000 000	10^{6}	mega	M	백만
1 000	10^{3}	kilo	k	천
0. 001	10^{-3}	milli	m	천분의 일
0. 000 001	10^{-6}	micro	μ	백만분의 일
0. 000 000 001	10^{-9}	nano	n	십억분의 일
0. 000 000 000 001	10^{-12}	pico	p	천억분의 일

*참고로 접두사 hecto, deka, deci, centi 는 SI단위계에서는 사용하지 않는 것이 좋다.

A.2 그리스 문자

그리스 문자는 공학적 표현을 하는데 매우 유용하게 사용된다.

순서	대문자	소문자	이름	발음	주요 사용 예
1	A	α	alpha		선팽창계수, 가속도
2	B	β	beta		각종 계수
3	Γ	γ	gamma		단위중량
4	Δ	δ	delta		처짐, 변위, 증분
5	E	ε	epsilon		변형률
6	Z	ζ	zeta		각종 계수
7	H	η	eta		효율, 운동량보정계수
8	Θ	θ	theta		각
9	I	ι	iota	aioutə	
10	K	κ	kappa		곡률
11	Λ	λ	lambda		장기처짐계수
12	M	μ	mu	m(j)uː	마찰계수, 점성계수
13	N	ν	nu	n(j)uː	각종 계수
14	Ξ	ξ	xi	zai, gzai	
15	O	o	omicron		
16	Π	π	pi	pai	원주율
17	P	ρ	rho		밀도, 반경, 반지름
18	Σ	σ	sigma		응력, 표준편차, 강도

19	Τ	τ	tau	tau	전단응력, 전단강도
20	Υ	υ	upsilon	ju:psilan	
21	Φ	φ, ø	phi	fai	강도감소계수, 각속도, 포텐셜
22	Χ	χ	chi	kai	
23	Ψ	ψ	psi	sai	크리프계수, 흐름함수
24	Ω	ω	omega		각속도, 포텐셜

A.3 도형의 성질(면적과 도심)

도 형	면 적	도 심	비 고
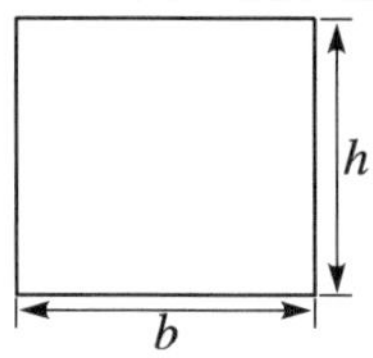	bh	$x = \dfrac{b}{2}$	사각형
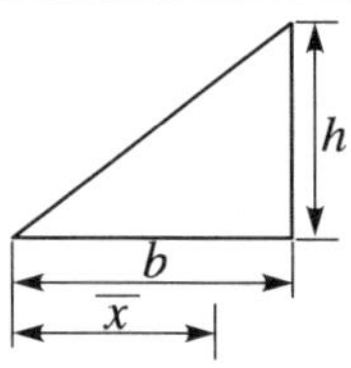	$\dfrac{bh}{2}$	$x = \dfrac{2b}{3}$	1차식 (삼각형)
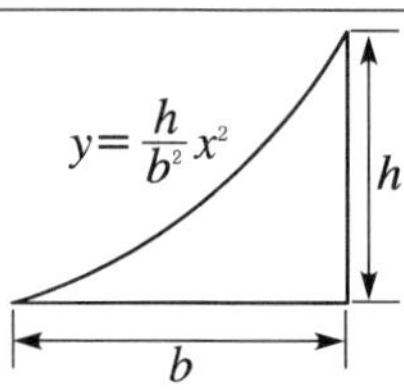	$\dfrac{1}{3}bh$	$x = \dfrac{3}{4}b$	2차식
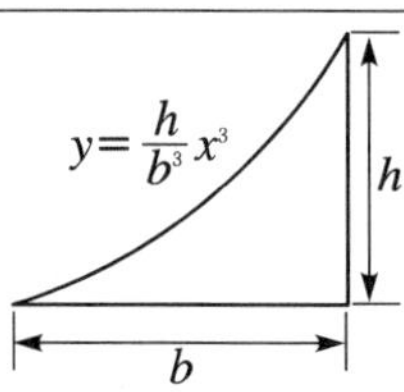	$\dfrac{1}{4}bh$	$\bar{x} = \dfrac{4}{5}b$	3차식

찾아보기

ㄱ

감소함수 175
결정계수 238
경중률 237
계통오차 231
과실 233
관리도 246
관수로 내의 흐름 24
국제단위계 265
극좌표계 18
근의 공식 21
기본단위계 265
기본벡터 107
끝마무리 260

ㄷ

다항식 4
단위 109
단위 벡터 109
단위행렬 135
단항식 3
대각(선)행렬 135
대칭행렬 135
도수 245

ㄹ

라디안(radian) 31
로그(log) 62
로그함수 172

ㅁ

무리식 10
물리량 259
미분 158
미분방정식 193

ㅂ

바리논의 정리 117
반대수그래프(log-normal graph) 65
방향 110
방향 코사인 111
번분수식 9
법선벡터 119
벡터(Vector) 103
벡터의 외적 114
보충단위계 265
부분적분법 204
분수식 6

ㅅ

사사오입 260
사인법칙 82
상관계수 238
상대도수 245

상미분방정식 193
상수식 20
상용로그 64
선택효과 233
스칼라(Scalar) 103
스칼라행렬 136

ㅇ

아치 24
역행렬 145
열(column) 133
열행력 136
영 벡터 109
오일러 수 60
우연오차 232
원의 방정식 29
원주각 30
유리수 5
유리식 5
유리화 10
유효숫자 261
음함수 165
의대칭행렬 135
이차방정식 21
일반해 193

ㅈ

자유수면의 수 119
적분법 200
전미분 184
전치행렬 139
정사각행렬 134
정적분 209
제곱근 9
좌표 17
중심각 30
증가함수 175
지수 57
지수법칙 58
지수함수 60, 171

ㅊ

차원 264
초기조건 193
최소자승법 238
치환적분법 202

ㅋ

카스틸리아노의 제1정리 188
케이블 23
코사인 법칙 86

ㅌ

토크 114
특이해 193

ㅍ

파스칼의 삼각형 5
편미분 183
편미분방정식 193
평면의 방정식 119
포물선 21

ㅎ

합성함수 164
행(row) 133
행렬 133
행렬식 141
헤론 27
히스토그램 245

1차식 20
Cramer의 정리 142

저자 소개

최홍식 연세대학교 토목공학과 졸업
연세대학교 대학원 토목공학과 공학석사
연세대학교 대학원 토목공학과 공학박사
토목구조기술사
충청북도건설기술심의위원
현) 충청대학 도시건설정보과 교수

유승경 경기대학교 토목공학과 졸업
중앙대학교 대학원 토목공학과 공학석사
일본 오사카 대학교 토목공학과 공학박사
현) 명지전문대학 토목과 교수

윤영철 연세대학교 토목공학과 졸업
연세대학교 대학원 토목공학과 공학석사
연세대학교 대학원 토목공학과 공학박사
현) 명지전문대학 토목과 교수

알기쉬운 토목수학 **정가 13,000원**

저자 : 최홍식 · 유승경 · 윤영철

발행인 : 임해진
발행처 : 도서출판 구미서관

발행 : 2008년 2월 27일 초판 1쇄
2019년 2월 15일 초판 7쇄

등록 : 1979년 6월 29일 No.9–6호

주소 : 서울시 마포구 신촌로 2길 5-15 구미빌딩
전화 : 02–333–1101
팩스 : 02–335–2201
http://www.goomibook.com

ISBN 978–89–8225–643–1 (93530)
